Heizungs-, Lüftungs- und Dampfkraftanlagen

in den

Vereinigten Staaten von Amerika

Von

ARTHUR K. OHMES

i. Fa. Nygren, Tenney & Ohmes
Konsult. Ingenieure
87 Nassau-Street, New York

———

Mit 119 Abbildungen im Text und 8 Tafeln

München und Berlin
Druck und Verlag von R. Oldenbourg
1912

Gewidmet dem Andenken des Ingenieurs

Herrn Alfred R. Wolff

gest. zu New-York, den 7. Januar 1909

Vorwort.

Von den vierzehn Hauptabschnitten dieses Buches bilden vier im wesentlichen eine mit Verbesserungen und Erweiterungen versehene Wiedergabe von Aufsätzen, die ich in der Zeitschrift »Gesundheits-Ingenieur« veröffentlicht und in denen ich einige von Ingenieur Alfred R. W o l f f , New York, entworfene bemerkenswerte Heizungs-, Lüftungs- und Dampfkraftanlagen beschrieben habe. Zur Zeit der Veröffentlichung jener Aufsätze bestand nicht die Absicht, sie zu einem Buche zusammenzufassen; aber bald nach dem Hinscheiden des Herrn W o l f f kam mir der Gedanke, sie durch weitere Beschreibungen solcher von ihm geschaffener Anlagen zu ergänzen und dann alles in Buchform in deutscher Sprache dem Andenken des berühmten Ingenieurs zu widmen. Da Herr Wolff, der ausschließlich als beratender Ingenieur arbeitete, eine Kapazität im Heizungs-, Lüftungs- und Dampfmaschinenfache war, kennt man hierzulande wegen des mehr oder weniger öffentlichen Submissionsverfahrens die außerordentlich erfolgreiche Praxis dieses vortrefflichen Mannes sehr gut; aber dem deutschen Fachmanne waren seine Arbeiten, wie ich mit Erlaubnis aus dem Interesse entnehmen kann, das man den Artikeln im »Gesundheits-Ingenieur« entgegenbrachte, bisher nur wenig bekannt. Bedenkt man, daß Hunderte von mustergültigen Entwürfen aus dem Bureau des Herrn Wolff stammen und unter seiner Oberleitung zur Ausführung gekommen sind, so läßt sich leicht begreifen, daß dieses Buch seine Arbeiten nicht vollständig darstellen kann. Die hier beschriebenen Anlagen gehören aber mit zu den interessantesten Früchten seiner 25jährigen, rastlosen, ununterbrochenen Tätigkeit. Etliche der beschriebenen Anlagen sind, obwohl unter der Leitung des Herrn Wolff projektiert, erst in diesem Jahre

unter der Oberleitung der Firma Nygren, Tenney & Ohmes vollendet.
Diese Firma ist die Nachfolgerin des Herrn Wolff und ihre nunmehrigen
Inhaber waren bis zu seinem Tode seit vielen Jahren seine Mitarbeiter.

Ich habe nicht versucht, dieses Buch als Leitfaden oder Lehr-
buch auszubilden, denn der deutsche Fachmann ist ja so glücklich,
in seiner eigenen Sprache eine ganze Anzahl derartiger Werke zu
haben. Das Buch bringt nur ausgeführte Anlagen; Beschreibungen
und Zeichnungen beschränken sich auf das wirklich Vorhandene,
und der Fachmann kann sich selbst sein Urteil über den Wert der
Anlagen bilden. Die hier beschriebenen Anlagen sind entweder unter
meiner Leitung oder unter der meiner Kollegen, der Herren Nygren
und Tenney, ausgeführt; aber auch in letzterem Falle habe ich bei den
Entwürfen und der Ausführung aller Anlagen mitgewirkt.

In den vorgeführten Beispielen handelt es sich um Gebäude
verschiedenster Bestimmung. Um das Buch so kurz wie möglich zu
halten, habe ich Wiederholungen nach Möglichkeit vermieden, und
kleinere Details, die ich als bekannt voraussetzte, habe ich daher
weggelassen. Da eine gute Illustration dem Fachmann interessanter
und wertvoller ist als eine lange Beschreibung, ist das Buch reichlich
mit Zeichnungen ausgestattet worden, aber ich habe es nicht für nötig
gehalten, viele Abbildungen von Spezialkonstruktionen zuzufügen.
Mit Leichtigkeit hätte ich Hunderte von Bildern aus technischen
Zeitschriften, Propagandadruckschriften, Katalogen u. dgl. auf-
nehmen können, aber ich habe es grundsätzlich vermieden. In dieser
Hinsicht möchte ich darauf aufmerksam machen, daß bei der hierzulande herrschenden Sitte des ausgiebigen und rührigen Annon-
cierens die Abbildungen aller neuen Spezialkonstruktionen, gleich-
gültig ob wertvoll oder wertlos, immer sofort in den technischen
Zeitschriften erscheinen und daher aus diesen entnommen werden
können. Das Buch behandelt nur ausgeführte Anlagen im großen und
ganzen, und es ist ängstlich vermieden, irgend etwas hineinzubringen,
was als Reklame für Spezialkonstruktionen angesehen werden könnte.

Sollte das Erscheinen des Buches etwa deutsche Firmen dazu
anregen, wieder einmal ausführliche Werke über ausgeführte Anlagen
zu veröffentlichen, was leider bisher nur selten geschehen ist, so würde
dies gewiß von großem Nutzen für das Fach sein und der Entwicklung
der Heizungstechnik, namentlich auch der Lüftungstechnik, eine
zweckmäßigere Richtung geben. Es wäre nun an der Zeit, daß man
auch in der Heizungs- und Lüftungstechnik, geradeso wie in anderen
technischen Fächern, Bücher über wirklich ausgeführte Anlagen

etwas höher würdigte und sich nicht nur auf theoretische Abhandlungen stützte, ohne recht auf die nach den Theorien gebauten, erfolgreichen Anlagen zu blicken. Der deutsche Fachmann kann sich auch im Heizungs- und Lüftungsfache viele wertvolle Erfahrungen des praktischen Amerikaners zunutze machen, geradeso wie der fortschrittlich gesinnte Amerikaner durchaus nicht langsam ist, wenn sich ihm die Gelegenheit bietet, ruhmvolle theoretische Erfolge oder Forschungsergebnisse des deutschen Professors anzueignen.

Dem Herausgeber der Zeitschrift »Gesundheits-Ingenieur«, Herrn Geh. Regierungsrat v. Boehmer in Berlin-Lichterfelde, der mich bei der Schaffung dieses Buches durch viele nützliche Ratschläge unterstützt hat, möchte ich dafür auch an dieser Stelle nochmals meinen besten Dank aussprechen.

New York im Juni 1912.

Arthur K. Ohmes.

Inhaltsverzeichnis.

I. Luftkühlanlagen in den Vereinigten Staaten von Amerika.[1]

Angeregt durch die im »Gesundheits-Ingenieur«[2]) erschienene Beschreibung der Luftkühlanlage des Stadttheaters in Köln sowie durch etliche in der Beschreibung enthaltene Bemerkungen, glaube ich einen Bericht über zwei ähnliche Anlagen in New York City nicht unterlassen zu sollen. Diese beiden Anlagen scheinen zur selben Zeit oder früher projektiert zu sein wie die des Stadttheaters in Köln. Die »erste Luftkühlanlage« von bewohnten Räumen dürfte also wohl die von Köln kaum gewesen sein.

Der bekannte Führer der amerikanischen Heizungs- und Lüftungstechnik, Herr Ingenieur Alfred R. W o l f f , hat schon im Jahre 1901 zwei große Luftkühlanlagen projektiert, von welchen eine (im Gebäude der Hanover-National-Bank) im Sommer 1903 im Betriebe war, während die andere (im Gebäude der New York-Stock-Exchange) auch in demselben Sommer im Betriebe sein sollte. Leider wurde aber diese bei weitem größte Anlage in der New York-Stock-Exchange, wegen der großen Bauhandwerkerstreike, in demselben Sommer nicht fertig; zu Anfang Mai 1904 wurde sie jedoch in Betrieb gesetzt und hat sich seitdem an heißen Tagen recht gut bewährt.

Diese beiden sind, soweit mir bekannt, hier die einzigen Luftkühlanlagen für bewohnte Räume, die gewissermaßen auf denselben Grundzügen ausgearbeitet sind wie die des Stadttheaters in Köln. Die Tatsache, daß Luftkühlanlagen hierzulande, wo das Klima durchschnittlich heißer und feuchter ist als in Deutschland, noch keine größere Verbreitung gefunden haben, dürfte kaum viel für den sonst so aktiven Unternehmungsgeist des Amerikaners sprechen. Man hofft jedoch, daß eine allgemeinere Anwendung von Luftkühlanlagen stattfinden wird, wenn die Möglichkeit und Annehmlichkeit derselben erst einmal gezeigt ist.

---

[1]) Zuerst veröffentlicht im »Gesundheits-Ingenieur«, 30. Juni 1904.
[2]) »Gesundheits-Ingenieur«, 10. März 1904.

Es ist natürlich, daß wegen der verschiedenartigen Verhältnisse unsere Anlagen in vielen Punkten weit von der in Köln abweichen, und es dürfte daher eine Beschreibung der amerikanischen Anlagen von Interesse sein.

Hanover-National-Bank.

Das Gebäude der Hanover-National-Bank, Ecke von Pine and Nassau Streets, New York City, ist 22 Stockwerk hoch. Die Bureauräume im ersten Stockwerk und im Erdgeschoß werden von der Hanover-National-Bank benutzt und nur diese sind gekühlt. Die zur Kühlung benutzte Luft wird nahe an der Decke an den Außenwänden in die Räume eingeführt, und die Abluft wird — gleichmäßig über die größeren Räume verteilt — nahe dem Fußboden entnommen. Die Kühlung der Luft geschieht durch Salzwasserschlangen.

Durch eine genügende Anzahl von Zuluftkanälen ist eine zugfreie Lüftung erreicht. Die vertikalen Zuluft- und Abluftkanäle werden im Keller (Maschinen- und Kesselraum) durch galvanisierte Eisenblechkanäle gesammelt und mit den Zentrifugalventilatoren verbunden. Alle Zuluftkanäle, namentlich jedoch diejenigen, die in dem im Sommer heißen Maschinenraume liegen, sind mit gutem Isoliermaterial bedeckt. Ferner sind die Decken des Maschinen- und Kesselraumes mit gutem Isoliermaterial bedeckt, um eine Wärmetransmission in die darüber liegenden gekühlten Räume nach Möglichkeit zu vermeiden.

Fig. 1 zeigt einen Schnitt durch die Ventilationsapparate. Der Zuluft- und der Abluftventilator sind miteinander durch eine Welle verbunden und werden von einem direkt mit der Welle gekuppelten Elektromotor angetrieben. Diese Anordnung wird hier vielfach ausgeführt, da man dabei immer das gewünschte Verhältnis von Zuluft und Abluft bekommt, gleichviel wie die Umlaufzahl der Ventilatoren ist. Die Heizungs- und Befeuchtungsschlangen für den Winterbetrieb befinden sich über den für Sommerbetrieb bestimmten Kühl- und Trockenschlangen. Für die Regulierung der Heizung, Befeuchtung und Kühlung der Luft sind automatische Regulatoren vorgesehen, welche tadellos arbeiten. Für die Trocknung bzw. Nachwärmung der Luft, welche wichtiger zu sein scheint, als man oberflächlich annehmen dürfte, scheint es noch keine zuverlässigen automatischen Regulatoren zu geben.

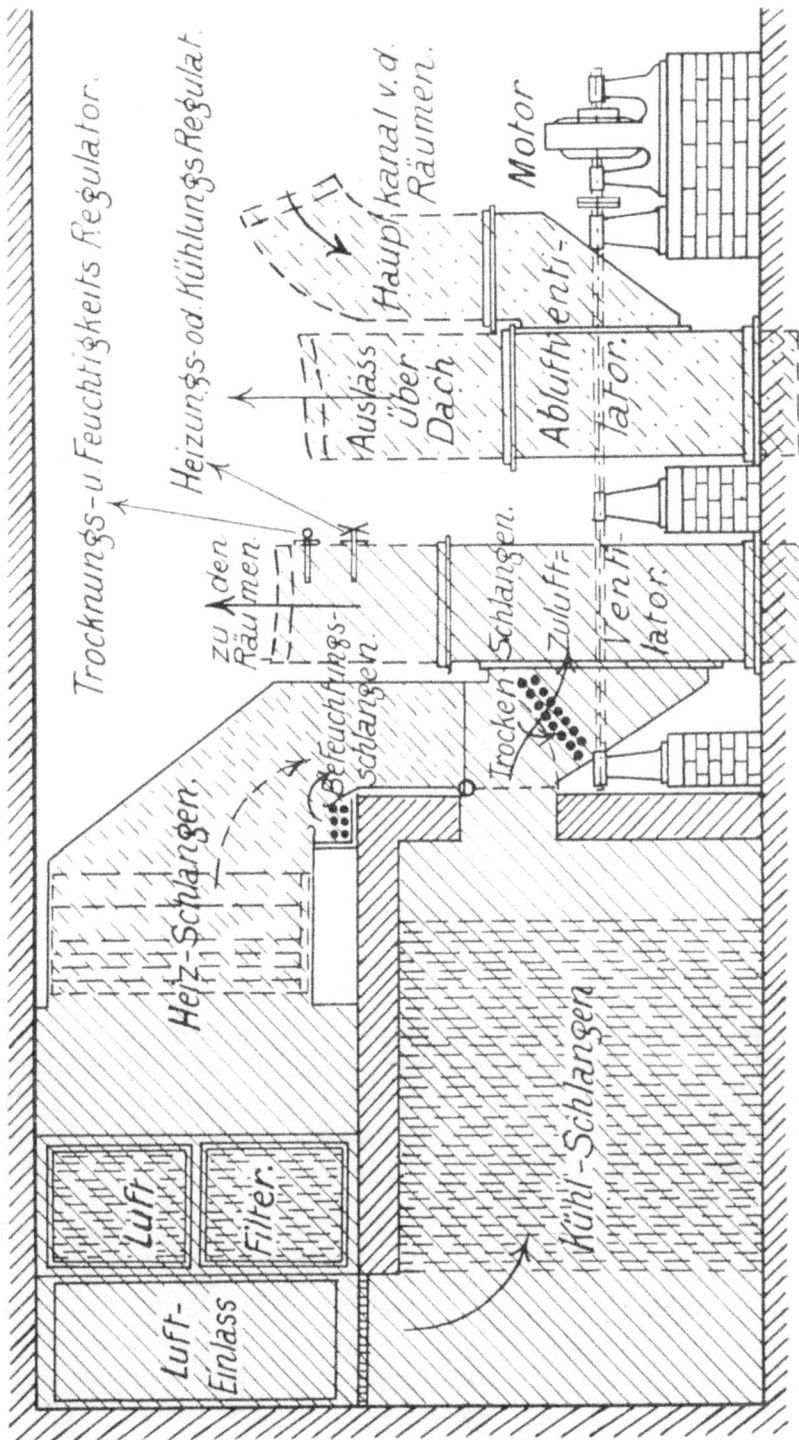

Fig. 1. Hanover-National-Bank. Vertikalschnitt durch die Ventilationsapparate.

Es liegen mir hier etliche Zahlen vor, welche einen nicht uninteressanten Überblick über den Betrieb dieser Anlage im Sommer 1903 geben, und ich habe dieselben in der Tabelle auf S. 5 zusammengestellt.

(Die Temperatur und Feuchtigkeit der Außenluft sind, im Schatten in der Straße gemessen, die der gekühlten Zuluft hinter den Trockenschlangen nahe des Heizungsregulators und die des ersten Stockwerkes in Kopfeshöhe. Leider sind die Tabellen nicht so vollständig wie sie sein sollten, da diese Daten keine Versuche darstellen, sondern lediglich Notizen.)

Man ersieht, daß die Temperaturen im ersten Stockwerk zwischen $20\frac{1}{2}^{0}$ C und $22\frac{1}{2}^{0}$ C und die Feuchtigkeit zwischen 42% und 50% schwanken. Eine so niedrige Temperatur wie $+20^{0}$ C wird von den Beamten im Sommer selten gewünscht; z. B. am 3. Juni um 1 Uhr nachmittags erschien die Temperatur von $+21\frac{1}{2}^{0}$ C mit 43% Feuchtigkeit den Beamten zu kalt, und die Raumtemperatur wurde darum später etwas höher gehalten. Diese Eigentümlichkeit ist jedenfalls dem Umstande zuzuschreiben, daß die Luft an diesem Tage relativ ziemlich trocken war, daß die Beamten keine körperliche Bewegung haben, und daß sich im allgemeinen der Amerikaner im Sommer sehr leicht kleidet. Die in der Tabelle berechneten stündlichen Kälteleistungen sind unter der nach Messungen gefundenen stündlichen Zuluftmenge von 23000 cbm berechnet, Ventilator, Motor usw. sind jedoch so groß, daß man obige Luftmenge um zirka 50% erhöhen kann. Die Abluft ist ca. 80% der Zuluft, um stets einen Überdruck in den Räumen zu haben.

Die Absorptionskühlmaschine hat eine stündliche Leistung von 180 000 WE, wenn mit Abdampf betrieben, und von 220 000 WE, wenn mit Hochdruckdampf betrieben. Die Heizschlangen haben 112 qm und die Kühlschlangen 420 qm Oberfläche. Die Befeuchtungs- und die Trocknungsschlangen sind aus Messingrohr hergestellt und haben 1,5 qm bzw. 3 qm Oberfläche. Die gekühlten Räume haben 6600 cbm Inhalt.

New York-Stock-Exchange.

Beim Anblick des in Fig. 2 gegebenen Schnittes des Gebäudes kann man sofort ersehen, daß die Bedingungen, die eine einwandfreie Lüftung, Heizung und Kühlung für dieses Gebäude erforderten, zu den schwersten gehören, die der Lüftungstechnik in Bauten je gestellt

Zeit	Außenluft			Gekühlte Zuluft			Wasserdunst durch Kühlung und Trocknung entzogen von 1 cbm Luft	Großes Bankzimmer im ersten Stockwerk			Unterschied des Wasserdunstgehaltes zwischen Außenluft und Raumluft	Stündliche Kälteleistungen		
	Temperatur °C	Feuchtigkeit %	1 cbm Luft enthält Wasserdunst g	Temperatur °C	Feuchtigkeit %	1 cbm Luft enthält Wasserdunst g	g	Temperatur °C	Feuchtigkeit %	1 cbm Luft enthält Wasserdunst g	g	Luftkühlung WE	Lufttrocknung WE	Total WE
20. Mai 1903.														
9 Uhr morgens	27	—	—	16	—	—	—	20½	—	—	—	—	—	—
12 » mittags	30	41	13	16½	67	9,4	3,6	21	49	8,95	—4,05	100 000	49 500	149 500
3 » nachm.	31	36	12,1	16½	58	8,15	3,95	21½	48	9,05	—3,05	103 000	54 500	157 500
4 » »	31½	—	—	17	58	8,3	—	21½	—	—	—	—	—	—
5 » »	31	—	—	16½	72	10,1	—	21½	—	—	—	—	—	—
21. Mai 1903.														
10 Uhr morgens	26½	34	8,5	15	53	6,8	1,7	22½	45	9,05	+0,55	82 000	23 500	105 500
12 » mittags	28	33	8,95	15	53	6,8	2,15	21½	45	8,5	—0,45	92 500	29 700	122 200
2 » nachm.	28½	36	10,00	15½	54	7,15	2,85	21½	45	8,5	—1,5	92 500	39 400	131 900
4 » »	28	35	8,95	15½	58	7,65	1,3	21½	45	8,5	—0,45	89 000	18 000	107 000
8. Juni 1903.														
9 Uhr morgens	20	50	8,6	17	55	7,95	0,65	21½	50	9,4	+0,8	21 200	9 000	30 200
1 » nachm.	27½	26	6,85	17	47	6,8	0,05	21½	43	8,1	+1,25	75 000	650	75 690
4 » »	27½	28	7,4	18	45	6,9	0,5	22	42	7,9	+0,5	67 500	6 900	74 400

Für die nicht ausgefüllten Plätze sind keine Daten vorhanden.

wurden. Die Stockwerke I, II und III liegen unter dem Straßen-
niveau, haben kein Tageslicht noch direkte Außenluft und sind daher
erst durch die künstliche Lüftung brauchbar gemacht worden.

Stockwerk I sowohl wie ein Teil von Stockwerk II sind Ma-
schinen- und Kesselräume und haben, wie auch die Stockwerke VI,
VII und VIII, ungekühlte Luft. Der nicht als Maschinen- und Kesselraum benutzte Teil vom Stockwerk II und die Stockwerke III, IV
und V sind durch Luft gekühlt. Alle mit Zuluftkanälen versehenen
Räume haben auch Abluftkanäle.

Die in den Schnitt eingezeichneten Gebläse sind numeriert, und
die eingeschriebenen Nummern geben die Stockwerke an, die von
ihnen ventiliert werden. Außer diesen Ventilatoren sind noch etliche
kleinere vorhanden, die zum Ventilieren der Küche, Akkumulatoren-
räume etc. dienen.

Es sind drei separate Kühlmaschinen vorhanden, die zusammen,
wenn mit Abdampf betrieben, ca. 1 000 000 WE, und wenn mit Hoch-
durckdampf betrieben 1 350 000 WE geben. Man kann also, je nach
den Außentemperaturen, ⅓, ⅔ oder die ganze Kälteleistung haben,
was für diese große Anlage für einen ökonomischen Betrieb von
Wichtigkeit ist.

Es werden stündlich 110 000 cbm Zuluft gekühlt, welche Leistung jedoch um 50% erhöht werden kann, da die Gebläse, Motoren etc.
groß genug hierzu sind. Die gekühlten Räume haben 56 000 cbm
Inhalt. Die Heizschlangen haben 526 qm und die Kühlschlangen
1218 qm Oberfläche.

Die Heizungs-, Lüftungs- und Kühlungsanlage, einschließlich
der Hochdruck-Dampfkesselanlage von 750 qm Heizfläche, kostete
ca. 2 000 000 M., von welchen ca. 500 000 M. auf die Kühlmaschinen
und Kühlschlangen entfallen.

Geo B. P o s t war der Architekt für das Gebäude und B a k e r ,
S m i t h & C o. die ausführende Heizungsfirma.

Die Kühlmaschinen.

Die Kühlmaschinen für die oben beschriebenen Luftkühlanlagen
sind Absorptionsmaschinen, die zugleich das Trinkwasser für das ganze
Gebäude und außerdem etliche Kühlschränke kühlen. Kälteakkumula-
toren (isolierte Salzwassergefäße) sind vorgesehen und so groß gemacht
worden, wie es die Raumverhältnisse erlaubten, da der Wert der-

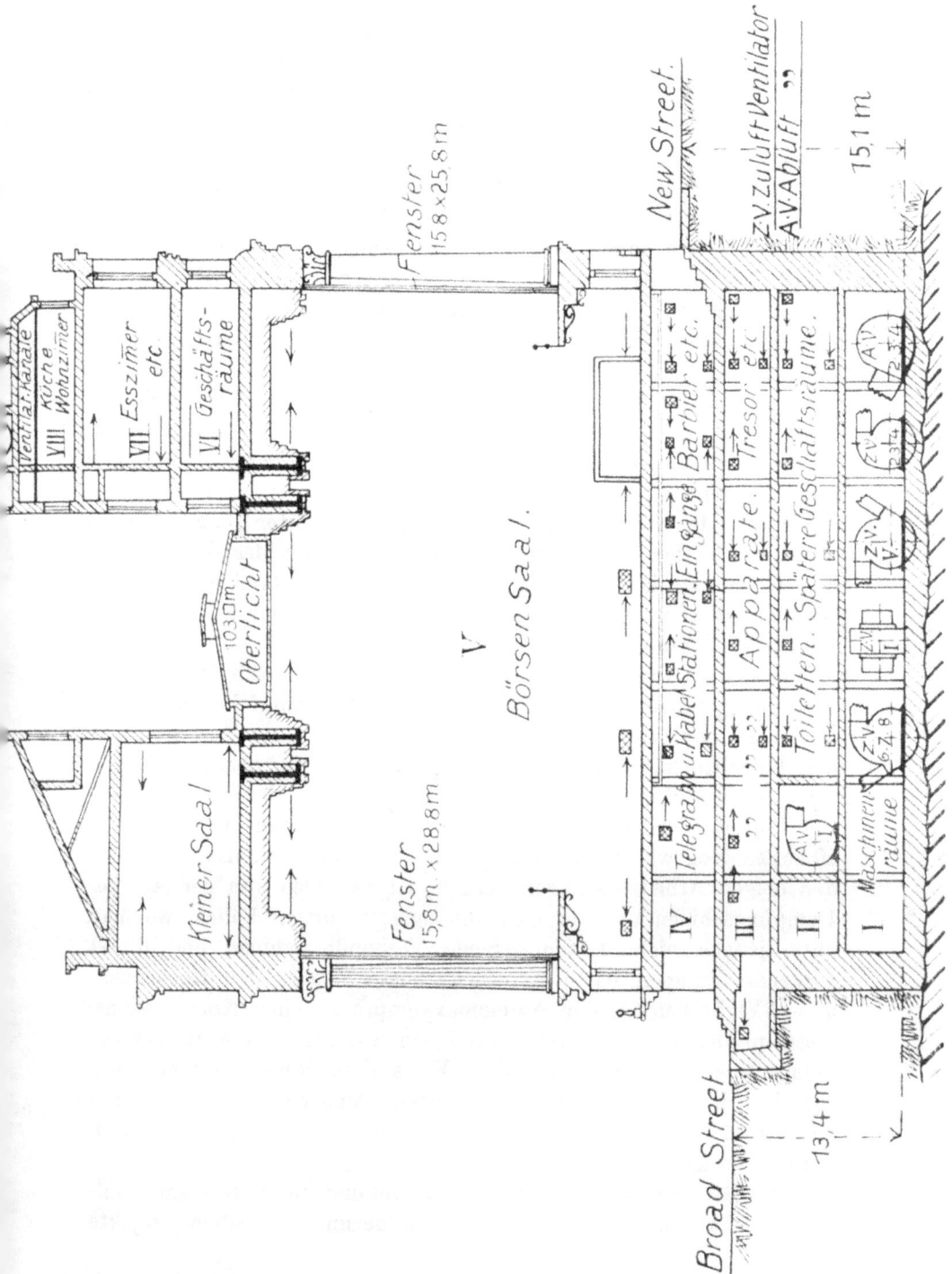

selben auch nicht unterschätzt wurde. Das zum Kühlen benutzte Wasser für den Kondensator und Absorber mußte dem städtischen Wasserleitungsnetz entnommen werden und wird nach Gebrauch in der Kühlmaschine gesammelt und teilweise zum Speisen der Kessel verwendet.

Die Wahl der Kühlmaschinen fiel auf die Absorptionsmaschinen, weil Abdampf von den elektrischen Maschinen, von den Pumpen für die Aufzüge etc. immer in genügender Menge und kostenlos für den Betrieb dieser Art Kühlmaschinen vorhanden ist. Absorptionsmaschinen lassen sich auch besser in die Keller dieser hohen Gebäude einbauen, da sie geräuschlos arbeiten und man darum mit der Disposition der kleinen Pumpen, Kessel usw. nicht so vorsichtig sein muß als mit Ammoniakkompressoren von Kompressionsmaschinen. Die Ersparnis in den Betriebskosten von Absorptionsmaschinen, betrieben mit kostenlosem Abdampf, gegenüber Kompressionsmaschinen soll bedeutend sein.

Für beide Arten Maschinen sind die Betriebskosten der Salzwasserpumpen dieselben, während die Summe der Kosten des Kühlwassers, der Bedienung, der Reparaturen usw. je nach Umständen schwanken wird und ev. in unseren Fällen etwas höher ist, als wenn Kompressionsmaschinen gebraucht würden.

Für die Absorptionsmaschinen für diese Luftkühlanlagen ist Abdampf gebraucht und darum nur Hochdruckdampf für eine kleine Umlaufammoniakpumpe nötig, während für eine Kompressionsmaschine Hochdruckdampf für die Maschine der Ammoniakkompressoren in großer Menge nötig gewesen wäre.

Die erforderliche Arbeitsleistung des Kompressors ist ca. 30 bis 40mal so groß wie die der Pumpe. Wie sich der Dampfverbrauch zu den obigen Arbeitsleistungen verhält, ist natürlich von der Art der Dampfmaschinen und Pumpen abhängig; in diesen Fällen, wo man gute, jedoch nicht kondensierende Verbundmaschinen und direkt wirkende Pumpen hätte brauchen müssen, sollte der Hochdruckdampf-Verbrauch für den Ammoniakkompressor einer Kompressionsmaschine dennoch ca. 8mal so groß sein, wie der für die Ammoniakpumpe einer Absorptionsmaschine. Ein anderer Vorteil besteht darin, daß für die Kühlmaschinen für unsere Anlagen die Kesselanlage nicht größer gemacht zu werden brauchte, wie für das Kraftwerk selbst erforderlich war.

Die Betriebskosten für die Kühlmaschinen für unsere Luftkühlanlage sollten mäßig sein und dürften darum für andere Projekte ermutigend wirken, namentlich jedoch in Gebäuden, die ihr eigenes Kraftwerk haben. Da alle größeren und fast alle Gebäude mittlerer Größe hierzulande ihr eigenes Kraftwerk besitzen, dürften vielleicht die Absorptionsmaschinen, betrieben mit Abdampf, für Luftkühlanlagen von bewohnten Räumen hier vorbildlich werden, denn:

Wie der Abdampf im Winter eine kostenlose Heizung gibt, wird der Abdampf im Sommer zur Kühlung ohne große Kosten ausgenutzt.

II. Nachtrag zu dem Kapitel „Luftkühlanlagen in den Vereinigten Staaten von Amerika".

Ein Bericht über die Betriebsergebnisse der oben beschriebenen Kühlanlage in der New York Stock-Exchange dürfte wohl interessant sein, um so mehr, als diese immer noch einzig dastehende Anlage nun schon seit mehr als sieben Jahren in erfolgreichem Betriebe steht. Um besser zu verstehen, was »Erfolg« in dieser Anlage bedeutet, wolle man noch einmal an die großen unterirdischen Räume und den großen Börsensaal denken, der durchschnittlich von 1200 bis 1500 nervösen und aufgeregten Personen benutzt wird. Als ein weiterer, nicht zu unterschätzender Faktor, mit dem bei der Erzielung guter Resultate gerechnet werden muß, sei auch noch des veränderlichen Klimas gedacht, denn die Kühlanlage ist, mit Ausnahme der Monate Januar und Februar, in allen Monaten des Jahres gebraucht worden. Man hat es nötig gefunden, die Luft an warmen und feuchten Tagen im Dezember und März zu kühlen, falls die Börse, wie es häufig der Fall ist, besonders mit Leuten gefüllt ist oder wenn sonst besondere Aufregung herrschte. Nichts dürfte wohl besser für die Notwendigkeit der Kühlanlage während der Sommermonate sprechen!

Die frische Luft wird je nach der Außentemperatur, der Feuchtigkeit und der Anzahl der Personen entsprechend, auf 14° bis 17°, durchschnittlich auf 15½° gekühlt, und dann wird die Luftmenge etwas verändert, so daß sich Temperaturen, Luftgüte und Luftfeuchtigkeit ergeben, wie sie die Mehrzahl der Anwesenden für am besten hält. Natürlich gibt es immerhin Leute, die in Anbetracht ihres eigenen Wohlbefindens und Zustandes Änderungen wünschen, aber das sind nur vereinzelte Fälle. Eine Lüftungs- und Kühlanlage, die jeden unter allen Umständen befriedigt, kann es nicht geben.

Die Temperaturen in den gekühlten Räumen ändern sich mit den Außentemperaturen, denn eine konstante Temperatur von +20° in den Räumen, wenn die Außentemperatur über +20° bis zu +34° C ist, wird nicht gewünscht und wäre auch wohl kaum gesund. Die angemessenen Innentemperaturen, bei bestimmten Außentempera-

turen, sind nach langen Versuchen festgesetzt worden und sie lassen
sich ziemlich genau aus dem folgenden Diagramm Fig. 3 entnehmen:
Man ersieht aus dem Diagramm Fig. 3 z. B., daß an den wärm-
sten Tagen die Zuluft um beinahe 20° C gekühlt wird (von + 34°
auf beinahe +14°C), und daß sich dabei eine Temperatur von +27° C
in den gekühlten Räumen ergeben wird. Bei der durchschnittlichen
Sommertemperatur im Freien von +27° C am Mittage wird die ein-
zuführende Luft um ungefähr 12° C gekühlt und in den Räumen
ergibt sich dann eine Temperaturerniedrigung von 3 bis 4°.

Die Temperatur der Kühlluft oder das genaue Luftquantum
anzugeben, welches z. B. nötig ist um eine gewisse Innentemperatur zu

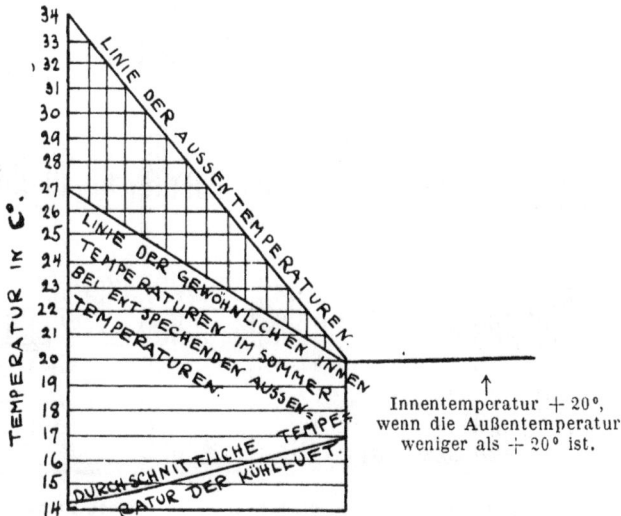

Fig. 3. New York Stock Exchange. Temperaturverhältnisse.

bekommen, ist schwierig, da ja täglich Veränderungen vorkommen,
auf welche sofort Rücksicht genommen werden muß. Diese täglichen Veränderungen sind namentlich der Feuchtigkeitsgehalt der
Außenluft, die Aktivität der Börse und helle oder dunkle Tage, denn
an dunklen Tagen hat man die Wärme von der künstlichen Beleuchtung der Säle in Betracht zu ziehen. Man findet es häufig nötig, die
Luft zu kühlen, wenn die Außentemperatur nur +17° ist.

Die Geschäftsstunden der Börse sind Montags bis einschließlich
Freitags von 10 Uhr morgens bis 3 Uhr nachmittags, und die Gebläse
(Zentrifugal-Ventilatoren) treiben an diesen Tagen gekühlte Luft
von 7 Uhr morgens bis 3 Uhr nachmittags in die Räume. Sonnabends

sind die Geschäftsstunden nur von 10 bis 12 Uhr, und die Gebläse treiben von 7 bis 12 Uhr gekühlte Luft in die Räume. An Sonn- und Feiertagen ist die Anlage nie im Betriebe.

Die wechselnden täglichen Anforderungen, welche an die Kühl- anlage gestellt werden, lassen sich, insofern die Außentemperatur und der Feuchtigkeitsgehalt der Außenluft in Betracht kommen, so recht aus Fig. 4 ersehen.

Dieses Diagramm wurde vom Verfasser im Jahre 1904 nach voller Inbetriebnahme der Anlage aufgezeichnet. Die Anlage war im Jahre 1904 nur während der sechs Monate Mai bis einschl. Oktober im Be- triebe. Das Diagramm gibt die höchsten täglichen Außentempera-

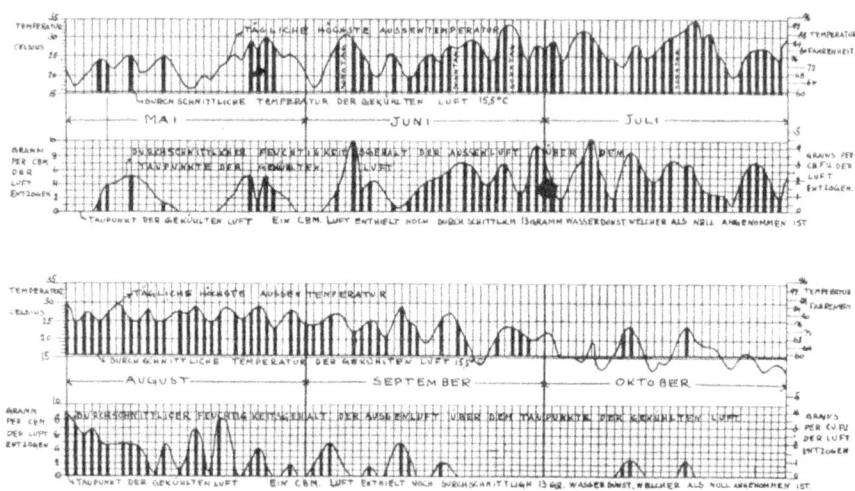

Fig. 4. Temperatur-Diagramme (New York Stock Exchange).

turen (die durchschnittliche Außentemperatur während der Geschäfts- stunden von 10 bis 3 Uhr ist gewöhnlich um 1° C niedriger) und den durchschnittlichen Feuchtigkeitsgehalt der Außenluft über dem Tau- punkte der gekühlten Luft. Der Höhenmaßstab ist so gewählt, daß eine gewisse Höhe für Luftkühlung und Lufttrocknung gleiche Wärme- mengen bzw. gleichen Kühlaufwand darstellt. Mit genügender Genauig- keit kann man annehmen, daß zur Abkühlung eines Kubikmeters Luft um 1° C 0,3 WE und zum Niederschlagen eines Gramm Wasser an den Kühlschlangen 0,59 WE weggeschafft werden müssen. Mithin ent- spricht die Leistung der Kühlanlage für 1 g Wasser, das der Luft ent- zogen werden muß, einer Abkühlung von 2 cbm Luft um 2°. Man er- sieht aus den Höhen, daß während der heißen Sommermonate die

Kühlmenge für die Wasserabscheidung der Kühlmenge für die Luftkühlung gleichkommt, was in Anbetracht des feuchten New Yorker
Klimas richtig erscheint. New York ist bekanntlich auf der Manhattan-
insel erbaut, und im unteren Teile der Stadt ist die Insel nur ca. 1,6 km
breit; daher wohl der große Feuchtigkeitsgehalt der Luft.

Eine Nachwärmung bzw. Trocknung der Luft nach der Abkühlung hat sich nicht als nötig erwiesen. Die gekühlte Luft erwärmt
sich in den mit Isoliermaterial gut umhüllten Kanälen nur um 1° C
und wird daher praktisch mit 100% Feuchtigkeit in die Räume getrieben. Nachteile haben sich hierdurch nicht erwiesen. Der Feuchtigkeitsgehalt schwankt in den Räumen, wie vielfache Messungen ergeben
haben, zwischen 50 und 60%. Wie wirksam die Wasserabscheidung
ist, kann man so recht an feuchten Tagen an dem herabtröpfelnden
Wasser sehen, welches sich in den Zementrinnen unter den Kühlschlangen sammelt und dann abfließt. Die Börsensaalkühlschlangen
allein scheiden nach Messungen sehr häufig in jeder Stunde 725 kg
Wasser ab. Häufig sind nach etlichen Stunden die ersten Kühlschlangen
mit Eis bedeckt, während die dem Ventilator nächsten Röhren stets
nur mit Wasser benetzt sind. Die Temperatur der Chlorkalzium-
lösung ist durchschnittlich —10° C. Je höher diese Temperatur gehalten werden kann, je geringer kann der Abdampfgegendruck gehalten werden, und desto weniger Kondensationswasser ist verhältnismäßig erforderlich. Der Druck des Abdampfes für die Absorptionsmaschinen wird je nach den Außentemperaturen und der Temperatur
des Kondenswassers auf 0,14 bis 0,28 Atm. (2 bis 4 Pfund per Quadrat-
zoll) gehalten. Für eine derartige Luftkühlanlage sollten daher die
Kühlschlangen besonders reichlich bemessen werden.

Die Wahl der Abdampf-Absorptionsmaschinen hat sich in jeder
Beziehung als richtig erwiesen, da man eine Vergrößerung der
Dampfkesselanlage ersparte, da weniger Kohlen gebraucht und da
die Absorptionsmaschinen von einem Maschinisten bedient werden,
während Kompressionsmaschinen zwei Maschinisten erfordern würden.
Anderseits wird mehr Kondenswasser gebraucht, aber diese Kosten
sind viel geringer wie die genannten Ersparnisse. Es wird z. B. behauptet, daß für gleiche Kälteleistungen der Kohlenverbrauch für
die Maschinen- und Pumpenanlagen, bedingt durch den größeren
Abdampfgegendruck, welcher nötig wird, für die Absorptionskühl-
maschinen nur $\frac{1}{4}$ so hoch sein soll, wie der Kohlenverbrauch von
Kompressionsmaschinen in diesem Falle gewesen wäre.

III. Die Dampfkraft-, Heizungs- und Lüftungs-anlagen des Hotels St. Regis in New York City.[1]

Zum Verständnis der Beschreibung dieser umfangreichen und in gewisser Beziehung einzig dastehenden Anlage sollte der Leser mit den jetzt in Nordamerika im Heizungs- und Lüftungsfache bestehenden Verhältnissen im allgemeinen vertraut sein. Diese Verhältnisse weichen nicht nur in technischer, sondern auch in geschäftlicher Beziehung von den in Deutschland herrschenden ab. Die technischen Unterschiede sind kurz gefaßt die folgenden:

1. In Verbindung mit fast allen größeren Heizungs- und Ventilationsanlagen werden Dampfkraftanlagen ausgeführt. Die Lieferung und Aufstellung der Hochdruckdampfkessel, der Pumpen für die Heizung und Kessel sowohl als auch die Verlegung sämtlicher zur Kraftanlage gehörenden Dampfleitungen usw. werden fast immer von Heizungsfirmen besorgt. Die Arbeiten, welche hiesige Heizungs-firmen zur Ausführung der Dampfkraftanlagen zu leisten haben, erfordern in den meisten Fällen fast ebenso viel Mühe und Sorgfalt wie die in Verbindung damit einzurichtende Heizungs- und Ventilationsanlage selbst.

2. In Verbindung mit Abdampfheizungen die häufige Anwendung von solch schlechten Heizungssystemen wie das Dampf-Einrohr-system, dessen Mängel jedoch einigermaßen wieder wettgemacht werden, indem man für alle besseren Räume selbsttätige Temperatur-regelung anwendet.

3. Vakuum-Dampfheizungssysteme scheinen in Verbindung mit Dampfkraftanlagen immer mehr angewendet zu werden.

4. Allgemeine Anwendung (man könnte wohl beinahe »ausschließliche« sagen) von Blechkanälen für Heizungs- und Ventilationsanlagen; diese Blechkanäle werden auch fast ausschließlich von Heizungsfirmen geliefert.

---

[1] Zuerst veröffentlicht im » Gesundheits-Ingenieur, 23. Februar 1907.

Wenig oder fast gar nichts ist jedoch bisher in dieser Zeitschrift über die geschäftliche Organisation des Heizungs- und Lüftungsfaches in Nordamerika gesagt. Wie in fast allen anderen Geschäften hierzulande, so gilt auch in unserem Geschäfte vor allen Dingen: Unnötige Arbeit muß erspart werden, soweit dies nur irgend möglich ist. Man kennt darum hierzulande keine Konkurrenzentwürfe oder Preisprojekte. Nur selten wird man, wenn es sich um größere Privatanlagen handelt, anders verfahren, als recht früh einen konsultierenden Heizungsingenieur zu engagieren, dem das Ausarbeiten der Pläne und Beschreibungen (sog. »specifications«) übergeben wird. Auch zur Projektierung der für Behörden und Regierungen auszuführenden Anlagen werden fast immer konsultierende Heizungsingenieure herangezogen. Der konsultierende Ingenieur arbeitet dann mit dem Architekten Hand in Hand, so daß die Pläne des Gebäudes und der projektierten Heizungsanlage zu gleicher Zeit entstehen oder doch wenigstens, je nach Größe der Anlage, das Heizungsprojekt schon innerhalb etlicher Wochen oder Monate nach Vollendung der Baupläne fertiggestellt wird. Nach diesem Projekte machen dann etliche Installationsgeschäfte ihre Kostenanschläge, und dem Einsender des billigsten Anschlags wird gewöhnlich die Ausführung der Anlage übertragen. Die Konkurrenz beschränkt man bei Privatanlagen immer auf die besten größeren Firmen. Bei den Anlagen für Behörden und Regierungen hat jedoch jedermann das Recht zu konkurrieren, und zwar wird auch hier regelmäßig dem, der den billigsten Anschlag eingereicht hat, die Ausführung übertragen. Welche nachteiligen Folgen damit oft verknüpft sind, ist allbekannt.

Es ist eine natürliche Folge der geschilderten Praxis, daß sich in der Heizungs- und Lüftungstechnik hierzulande eine nahezu völlige Trennung in drei Geschäftszweige herausgebildet hat, und zwar so, daß es für jeden dieser drei Zweige Personen gibt, die sich in ihrer Tätigkeit ganz auf den einen Geschäftszweig beschränken. Es sind demgemäß hier die folgenden drei Berufsarten zu unterscheiden:

1. Der konsultierende Ingenieur, dem das Projektieren der Anlagen, das Berechnen, die Anfertigung der erwähnten Beschreibung und der Ausführungspläne und sonstigen Zeichnungen und schließlich die Überwachung der Ausführung obliegt.

2. Der Installateur, der die Anlage einrichtet.

3. Der Fabrikant von Massenartikeln, z. B. von Kesseln, Armaturen, Ventilen, Radiatoren, Gebläsen, Luftklappen, Motoren, selbst-

tätigen Heizregulierungen usw. In allen Fällen kauft hierzulande der Installateur solche Apparate und Konstruktionsteile von Fabrikanten, die an viele Installateure liefern, besser und billiger, als wie der Installateur sie selbst anfertigen könnte.

Immer mehr und mehr scheinen sich hier diese Zweige der Heizungs- und Ventilationstechnik zu in sich selbst geschlossenen Geschäften auszubilden, und immer schwerer scheint es zu werden, daß eine Firma in zwei oder dreien dieser Zweige durchaus erfolgreich ist. Es gibt ja zwar noch Firmen, die gleichzeitig Eigentümer von Patentheizungssystemen oder Fabrikanten von Radiatoren und Kesseln sind und dennoch Heizungs- und Ventilationsanlagen für Architekten projektieren, insofern es sich um billigere Anlagen handelt und um ihre speziellen Patentsysteme oder Fabrikate in der Anlage verwendet zu sehen. Die von solchen Firmen stammenden Projekte sind aber in den meisten Fällen nicht so gut wie die von den konsultierenden Ingenieuren entworfenen, da die Firmen in der Regel nicht genügende Zeit darauf verwenden lassen und ihnen keine geeigneten Leute zur Verfügung stehen. Gute Ausführungspläne kommen teuer zu stehen, denn das Gehalt eines Zeichners beträgt durchschnittlich 250 Mark. pro Monat und dasjenige eines jungen Ingenieurs 400 bis 500 Mark.

Indem ich nun zur Beschreibung des Hotels St. Regis übergehe, möchte ich vorausschicken, daß das Projekt zu dieser Anlage von Mr. Alfred R. W o l f f , New York, als konsultierendem Ingenieur ausgearbeitet und die Ausführung von ihm überwacht worden ist.[1]

Die Installationsfirma Messrs. Gillis & Geohagen hat die Anlage ausgeführt, und zwar hat sie den Auftrag auf dem Submissionswege erlangt, da sie von sechs konkurrierenden Firmen den billigsten Kostenanschlag eingereicht hatte.

Die verschiedenen Apparate und Konstruktionsteile, z. B. Bläser, Ventile, Kessel, Elektromotoren, Pumpen, das selbsttätige Temperaturregelungssystem etc., mußten Messrs. Gillis & Geohagen von solchen Fabrikanten beziehen, die Herr Wolff vorschrieb, weil er sie für die besten und zweckmäßigsten hielt. Mit Vorliebe bezieht man derartige Dinge von Fabrikanten, die weder mit konsultierenden Ingenieuren noch mit Installationsfirmen konkurrieren. Es ist dies das Prinzip der Selbsterhaltung, und ich habe gefunden, daß Fabrikanten,

---

[1] Anmerkung: Die Projektierung und Ausführung der beschriebenen Anlagen im Hotel St. Regis geschah unter der speziellen Leitung des Verfassers der Beschreibung, Arthur K. O h m e s. — T r o w b r i d g e & L i v i n g s t o n waren die Architekten für das Gebäude.

welche gerade die besten Apparate und Konstruktionsteile anfertigen, grundsätzlich vermeiden, Ingenieuren oder Installateuren Konkurrenz zu machen.

Dem konsultierenden Ingenieur Herrn Wolff wurde seinerzeit die Aufgabe gestellt, für das ganze Gebäude Hotel St. Regis eine Dampfluftheizung zu projektieren, wenn solch ein Heizungssystem nicht zu viel Platz erfordere und die Anlage- und Betriebskosten dabei nicht zu hoch ausfallen. Soweit die Installationskosten in Frage kamen, mußte man erkennen, daß eine Dampfluftheizung teurer ist als eine direkte Dampfheizung. Der Unterschied ist jedoch verhältnismäßig nicht groß, wenn man als Grundlage die ganzen Kosten der Anlage, einschließlich Kesselanlage, Leitungen, Pumpen und Ventile für Kraftanlage, Ventilation, selbsttätige Heizregulierung usw., in Betracht zieht. Direkte Heizflächen hätten in den meisten Zimmern auch mit Holzwerk, Luftzirkulationsblechen und Isoliermaterial ummantelt werden müssen — eine immerhin kostspielige Sache.

Die schon wichtigere Frage nach den Betriebskosten war einfach zu beantworten. Das Gebäude sollte seine eigene Dampfkraftanlage haben, ganz gleich, was für eine Heizungsanlage eingerichtet würde. Es ließ sich leicht vorher berechnen, daß immer Abdampf zu Heizzwecken zur Verfügung stehen wird. Für das Gebäude wurde eine ungewöhnlich große elektrische Licht- und Kraftanlage vorgesehen, da besonders auf eine überaus reichliche, ja geradezu verschwenderische Beleuchtung in allen Teilen des Gebäudes Wert gelegt wurde. Die Kosten des elektrischen Stromes für die Motoren der Heizungsgebläse sind gering, da für diese nur ungefähr 5% des ganzen elektrischen Stromes, den das Gebäude verbraucht, verwendet werden. Dieser Kraftverbrauch für Elektrizität für die Gebläse entspricht jedoch nur einem Dampfverbrauch von weniger als 2% der totalen Dampferzeugung.

Der weitaus wichtigste Punkt war derjenige der Platzbeanspruchung. Es sind 17 Stockwerke durch Dampfluftheizung zu beheizen, und natürlicherweise war die Anordnung der Kanäle äußerst schwierig. Von den vielen verschiedenen Ideen, die sich beim Projektieren der Dampfluftheizung aufdrängten, wurde schließlich diejenige für die beste gehalten, nach welcher das ganze Gebäude seiner Höhe nach in vier Zonen geteilt wird, von denen jede eine besondere Heizzentrale hat. Die Heizzentralen wurden im 3. Untergeschosse, 3. Stockwerke, 7. Stockwerke und 12. Stockwerke angelegt, wobei es nötig wurde, in jedem der drei letztgenannten Stockwerke Zimmer dafür aufzugeben.

Dem Amerikaner fällt es immer schwer, irgendwelchen Platz für die Heizung und Ventilation aufzugeben, und in diesem Falle wurde der Platz auch nur sehr ungern bewilligt. Schließlich wurde aber anerkannt, daß die Dampfluftheizung trotz dieser Platzbeanspruchung doch auch insofern vor der direkten Dampfheizung einen Vorzug bot, als in 7 Stockwerken an den Straßenseiten Balkone angebracht werden sollten und es daher an Fensternischen fehlte, die ein Unterbringen der Radiatoren gestattet hätten. Hätte man direkte Dampfheizung vorgesehen, so hätten also die Radiatoren in Wandnischen untergebracht werden müssen, und das hätte man in diesen Zimmern, die fast alle höchst luxuriös ausgestattet wurden, wegen der Störung der künstlerischen Wirkung nur sehr ungern getan.

Auch sind Wandnischen in den dünnen Außenwänden von Stahlgebäuden kaum ausführbar, und in den Innenwänden erfordern sie immerhin sehr viel Platz. Ein noch zu erwähnender Vorteil der Dampfluftheizung ist, daß die seidenen Gardinen und Vorhänge der Fenster nicht bestaubt und beschmutzt werden, wie dies durch Radiatoren in Fensternischen immer geschieht. Dieser zuletzt genannte Vorteil wurde von der Hotel-Company als besonders wichtig angesehen und gab mit den Ausschlag für die Wahl der Dampfluftheizung.

Amerikanische Architekten haben überhaupt in dieser Beziehung sehr eigentümliche Ansichten, sie halten nicht nur den schönsten (?) Zierradiator für ein ungemein häßliches Ding, sondern sogar gut verzierte Luftklappen finden vor ihren Augen keine Gnade. Ich erinnere mich eines recht tüchtigen Architekten, der eine Diskussion, die ich mit ihm über die Vor- und Nachteile verschiedener Heizsysteme hatte, einfach damit abschloß, daß er erklärte, er würde einer Heizungsanlage den Vorzug geben, die man weder sehen noch fühlen noch hören könnte, die auch keinen Platz erfordert und die automatisch wirkt.

Im Hotel St. Regis war allerdings viel wertvoller Platz für die Heizungsanlage nötig, doch gab man sich auch hiermit zufrieden und entschloß sich, zugunsten der Heizzentralen in jedem der oben benannten drei Stockwerke zwei Zimmer aufzugeben. Diese Zimmer eigenen sich sehr gut dazu, da sie an der Südseite liegen und gegen Schneewinde möglichst geschützt sind.

Nachdem so über die Platzfrage und die Grundzüge des Heizungssystems das Nötige vereinbart war, überließ man Herrn Wolff und seinen Assistenten ganz und gar die Ausarbeitung des Projektes; natürlich mußte die Anordnung der Kanäle, Luftklappen usw. den

Architekten gefallen und der Preis der Anlage auch dem Eigentümer. Die schwierige Arbeit der Anordnung der Maschinen- und Kesselanlage, der Ventilatoren, der Kanäle, der Luftklappen usw. bespricht, wie erwähnt, hierzulande der Ingenieur mit dem Architekten so früh wie nur irgend möglich, schon lange, ehe die Pläne des Architekten eine bestimmte unverschiebbare Form angenommen haben, denn sonst wäre es wohl kaum möglich, Platzverhältnisse zu bekommen, wie in diesem Falle. Auch gelingt es bei einer solch ausgedehnten Anlage wie derjenigen im Hotel St. Regis kaum, die Disposition aller Teile endgültig zu vereinbaren, ohne daß nicht wenigstens drei Sätze von Plänen nacheinander ausgearbeitet werden. Es heißt dabei immer: nehmen, aber auch nachgeben; es ist ein beständiges Handeln und Feilschen um Platz, da nicht nur die Heizungs- und Ventilationsanlagen untergebracht werden müssen, sondern auch die anderen maschinellen Anlagen und die Leitungen für Warm- und Kaltwasser, Sielleitungen, Rohrpostleitungen, Vakuumreinigungsleitungen, Leitungen für die Aufzüge und die Hunderte von Drähten für Licht, Telephon und Feuermeldung. Meistens arbeitet der Heizungsingenieur auch noch die skizzenhafte Disposition der maschinellen Anlagen aus, während die detaillierte Ausarbeitung der Aufzugs-, sanitären und elektrischen Anlagen anderen Ingenieuren zufällt.

Aber die Arbeit, den richtigen Platz zur Aufstellung der verschiedenen Maschinen, Pumpen, Gefäße usw. für die letztgenannten drei Arten von Anlagen sowie für die Maschinen und Apparate zu den Kühl-, Rohrpost- und Vakuumreinigungsanlagen auszuwählen und vorzuschlagen, fällt darum doch dem Heizungsingenieur zu, weil dieser für seine Kesselanlage, Kesselpumpen, Kohlenbunker, Schornsteine, Ventilatoren, Ventilationskanäle usw. bei weitem am meisten Platz gebraucht. Es sind bei dieser Anlage nahezu 40% von dem Platz, der für die technischen Einrichtungen nötig war, allein von dem Heizungsingenieur gebraucht worden, während die acht anderen in sich geschlossenen Anlagen nur 60% erforderten.

Das Gebäude liegt im besten Teile von New York City an der 5. Avenue und 55. Straße. Mit der Ausarbeitung der Heizungspläne begann man im Dezember 1900 und mit der Arbeit im Gebäude im Frühjahre 1902. Wegen der großen Bauhandwerkerstreike, vieler Veränderungen und einer geplanten Vergrößerung wurde die Anlage erst im Oktober 1904 fertig. Sie wurde dann sofort in Betrieb genommen und hat sich gut bewährt. Von der geplanten 19stöckigen Vergrößerung sind wegen unvorhergesehener baupolizeilicher Schwierig-

keiten vorläufig nur das erste Stockwerk und die drei Untergeschosse fertiggestellt worden.

Die maschinellen Anlagen.

Im folgenden sind die in diesem höchst modernen New Yorker
Hotel eingerichteten mechanischen Anlagen so beschrieben, wie es
bei der Vergebung derartiger Arbeiten in den Verträgen üblich ist,
sie zu beschreiben. Aus den oben angegebenen Gründen muß der
Heizungsingenieur hierzulande mehr oder weniger mit allen diesen
verschiedenen Arten von Anlagen Bescheid wissen.

Kessel- und Pumpenanlage und Hauptrohrleitungen für Heizung und Lüftung.

Diese kostspieligste Anlage umfaßt vier Heine-Wasserröhren-
hochdruckdampfkessel von je 335 qm feuerberührter Heizfläche und
von je 5,57 qm Rostfläche. Sie werden mit einer der feinsten Sorten
von Anthrazitkohle befeuert, die pro 1000 kg, frei in die Kohlenbunker
geliefert, nur 10,90 Mark kosten.

Diese Kohlen sind so fein, d. h. von so geringer Korngröße, daß
sie über ein quadratisches Sieb von 5 mm passieren, jedoch durch
ein quadratisches Sieb von 10 mm hindurchfallen; man braucht daher
einen starken Zug, um sie einigermaßen gut zu verbrennen. Der
Schornstein ist ca. 92 m hoch und erzeugt einen Unterdruck am Fuße
des Schornsteines von 20 bis 25 mm Wassersäule bei einer Gastem-
peratur von 200° C. Dampfdruck im Kessel 7,9 Atm. und an den
Maschinen und Pumpen wenigstens 7,5 Atm.

Zum Rückpumpen des Heizungskondenswassers dienen drei
191 · 137 · 152 mm Worthington-Duplexpumpen (bei diesen hier ge-
bräuchlichen Ausdrücken ist die erste Dimension der Durchmesser
der Dampfzylinder, die zweite der Durchmesser der Wasserkolben
und die dritte der Hub der Pumpen), und eine vierte gleich große Pumpe
dient zum Speisen der Hochdruckdampfkessel. Des weiteren sind für
die Kessel noch zwei Injektoren zum Speisen vorgesehen. Zum
Rückpumpen des Hochdruckdampfkondenswassers in die Kessel von
Küche, Vorratsräumen, Wäscherei, Entwässerungen der Hochdruckdampfleitungen dienen zwei 152 · 102 · 152 mm Worthington-Duplexpumpen. Eine andere 152 · 102 · 152 mm Worthington-Duplexpumpe
pumpt das ölige Kondenswasser der Abdampfleitungen, der Ölabschei-
der usw. direkt in das Siel. Ehe das Speisewasser in die Kessel fließt,

wird es durch den Speisewasservorwärmer vorgewärmt und durch das Speisewasserfilter gereinigt. Sämtliche Leitungen, welche zur Dampfkraftanlage und zu der Heizungsanlage gehören, sind von der Heizungsfirma installiert. Die Haupthochdruckdampfleitungen sind teilweise in doppelter Führung vorgesehen, damit eine Betriebsunterbrechung, auch wenn Reparaturen an diesen Leitungen vorgenommen werden müssen, vermieden bleibt.

In Verbindung mit der Abdampfheizung ist das »Paulsystem«, d. h. Luftleitungsvakuumsystem, installiert und für die Ejektion der Luft aus den Leitungen dienen vier kleine Dampfejektoren.

Für die selbsttätige Heizregulierung dienen zwei 127 · 102 · 127 mm Duplex-(Worthington-Typ)Luftkompressoren. Die umfassenden, großartigen Heizungs- und Lüftungseinrichtungen sollen weiter unten ausführlich beschrieben werden.

Elektrische Licht- und Kraftanlage.

Vier Dampfdynamos dienen zur Erzeugung der Elektrizität und zwar zwei von je 200 KW Kapazität mit 508 · 508 mm Dampfzylindern und zwei von je 300 KW Kapazität mit 635 · 635 mm Dampfzylindern. Die kleinen Maschinen arbeiten mit 175 und die großen mit 150 Umdrehungen pro Minute. Die Dynamos erzeugen Gleichstrom von 119 Volt Spannung, der so für Licht- und Kraftzwecke verwendet wird; für das Hausklingelsystem und die Feuermeldeapparate wird er durch sog. Motorgeneratoren auf 21 Volt Spannung reduziert. Von der Straße her sind keine Drähte für Licht- und Kraftzwecke in das Haus geführt, auch sind nur etliche Gasflammen in den Hallen und Treppen vorgesehen.

Personen- und Gepäckaufzüge.

Für die Hotelgäste sind vier hydraulische Personenaufzüge vorgesehen und für die Hotelbedienung zwei andere, ebenfalls mit hydraulischem Betrieb, welche jedoch auch noch für Gepäck usw. benutzt werden. In den Untergeschossen befinden sich noch vier hydraulische Aufzüge, die für Küche, Weinkeller, Maschinenraum und Wäscherei bestimmt sind.

Zur Erzeugung des Druckwassers dienen drei 355 · 508 · 279 · 381 mm (zweite Dimension die der Niederdruckdampfzylinder) Verbund-Duplex-Worthingtonpumpen. Die Pumpen fördern in drei Druckgefäße von zusammen 31 cbm Inhalt und saugen aus einem

Gefäße von 38 cbm Inhalt. Zum Füllen der Druckgefäße mit Luft
dienen zwei Westinghouse-Dampfluftkompressoren, welche, je nach
Gebrauch der Aufzüge, 2- oder 3mal pro Tag für kurze Zeit gebraucht
werden.

Speiseaufzüge.

Es sind acht Speiseaufzüge im Gebäude, vier laufen vom 1. Untergeschoß bis zum 17. Stockwerk und vier vom 1. Untergeschoß bis
zum 2. Stockwerk. Die Aufzüge werden elektrisch betrieben; die
Aufzugmaschinen befinden sich im 2. oder 18. Stockwerk über den
Schächten, in welchen die Speiseaufzüge laufen.

Pneumatische Türöffner.

Das Öffnen der Türen in jedem Stockwerk an den Personen-
aufzügen geschieht mittels Luftdruck von ca. 1,8 Atm. in folgender
Weise. Der Aufzugsschaffner tritt, sobald der Aufzug im Stillstand
ist, auf einen Knopf, wodurch komprimierte Luft in einen Zylinder,
der über der Tür gelegen ist, gelassen wird, und die Tür öffnet sich.
Entfernt der Schaffner seinen Fuß von dem Knopfe, so verschwindet
der Luftdruck im Zylinder und die Tür schließt sich durch Federkraft.
Zum Komprimieren der Luft für diesen Zweck dienen zwei 241 · 241
203 mm Westinghouse-Luftkompressoren.

Kalt- und Warmwasserversorgung.

Das Wasser für die oberen Stockwerke muß natürlich zu diesen
hinaufgepumpt werden, denn der Wasserdruck im städtischen Wasserleitungsnetz dürfte zu Zeiten kaum bis in den 2. Stock gehen. Zum
Pumpen des Hauswassers dienen zwei 356 · 177 · 254 mm Worthington-
Duplexpumpen. Ferner verlangen die Behörden hier noch eine sog.
»Feuerpumpe«, die nur für Feuerlöschzwecke benutzt werden soll;
diese ist eine 356 · 190 · 254 mm Worthington-Duplexpumpe.

Das Wasser wird in Gefäße gefördert, die im 19. Stockwerk nahe
bei den Pumpen stehen. Im 3. Untergeschoß befindet sich ein Gefäß
von 2 cbm Wasserinhalt und 2 cbm Luftinhalt; in diesen Druck-
ausgleicher wird das Wasser gepumpt, damit immer ein gleicher be-
ständiger Durchfluß in den hohen vertikalen Leitungen besteht.
Im 19. Stockwerk befindet sich ein Gefäß für Bade-, Koch- und Trinkwasser von 28 cbm Inhalt, ein Gefäß für Heißwasser von 14 cbm
Inhalt und ein Gefäß für Spülung der Aborte von 19 cbm Inhalt.
Für das Spülen der Aborte wird das Wasser von den Kondensern der

Eismaschine benutzt. Für jede Abzweigung der Kalt- und Heiß-
wasserleitungen in den unteren Stockwerken ist ein Reduzierventil
vorgesehen, welches den Druck auf 4 Atm. halten soll, da andernfalls der Druck in den unteren Stockwerken zu groß wäre.

Zur Erzeugung des Heißwassers dienen zwei Heißwasserkessel
von je 5 cbm Inhalt, die mit Messingrohrschlangen von solcher Größe
gefüllt sind, daß damit stündlich 20 cbm Wasser von 15° auf 80° C
erwärmt werden können. Die Warmwassererzeugung geschieht mittels
Abdampf, der im Sommer nur ca. $\frac{1}{20}$ Atm. Spannung hat.

Drainierungspumpen.

Das 3. Untergeschoß ist mittels Teer und Dachfilz wasserdicht
ausgeführt; das sich zwischen diesem Dichtungsmaterial und dem
Granit ansammelnde Wasser fließt in zwei Zisternen, von denen es
durch zwei 190 · 152 · 254 mm Worthington-Duplexpumpen in das
Siel befördert wird.

Die Kühlanlage.

Die Kühlung der großen Anzahl Kühlschränke geschieht mittels
Salzwasserrohrschlangen. Zwei Niederdrucksalzwasserpumpen sorgen
für die Zirkulation des Salzwassers für die Untergeschosse und zwei
Hochdrucksalzwasserpumpen für die oberen Stockwerke.

Neben den nötigen Kondensern, Salzwasserkühlern, Salzwasser-
gefäßen usw. sind zwei de la Vergne-Ammoniakkompressoren mit
508 · 508 mm Dampfzylindern und 254 · 508 mm Ammoniakzylindern
vorhanden. Sie sind sog. 50 t-Kompressoren, d. h. ein jeder Kompressor hat eine tägliche Leistung von 150 000 WE. Die Niederdrucksalzwasserpumpen sind 203 · 177 · 305 mm und die Hochdrucksalzwasserpumpen 152 · 102 · 152 mm Worthington-Duplexpumpen. Im
dritten Untergeschoß befindet sich ein Gefäß für eine tägliche Eis-
produktion von 4000 kg, und im ersten Untergeschoß ist ein Gefrier-
gefäß für Trinkwasserflaschen. Dort wird Wasser in Karaffen teilweise zum Gefrieren gebracht, ehe es den Gästen serviert wird.

Rohrpost.

Zur Beförderung geschriebener Befehle oder Mitteilungen und
anderer Schriftsachen im Gebäude dient eine kleine Rohrpostanlage.
Die Leitungen bestehen aus Messingröhren von 50 mm l. W. und die
Hülsen werden mittels Druckluft von $\frac{1}{7}$ Atm. befördert. Leitungen

führen von jedem Stockwerk zur Küche und von der Geschäftsstelle im ersten Stockwerk zum Ingenieurbureau usw. Zur Erzeugung der Druckluft von 1 Atm. dienen zwei 254 · 508 mm Luftkompressoren (Simplex-Worthington-Type), die in ein Gefäß von 1,7 cbm Inhalt pumpen. Von diesem Gefäße wird die Luft in ein anderes Gefäß von 1,7 cbm Inhalt übergeführt, nachdem ihr Druck durch ein Reduzierventil auf $^1/_7$ Atm. vermindert ist.

Vakuumreinigungsanlage.

Zum Reinigen sowohl des Hauses als auch der Luftfilter dient ein Vakuumreinigungssystem. Zwei Vakuumpumpen mit 254 · 381 mm Dampfzylindern und 394 · 381 mm Luftsaugezylindern erzeugen in einem weitverzweigten Rohrnetz ein Vakuum von ca. 0,8 Atm. Unterdruck. In jedem Stockwerk sind sechs Auslässe für Schlauchanschlüsse vorgesehen. Der aus den Zimmern, Korridoren, Luftfiltern abgesaugte Schmutz wird der Luft, ehe sie durch die Vakuumpumpe geht, durch zwei Staubextraktoren entzogen. Die Staubextraktoren sind nahe dem Aschenaufzug im dritten Untergeschoß angebracht, und von hier kann der sich ansammelnde Schmutz leicht entfernt werden.

Abwasserejektoren.

Die Küche im ersten Untergeschoß, das ganze zweite und dritte Untergeschoß liegen unter dem Niveau des Sieles und die bedeutende Abwassermenge von diesen Stockwerken·wird durch Druckluft von ca. 3,5 Atm. in das Siel gedrückt. Das Abwasser läuft in drei Gefäße im dritten Untergeschoß. Wenn diese voll sind, schließt man den Abwasserzufluß für etliche Sekunden automatisch ab und läßt automatisch die komprimierte Luft in das Gefäß, wodurch alle Abwasser in das Siel gedrückt werden. Für die Gefäße sind Dampfejektoren als Reserve vorgesehen. Zur Erzeugung der Druckluft dienen zwei elektrische, zwei 241 · 241 · 203 mm und zwei 241 · 152 · 203 mm Westinghouse-Dampfluftkompressoren.

Verschiedenes.

Zwei Westinghouse-Dampfluftkompressoren treten jeden Tag etliche Stunden in Betrieb für das Abblasen der Flugasche von den Röhren der Dampfkessel. Als maschinelle Anlagen wären noch die elektrisch betriebene Wäscherei und die Maschinenreparaturwerkstatt

zu nennen. Dann gibt es noch eine Ölreinigungsanlage, ein Feuer-
meldesystem, Nachtwächteruhren, Telephon in jedem Zimmer; auch
ist in jedem Zimmer und Korridor das schweizerische Magnetouhr-
system eingerichtet. Sogar zum Mahlen des Kaffees, zum Reinigen
des Silbergeschirrs und des Porzellans, zur Anfertigung des Ge-
frorenen, des Selterwassers usw. nimmt man Elektromotoren zur
Hilfe, wo nur immer möglich.

Alle diese obengenannten Maschinen, Motoren usw. werden von
dem Ingenieur- und Maschinenpersonal überwacht und dem Chefingenieur stehen dazu folgende Leute zur Verfügung:

3 erstklassige Maschinisten, 4 Maschinisten für Heizungs- und
elektrische Anlagen, 3 Maschinisten für die Kühlanlagen, 3 Maschinisten für die Aufzüge und sanitären Anlagen, 3 Öler, 3 Reiniger,
2 Werkstattleute, 2 Monteure und 1 Helfer für Rohrleitungsrepara-
turen, 1 Oberheizer für die Dampfkessel, 3 Heizer für die Dampfkessel,
3 Hilfsheizer und 3 Kohlenarbeiter.

Die Maschinisten, Öler, Reiniger und Heizer arbeiten in Zehn-
stundenschichten, wodurch dreimal am Tage für zwei Stunden zwei
Schichten zusammenarbeiten, und während dieser Zeit sollen Reparaturen, Reinigen oder sonstige außergewöhnliche Arbeiten vorgenommen werden.

Im Hotel arbeiten noch eine Anzahl Tischler, Maler, Tapezierer,
Fensterreiniger und ein Buchdrucker, welche auch dem Betriebsingenieur unterstellt sind, so daß letzterem im ganzen ca. 60 Leute
unterstehen. Als Bureaupersonal stehen dem Betriebsingenieur ein
Buchhalter und ein Stenograph zur Verfügung.

Die Maschinen- und Kesselanlage und die Hauptdampfleitungen
sind in Tafel I dargestellt. Wie ersichtlich, ist die ganze Anlage
außerordentlich zusammengedrängt, was man jedoch bei einem so
hohen Gebäude und einer so kleinen Grundfläche nicht vermeiden
kann. Die Geschäftsstelle des Betriebsingenieurs befindet sich im
zweiten Untergeschoß, und von einem im Maschinenraum angebrachten
Balkon aus hat man eine ziemlich gute Übersicht über den Maschinenraum selbst.

Dampf- und Kohlenverbrauch.

Eine Berechnung des Dampfgewichtes, das die Kesselanlage
für eine derartige komplizierte Kraftanlage liefern muß, kann, wie
leicht begreiflich, nur annähernd sein. Für die Bestimmung der Größe
der Kesselanlage werden gewöhnlich etliche einfache Berechnungen

gemacht, und man vergleicht dann das Resultat mit Kesselanlagen von ähnlichen Gebäuden. Außer der Heizfläche der Kesselanlage zieht man dann noch die Höhe des Schornsteines und die Größe der Rostfläche in Betracht.

Es sind mir eine .Reihe von Zahlen über Kohlen- und Dampfverbrauch zur Hand, aus denen das durchschnittliche Arbeiten der Anlage sehr gut hervorgeht. Zum größten Teile verdanke ich diese Zahlen Herrn J. C. J u r g e n s e n , dem Betriebsingenieur dieser Anlage. Herr Jurgensen führt für hiesige Verhältnisse außerordentlich gut Buch, und zwar so, daß man daraus z. B. jeden Tag den Kohlen-, Wasser-, Dampf- und Elektrizitätsverbrauch ersehen kann. Es dürfte hier kaum eine andere Anlage geben, in der man gewissenhaftere Bücher führt, und die erzielten Resultate in der Verdampfung per kg Kohle oder die Anzahl der Bedienungsmannschaften können daher als gute Durchschnittswerte angenommen werden. Für die folgende Berechnung mußte ich dennoch häufig zu Faustregeln greifen, namentlich bei kleineren Werten, da es ja nur bei Versuchen mit Unterbrechung des Betriebes möglich wäre, genaue Werte zu erhalten, und solche Versuche dürfen bei der Anlage mit Rücksicht auf den ununterbrochenen Betrieb des Hotels nicht vorgenommen werden. Ich möchte darum nicht unterlassen, zu bemerken, daß viele der angegebenen Werte nur als annähernde zu betrachten sind, und daß deshalb auch, trotz aller Mühen, die späteren Berechnungen undankbarer Natur sind.

In solchen Hotels mit isolierten Kraftanlagen ist der größte und meist veränderliche Dampfverbrauch derjenige für die elektrische Licht- und Kraftanlage, für die Aufzüge, für die Küche und für die Kühlmaschine bzw. für den Ammoniakkompressor. Der höchste Dampfderbrauch für die Dynamos ist abends, der für die Aufzüge morgens, verjenige der Küche spät nachmittags und der des Ammoniakkompressors zu irgendwelcher Zeit, da letzterer nur 13 bis 20 Stunden pro Tag, der Jahreszeit entsprechend, läuft. Der Ammoniakkompressor wird darum auch als Dampfverbrauchausgleicher benutzt, d. h. man läßt ihn im Winter in der Nacht und morgens, im Sommer früh morgens und am Tage laufen, also immer in solcher Zeit, in welcher die elektrischen Lichterfordernisse am geringsten sind. Auf diese Weise versucht man, die Kesselanlage immer möglichst gleichmäßig zu belasten, und für den Monat Februar 1906 bekommt man daher den durchschnittlichen täglichen Kohlenverbrauch usw. wie folgt:

	8 Uhr morgens bis 4 Uhr nachm.	4 Uhr nachm. bis 12 Uhr nachts	12 Uhr nachts bis 8 Uhr morgens	Pro Tag (im Mittel)
Kohlenverbrauch	12 200 kg	13 500 kg	9 400 kg	35 100 kg
Kohlen verbrannt pro qm Rost- fläche und Stunde	8,5 kg	9,3 kg	6,5 kg	8,1 kg
Aschengehalt.	18,17 %	18,29 %	18,32 %	18,24 %
Temperatur der Rauchgase .	210⁰ C	215⁰ C	199⁰ C	208⁰ C
Abdampf Gegendruck . . .	0,123 Atm.	0,123 Atm.	0,105 Atm.	0,117 Atm.
Außentemperatur	+ 2⁰ C	+ 2⁰ C	0⁰ C	+ 1¹/₃⁰ C

Die tägliche durchschnittliche Verdampfung in allen Kesseln ist 22 100 kg und die durchschnittliche Speisewassertemperatur 96⁰ C. Die Kohlen für diesen Monat sind wegen des hohen Aschengehaltes als recht schlecht zu bezeichnen. Im Durchschnitt verdampfte 1 kg Kohlen nur 6,29 kg Wasser, was einem Nutzeffekt von nur ca. 60% entspricht. Drei von den vier Dampfkesseln genügten zur Dampferzeugung, so daß immer noch ein Kessel in Reserve steht.

Der Dampfverbrauch für die verschiedenen Maschinen und Pumpen berechnet sich mit ziemlicher Genauigkeit wie folgt:

Für Elektrizität. (XII im Diagramm Tafel II.)

Täglicher Verbrauch für Licht   4000 KW/Std.

»   »   » Kraft 1400   »

Täglicher Verbrauch im Monat Februar durchschnittlich 5400 KW-Std. oder pro Stunde 225 KW, was $\dfrac{1000 \cdot 225}{746} = 302$ elektrischen Pferdestärken entspricht. Der elektrische Wirkungsgrad der Dynamos soll 95% sein und der mechanische Wirkungsgrad der Dampfmaschinen 92%; danach beträgt die Leistung an indizierten Pferdestärken: $\dfrac{302}{0,92 \cdot 0,95} = 345$. Die indizierte Pferdestärke benötigt bei diesen Maschinen (Fleming-Typ von der Harrisburg Machine Foundry Co.) 10,6 kg Dampf pro Stunde, welch letztere Zahl ein guter, aus einer Reihe von Versuchen gewonnener Durchschnittswert ist. Danach ergibt sich der durchschnittliche stündliche Dampfverbrauch zu $10,6 \cdot 345 = 3650$ kg.

Für die Aufzugpumpe. (X im Diagramm Tafel II.)

Vorläufig wird nur eine von den drei Verbundduplexpumpen gebraucht, und diese macht pro Tag durchschnittlich 90 000 Hübe oder pro Stunde 3750. Die Hochdruckzylinder arbeiten mit voller Füllung und haben dann einen Dampfverbrauch von $3750 \cdot 0,355 \cdot 0,355 \cdot 0,7854 \cdot 0,381 = 142$ cbm pro Stunde. 1 cbm Dampf bei 7,5 Atm. Druck wiegt 4,53 kg.

Dampfgewicht: $(142 \cdot 4,53) + 12\%$ für Kondensation in den Zylindern, schädliche Räume und Undichtigkeiten, mithin insgesamt $= 722$ kg.

Für den Ammoniakkompressor. (XI im Diagramm Tafel II.)

Einer von den zwei Kompressoren ist nur im Gebrauch, und dieser macht 47 Umdrehungen in der Minute. Die Dampfzylinder arbeiten mit $\frac{1}{4}$ Füllung. Dann beträgt der Dampfverbrauch pro Stunde: $2 \cdot 47 \cdot 60 \cdot \frac{1}{4} \cdot 0,508 \cdot 0,508 \cdot 0,7854 \cdot 0,508 = 146$ cbm $= 146 \cdot 4,53 = 661$ kg und nach Hinzurechnung von 8% für Kondensation im Zylinder, schädliche Räume und Undichtigkeiten insgesamt $= 715$ kg.

Für die Niederdruck-Salzwasserpumpe. (IV im Diagramm Tafel II.)

Eine von den zwei Duplexpumpen ist nur im Gebrauch, und diese macht pro Stunde 3600 Hübe. Die Dampfzylinder arbeiten mit voller Füllung. Dann ist der Dampfverbrauch pro Stunde: $3600 \cdot 0,203 \cdot 0,203 \cdot 0,7854 \cdot 0,305 = 35,5$ cbm $= 161$ kg und nach Zuschlag von 12% für Kondensation in den Zylindern, schädliche Räume und Undichtigkeiten insgesamt $= 180$ kg.

Für die Hochdruck-Salzwasserpumpe. (I im Diagramm Tafel II.)

Eine von den zwei Duplexpumpen ist nur im Gebrauch, und diese macht pro Stunde 2400 Hübe. Die Dampfzylinder arbeiten mit voller Füllung. Dann ist der Dampfverbrauch pro Stunde: $2400 \cdot 0,152 \cdot 0,152 \cdot 0,7854 \cdot 0,152 = 6,6$ cbm $= 30$ kg und nach Hinzurechnung von ca. 15% für Kondensation in den Zylindern, schädliche Räume und Undichtigkeiten insgesamt ungefähr $= 35$ kg.

Für die Hauswasserpumpe. (VIII im Diagramm Tafel II.)

Eine von den zwei Pumpen förderte im Monat Februar pro Tag durchschnittlich 594 cbm Wasser oder pro Stunde 24 700 l oder kg.

Die zu überwindende Höhe ist 90 m; mithin ist die Leistung in Pferde-

kräften: $\dfrac{24\,800 \cdot 90}{60 \cdot 60 \cdot 75} = $ ca. 8,3. Diese Pumpen gebrauchen ungefähr

45 kg Dampf pro Stunde und Pferdekraft; dann ist der Dampfverbrauch $45 \cdot 8,3 = 373$ kg pro Stunde.

Für die Vakuumreinigungsmaschine. (IX im Diagramm Tafel II.)

Eine von den zwei Maschinen ist nur im Gebrauch, und diese macht pro Minute 50 Umdrehungen, dabei mit halber Füllung arbeitend. Dann ist der Dampfverbrauch pro Stunde: $2 \cdot 50 \cdot 60 \cdot \frac{1}{2} \cdot 0,254$ $\cdot 0,254 \cdot 0,7854 \cdot 0,381 = 57,7$ cbm $= 262$ kg und nach Zuschlag von 10% für Kondensation im Zylinder, schädliche Räume und Undichtigkeiten insgesamt ungefähr 288 kg pro Stunde.

Für die Rohrpostpumpe. (V im Diagramm Tafel II.)

Eine von den zwei Simplexpumpen ist nur im Gebrauch, und diese macht pro Stunde nur 240 Hübe. Der Dampfzylinder arbeitet mit voller Füllung. Dann ist der Dampfverbrauch pro Stunde: $240 \cdot 0,254 \cdot 0,254 \cdot 0,7854 \cdot 0,608 = 7,5$ cbm $= 34$ kg und nach Hinzurechnung von 20% für Kondensation im Zylinder, schädliche Räume und Undichtigkeiten insgesamt ungefähr 40 kg Dampf pro Stunde.

Für die ·Luftkompressoren der Abwasserejektoren, Türöffner usw. (VII im Diagramm Tafel II.)

Fünf von den neun Luftkompressoren arbeiten gewöhnlich zugleich, und zwar drei von 0,241 m und zwei von 0,203 m Durchmesser. Alle haben 0,203 m Kolbenhub und jeder macht ungefähr 40 Hübe in der Minute. Die Dampfzylinder arbeiten mit voller Füllung. Dann ist der Dampfverbrauch pro Stunde:

$$\left.\begin{array}{l} 3 \cdot 40 \cdot 60 \cdot 0,241 \cdot 0,241 \cdot 0,7854 \cdot 0,203 = 66,5 \text{ cbm} \\ 2 \cdot 40 \cdot 60 \cdot 0,203 \cdot 0,203 \cdot 0,7854 \cdot 0,203 = 31,5 \text{ »} \end{array}\right\} 98 \text{ cbm} = 445 \text{ kg}$$

und nach Hinzurechnung von 10% für Kondensation in den Zylindern, schädliche Räume und Undichtigkeiten insgesamt 490 kg Dampf pro Stunde.

Für Speise- und Kondenswasserpumpen. (VI im Diagramm Tafel II.)

Es werden den Dampfkesseln pro Stunde durchschnittlich 9200 kg Wasser zugespeist, und zwar mit ca. 8 Atm. Druck. Dies entspricht

einer Leistung von $\dfrac{9\,200 \cdot 80}{60 \cdot 60 \cdot 75} = 2{,}75$ PS. Nimmt man den Nutzeffekt der Ventile mit 0,6 an und schätzt, daß die Leistung einer
Pferdekraft bei diesen kleinen Pumpen 65 kg Dampf pro Stunde er-
fordert, so würde dies einen Dampfverbrauch von $\dfrac{2{,}75}{0{,}6} \cdot 65 =$ ungefähr
300 kg pro Stunde ergeben.

Für die Drainierungspumpen. (III im Diagramm Tafel II.)

Die beiden Pumpen sind immer im Gebrauch, und jede Pumpe
macht durchschnittlich 800 Hübe in der Stunde. Die Dampfzylinder
arbeiten mit voller Füllung. Dann ist der Dampfverbrauch: $2 \cdot 800$
$\cdot\, 0{,}19 \cdot 0{,}19 \cdot 0{,}7854 \cdot 0{,}254 = 11{,}6$ cbm $= 52{,}5$ kg und nach Hinzurechnung von 15% für Kondensation in den Zylindern, schädliche
Räume und Undichtigkeiten insgesamt ungefähr 60 kg Dampf pro
Stunde.

Für die selbsttätige Temperaturregulierung. (II im Diagramm Tafel II.)

Nur eine von den beiden Pumpen ist im Gebrauch. Ein Regler
erfordert gewöhnlich $^1/_{500}$ Pferdekraft, und da 500 Regler im Gebäude
sind, dürfte die erforderliche Arbeit für die Temperaturregulierung
1 PS sein, welche Leistung bei diesen kleinen Pumpen ungefähr 65 kg
Dampf pro Stunde erfordert.

Für die Abdampf-Kondenswasserpumpe.

Vom ganzen Abdampfquantum (ausgenommen für die Heizung
und Ventilationsanlage) werden ca. 8% im Speisewasseranwärmer,
ca. 8% im Heißwasserkessel, ca. 4% in den Abdampfleitungen usw.
kondensiert. Das bedeutet, daß ca. 1400 kg Wasser pro Stunde in
das Siel gedrückt werden müssen. Die Druckhöhe ist 15 m, mithin
beträgt die Leistung $\dfrac{1400 \cdot 15}{60 \cdot 60 \cdot 75} = {}^1/_{10}$ PS und erfordert nur ca. 7 kg
Dampf. (Diese geringe Menge ist mit VI im Diagramm Tafel II
vereinigt.)

Die vorstehend berechneten Größen des Dampfverbrauches sind
in dem Diagramme Tafel II veranschaulicht. Die genauen stündlichen Dampfverbräuche sind nach einer typischen Elektrizitäts-
verbrauchskurve umgerechnet, die der Aufzug- und Hauswasser-

pumpen nach einer Kurve, welche die stündlichen durchschnittlichen Hübe der Pumpen angibt. Dem deutschen Fachmanne dürfte wohl die vielfache, für den Dampfverbrauch unökonomische Anwendung der Worthingtonpumpen merkwürdig vorkommen. Diese Art von Pumpen ist hier jedoch sehr beliebt, einesteils weil sie leicht zu bedienen sind, hauptsächlich aber weil es bei ihrer Anwendung am leichtesten gelingt, die einzelnen Gruppen der maschinellen Einrichtung zu in sich selbst geschlossenen Anlagen auszugestalten. Hierdurch kann man größeren Betriebsstörungen am besten vorbeugen, und dies hält man hierzulande für wichtiger als einen hinsichtlich des Dampf- verbrauches etwas sparsameren Betrieb. Kohlen sind ja hier ver- hältnismäßig billig.

Der von den Maschinen und Pumpen kommende Abdampf wird für die Heizung, Ventilation, Heißwasserbereitung und zu Destillations- zwecken verwendet. Das Diagramm Tafel II enthält keine gesonderte Darstellung des Dampfverbrauches für die Küche, Vorratsräume, Wäscherei usw., da es schwer ist, diesen auch nur annähernd genau zu berechnen. Jedoch ist in dem Diagramm noch die Verdampfungs- kurve jeder Schicht angegeben und die zwischen diesen Linien und der Linie des totalen Hochdruckdampfverbrauches für Maschinen und Pumpen liegende Fläche stellt die Größe des erwähnten, nicht besonders berechneten Dampfverbrauches zuzüglich des Dampf- verlustes in den Rohrleitungen dar.

Reduzierter Hochdruckdampf wird für Heizung und Ventilation nur äußerst selten benutzt; es wurde nämlich, wie der Betriebsingenieur, Herr Jurgensen, festgestellt hat, in den Wintern 1904/5 und 1905/6 nur achtmal für etliche Stunden am Morgen zwischen 5 und 9 Uhr dem Abdampf für Heizungszwecke reduzierter Hochdruckdampf bei- gemischt. Mit Rücksicht darauf, daß der Hochdruckdampfverbrauch für die Maschinen und Pumpen und demnach auch die Abdampf- gewinnung täglich zwischen dem Minimum von 4200 kg pro Stunde und dem Maximum von 8000 kg pro Stunde schwankt, erscheint dies merkwürdig, denn während des mittleren Winterwetters geht wenig oder gar kein Abdampf ins Freie. Über Nacht, der Zeit der geringsten Abdampfgewinnung, ist jedoch die Ventilation nicht im Betriebe; der Warmwasserverbrauch ist dann auch nur gering, und es sind teilweise die Gästezimmer oder Schlafzimmer nur schwach geheizt, oder in vielen Zimmern ist die Heizung des Nachts ganz abgestellt.

Das Diagramm dürfte wohl zur Genüge veranschaulichen, welche Ersparnisse bei einer Dampfkraftanlage durch Verwertung des Ab-

Tabelle 1.

Gebäudeteile mit dem Ventilator beheizt oder ventiliert	Art und Größe des Ventilators (Bei Zentrifugalbläsern ist der Durchmesser der Schaufeln gegeben)	Der Ventilator befindet sich im	Kubikinhalt der ventilierten Räume cbm	Bei der kleinsten möglichen Umdrehungszahl					Bei der größten möglichen Umdrehungszahl					Anzahl der Regulierungskontakte der Motoren
				Umdrehungen per Minute	Pferdekräfte	Angenommene stündl. Zuluftmenge cbm	Angenommene stündl. Abluftmenge cbm	Luftwechsel per Stunde	Umdrehungen per Minute	Pferdekräfte	Angenommene stündl. Zuluftmenge cbm	Angenommene stündl. Abluftmenge cbm	Luftwechsel per Stunde	
Zuluft für zweites u. drittes Untergeschoß	Zentrifugal 2,44 m Durchm. 1,22 m Weite	3. Untergeschoß	6 500	86	15,2	32 400	—	5	170	57,3	63 000	—	9,7	15
Abluft für zweites u. drittes Untergeschoß	Zentrifugal 3,04 m Durchm. 1,52 m Weite	do.	6 500	86		—	63 000	9,7	170		—	119 000	18,4	15
Zuluft für 1.—3. Untergeschoß des Anbaues	Zentrifugal 1,82 m Durchm. 0,92 m Weite	do.	5 300	140	3,7	18 300	—	3,5	224	7,3	30 500	—	5,8	14
Abluft für 1.—3. Untergeschoß des Anbaues	Zentrifugal 2,44 m Durchm. 1,22 m Weite	do.	5 300	108	8,8	—	39 200	7,4	200	23,2	—	76 500	14,4	15
Zuluft für erstes Untergeschoß	Zentrifugal 1,67 m Durchm. 0,92 m Weite	do.	4 600	142	2,56	18 700	—		260	6,7	33 000	—		14
do.	Blackman 0,92 m Durchm.	1. Untergeschoß	4 600	356	0,67	10 200	—	8,5	480	1,6	11 900	—	12,4	4
do.	Blackman 0,92 m Durchm.	do.	4 600	356	0,67	10 200	—		480	1,6	11 900	—		4
Abluft für erstes Untergeschoß	Blackman 2,13 m Durchm.	18. Obergeschoß	4 600	158	3,7	—	48 000	11,1	258	8,85	—	85 000	18,5	10

	Ventilator	Lage											
Zuluft für erstes Obergeschoß	Zentrifugal 2,13 m Durchm. 0,92 m Weite	3. Untergeschoß	5 300	118	3,04	30 600	—	5,8	200	8,85	53 000	—	10	14
Abluft für erstes Obergeschoß	Blackman 1,82 m Durchm.	18. Obergeschoß	5 300	188	3,52	—	44 000	8,3	326	8,85	—	68 000	12,8	10
Zuluft f. zweites Obergeschoß	Zentrifugal 1,6 m Durchm. 0,69 m Weite	2. Obergeschoß	3 500	132	1,2	13 000	—	3,4	220	2 8	23 000	—	6,6	14
Abluft f. zweites Obergeschoß	Blackman 1,52 m Durchm.	18. Obergeschoß	3 500	215	2,4	—	27 000	7,8	362	6,3	—	46 000	13,2	10
Abluft f. 3.—18. Obergeschoß	Blackman 2,13 m Durchm.	do.	38 000	142	3,85	—	48 000	2,8	238	6,9	—	85 000	4,5	10
Abluft f. 3.—18. Obergeschoß	Blackman 2,13 m Durchm.	do.		160	3,5	—	48 000		256	8,3	—	85 000		10
Heizung für 1.—3. Obergeschoß	Zentrifugal 1,82 m Durchm. 0,92 m Weite	3. Untergeschoß	11 000	128	2,7	18 700	—	1,7	198	4,55	34 000	—	3,1	14
Heizung für 4.—7. Obergeschoß	2 Zentrifugal, je 1,82 m Durchm. je 0,92 m Weite	3. Obergeschoß	9 200	30	1,92	13 600	—	1,5	195	8,8	68 000	—	7,4	15
Heizung für 8.—13. Obergeschoß	2 Zentrifugal, je 1,82 m Durchm. je 0,92 m Weite	7. Obergeschoß	11 500	30	1,92	13 600	—	1,2	195	8,8	68,000	—	5,9	15
Heizung für 14.—17. Obergeschoß	2 Zentrifugal, je 1,82 m Durchm. je 0,92 m Weite	12. Obergeschoß	11 500	30	1,92	13 600	—	1,2	195	8,8	68 000	—	5 9	10

14 Zentrifugalbläser
7 Blackmanbläser

Kubikinhalt der ventilierten 63 200 cbm.
Pferdekräfte bei niedrigster Umlaufzahl 61,27
  » » höchster » 179,50
Kleinste Zuluftquantität 192 900 cbm, höchste 464 300 cbm per Std.
  » Abluft » 317 400 » » 564 500 » »

dampfes zu erreichen sind, und ähnliche Diagramme wird man bei Zusammenstellung der Dampfverbrauchsmengen in anderen Hotels oder Hospitälern und Klubhäusern mit ununterbrochenem Betriebe erhalten, während Geschäfts- und Unterrichtsgebäude, bei denen der Betrieb nur mit Unterbrechungen stattfindet, kaum so gute Resultate zeigen werden. Für unsere hohen Gebäude jedoch wachsen Kraft- und Wärmebedarf für die Beheizung des Hauses ziemlich gleichmäßig, so daß dieser Wärmebedarf innerhalb gewisser Grenzen durch den Abdampf von der stärker benutzten Maschinenanlage gedeckt werden kann.

Heizung und Lüftung.
(Siehe Taf. III bis VII.)

Pulsionsventilation ist für die unteren fünf Stockwerke, Dampfluftheizung für 17 Stockwerke vorgesehen und für 21 Stockwerke sind Luftabzugsschächte eingerichtet (ausgenommen etliche Zimmer im 18. Stockwerk). Die große Anzahl der verschiedenen Systeme, welche die Erzielung eines ökonomischen Betriebes nötig macht, der sich den Betriebsstunden und der Betriebsart der zu ventilierenden Räume anpassen muß, ist in übersichtlicher Weise in Tabelle I dargestellt, und an Hand der letzteren und der verschiedenen Pläne wird diese Anlage, obgleich sie kompliziert ist, doch leicht zu verstehen sein.

Aus der Tabelle geht die Größe, Art und Lage der Bläser hervor, die entweder Zentrifugalventilatoren oder Blackmansche Schraubenventilatoren sind; auch die von den Bläsern ventilierten oder geheizten Stockwerke sind angegeben, ebenso die höchste und niedrigste Umlaufzahl der Bläser bzw. der Elektromotoren, da nämlich alle Gebläse direkt mit den Motoren gekuppelt sind. Die angegebenen Luftmengen sind teilweise gemessen und teilweise geschätzt, während die Pferdestärken nach elektrischen Messungen berechnet sind. Ferner ist noch die Anzahl der Kontaktpunkte der Regulierungsapparate der Motoren gegeben. Hieraus ist zu ersehen, daß es möglich ist, die Bläser mit sehr verschiedenen Geschwindigkeiten laufen zu lassen. Schließlich ist in der Tabelle auch noch der Kubikinhalt im Lichten der verschiedenen Stockwerke angegeben und hinzugefügt, ein wievielmaliger Luftwechsel in diesen pro Stunde mindestens (bei der kleinsten Umdrehungszahl) und höchstens (bei der größten Umdrehungszahl der Bläser) zu erzielen ist.

Die Lage und Führung einiger der wichtigeren Heizungs- und Lüftungs-Kanalsysteme ist aus den Plänen ersichtlich, sie sind sämtlich aus Eisenblech konstruiert. Zur Fertigstellung der Kanalsysteme,

Kanalrohre waren 160 000 kg galvanisiertes Eisenblech und 20 000 kg gewöhnliches Eisenblech nötig, die mit 30 000 kg 1zölligen Winkeleisen versteift wurden. Die kupfernen Abluftköpfe wiegen 1650 kg. Die Kanalsysteme im dritten Untergeschoß liegen frei an der Decke und in allen anderen Geschossen liegen sie in falschen Decken, wie in Fig. 5 dargestellt. Die Einführung der Zugluft in die Räume geschieht in allen Fällen nahe der Decke, und zwar wird die Heizluft im 1. und 2. Stockwerke durch die Fensterstühle in die Räume ein-

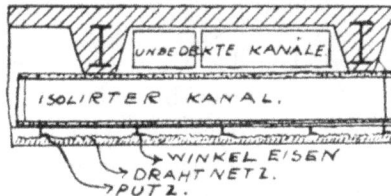

Fig. 5. Lüftungskanal in einer falschen Decke im Hotel St. Regis, New York City.

geführt, im 3. bis 17. Stockwerk aber auch nahe der Decke durch die den Fenstern gegenüberliegenden Wände in solcher Weise, daß sie nach den Fenstern hinströmt.

Die Zuluft-, Abluft- und Heizluftkanäle sind im dritten Untergeschoß mit 25 mm-Isolierplatten und in den oberen Geschossen die Zuluft- und Heizluftkanäle mit 13 mm-Isolierplatten bedeckt.

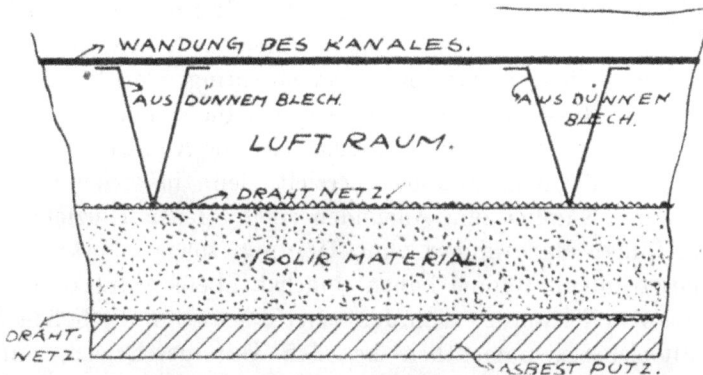

Fig. 6. Isolierung eines Heizkanales im Hotel St. Regis, New York City.

Die Rauchrohre und die Abluftkanäle von den Kaminen sind mit 50 mm-Isolierplatten bedeckt, welche jedoch durch ein Drahtnetz 50 mm von den Eisenplatten entfernt gehalten sind, wie in Fig. 6 dargestellt ist.

Lufteinlässe für die Ventilation und Heizung befinden sich im 1., 2., 3., 7. und 12. Stockwerk, und sie sind alle nach dem — aus dem

3*

Plane des 7. Stockwerkes ersichtlichen — Schema konstruiert. Die Luft wird gefiltert, vorgewärmt, und wenn nötig, auch noch befeuchtet. Die Zuluft wird für das 1. und 2. Stockwerk, welche zu Restaurations- und Banketräumen aufgegeben sind, auf $+20^0$ C, für die ersten und zweiten Untergeschosse auf $+13^0$ C vorgewärmt, während sie für den Maschinen- und Kesselraum (3. Untergeschoß) überhaupt nicht vorgewärmt wird.

Bei der Anordnung der Abluftklappen ist darauf Rücksicht genommen, ob auch heiße Luft oder Küchendünste abzuführen sind oder nicht.

Dementsprechend sind in den Untergeschossen nur obere Abluft- klappen vorgesehen; für eine ganz besonders starke Abluftentnahme ist über den Küchenherden, Backöfen, Dampfkesseln usw. gesorgt. Dadurch, daß aus den drei Untergeschossen sehr viel mehr Abluft entnommen wird, als diesen Geschossen direkt von außen her an fri- scher Luft zuströmt, wird erreicht, daß in allen Jahreszeiten lebhaft und fühlbar Luft aus den Obergeschossen nach den Untergeschossen hinabströmt, so daß unter keinen Umständen von letzteren her jemals heiße Luft oder Gerüche in die Obergeschosse gelangen können. In den Restaurations- und Banketräumen des 1. und 2. Stockwerkes brachte man vergitterte Abzugsöffnungen mit sog. Zenterklappen, d. h. solche von 12 bis 18 cm Breite und 150 bis 250 cm Höhe an, da man diese für die einfachsten und besten zur Entfernung des Tabak- rauches und der Wärme hält. Diese schmalen, hohen Gitter sind in den meisten Fällen architektonisch in vorspringenden Pfeilern unter- gebracht. Alle Gästezimmer sowohl als auch Badezimmer mit Fenstern haben entweder untere Abluftklappen, oder die Ablüftung wird durch den Kamin nahe dem Fußboden erzielt, denn in vielen von diesen Räumen sind Kamine zum Anzünden eines offenen Holzfeuers ange- bracht. Innere Badezimmer ohne Heizung, sowie Aborte, Toiletten und andere innere Räume haben sämtlich obere Abluftklappen.

Ohne Zweifel werden dem deutschen Fachmann die hohen Zahlen des Luftwechsels, namentlich bei den Untergeschossen, auffallen. Hierzulande ist man jedoch sehr geneigt, die Güte einer Lüftungs- anlage nach dem mit der Lüftungsanlage erzielten Kühlungseffekt zu beurteilen, und solange der Erfolg einer Lüftungsanlage nicht fach- männisch beurteilt wird, muß man in den warmen Jahreszeiten immer mit hohem Luftwechsel arbeiten. In diesem Gebäude war die Lüf- tung der drei Untergeschosse, die keine Fenster haben, eine schwierige Aufgabe, und mit Recht kann man sagen, daß diese drei Stockwerke erst durch die künstliche Ventilation brauchbar gemacht worden sind. Die Wärmeentwicklung der Kessel- und Maschinenanlage, Küche, Bäckerei, Wäscherei usw. ist sehr groß und die Zustände sind denen an Bord von Dampfschiffen nicht unähnlich.

Alle wärmeausstrahlenden Röhren, Maschinen, Pumpen und Apparate sind mit bestem Isoliermaterial umhüllt. Dies ist nicht nur zur Erreichung eines ökonomischen Betriebes geboten, sondern ist auch durchaus nötig, damit die Temperaturen in dem beschränkten Maschinenraum die hygienisch zulässige Grenze nicht überschreiten.

Man versucht ja zwar, der von der strahlenden Wärme der Dampfkessel, Küchenherde und Maschinen herrührenden Belästigung dadurch entgegenzuwirken, daß man Zuluft oder Zirkulationsluft direkt auf die Köpfe arbeitender Personen bläst. Ein Schnitt durch den Küchenherd Tafel V (Plan vom 1. Untergeschoß) zeigt, wie die Zuluft oder Zirkulationsluft z. B. durch die Auslässe nach unten auf die Köpfe der Köche geführt oder durch Abschließen der unteren Klappe über den Köpfen seitwärts abgelenkt werden kann. Solch ein Luftzug macht sich bei einer Temperatur von unter 28° C mehr unangenehm als angenehm fühlbar.

In den Untergeschossen gibt es noch eine Anzahl von Speisezimmern, Ingenieurbureaus, Barbierstuben für Kellner und Bedienung (auch eine Barbierstube für Hotelgäste, in der man die bescheidene Summe von 1 M. für Rasieren und 1,6 M. für Haarschneiden bezahlt), die weder Fenster noch direkte Lufteinlässe haben und keiner Heizvorrichtung bedürfen. Diese Räume sind mit einem ungefähr zehnfachen Luftwechsel pro Stunde bedacht und bei diesem hohen Luftwechsel sind m. E. in den Räumen die Luft- und Temperaturverhältnisse besser als in Zimmern, welche Fenster, aber keine künstliche Ventilation haben. Diese fensterlosen Räume könnten zur Bekehrung solcher Leute benutzt werden, die der künstlichen Ventilation noch skeptisch gegenüberstehen, denn in solchen Räumen, die mit einem ausreichenden Quantum frischer Luft von stets gleicher Temperatur versehen werden, erkennt man den Wert der künstlichen Ventilation besser als irgendwo anders.

Daß der künstlichen Ventilation hier auch vom Eigentümer des Hauses und vom Architekten großes Zuvertrauen geschenkt wird, ist zu erkennen, wenn man sieht, Räume welcher Art in diesen Geschossen, die keinen natürlichen Luftzutritt und keine Fenster haben, untergebracht sind. Denn in allen diesen Stockwerken befinden sich eine Anzahl von Aborten ohne Fenster, die sämtlich mit einem stündlich

20 bis 30fachen Luftwechsel bedacht sind. Hier sind es die Behörden, die innere Aborte erlauben, falls sie künstlich ventiliert sind! Natürlich müssen zur Erlangung wirklich guter Zustände in solchen Räumen peinliche Sauberkeit und gute sanitäre Einrichtungen Hand in Hand mit einer guten Ventilationsanlage gehen.

Zu erwähnen ist schließlich noch, daß alle Rauchabzugsrohre oder Schornsteine der obenerwähnten offenen Kamine zugleich als Abluftkanäle dienen, und zwar sind sie, weil die Luft durch die Kamine hindurch aus den Zimmern abgesaugt werden soll, durch Eisenblechkanäle aus 4 mm starkem Blech an Blackmanventilatoren angeschlossen, wie dies in Tafel VII (Plan des 18. Stockwerkes) dargestellt ist. Für die Reinigung dieser Kaminschornsteine sowohl als der horizontalen Abluftkanäle ist ausreichend Vorsorge getroffen, wie aus den Plänen ersichtlich.

Dampfluftheizung.

Das St. Regis-Hotel ist das höchste Gebäude, welches je mit Dampfluft beheizt worden ist, und die ganze Anordnung mit den vier Heizzentralen in diesem dementsprechend seiner Höhe nach in vier Zonen eingeteilten Gebäude ist wohl einzig in ihrer Art. Es werden ungefähr 500 Zimmer durch ungefähr 550 Luftauslässe beheizt, und die ganze Heizungsanlage wird automatisch mit dem Johnson-System reguliert. Die Einströmung der Heizluft wird abgesperrt, sobald es zu warm wird, und wieder angestellt, sobald es zu kalt wird. In den Gästezimmern sind selbsttätige Temperaturregler solcher Art angebracht, bei denen durch Umdrehung eines kleinen Hebels auch von Hand die Heizung ganz abgestellt werden kann.

Die Bläser für die Dampfluftheizung im 3., 7. und 12. Stockwerk sind reichlich groß bemessen, damit sie nur langsam zu laufen brauchen, denn es würde entschieden auch nicht das geringste Geräusch in diesen gestattet werden, da sich unter und über diesen Heizzentralen Schlafzimmer befinden, und die Gebläse müssen 24 Stunden pro Tag laufen. Obwohl die höchstmögliche Umdrehungszahl der Bläser und Motoren in diesen Heizzentralen 195 pro Minute ist, so hat es sich doch noch niemals als nötig erwiesen, sie mit mehr als 140 Umdrehungen pro Minute laufen zu lassen, und dies war nur erforderlich bei einer Außentemperatur von − 22° C.

In den Heizzentralen im 3., 7. und 12. Stockwerk befinden sich zwei Motoren, und jeder Motor allein ist groß genug, beide Bläser zu betreiben, so daß immer ein Motor in Reserve steht. Eine Betriebsunterbrechung ist kaum denkbar, da nötigenfalls innerhalb 10 Minuten der Reservemotor zum Antreiben der Bläser in Gang gesetzt werden kann.

Jede Heizkammer hat 174 qm Heizfläche, bestehend aus 18 1-zölligen, im Zickzack versetzten Röhren, und die Heizflächen sind durch gußeiserne Sammelstücke so eingeteilt, daß drei Sektionen zwei Röhren und drei Sektionen vier Röhren haben. Dies teilt jede Heizkammer in sechs Sektionen, die wiederum ein Vergrößern oder Verkleinern der Heizfläche in $^1/_9$ Teile gestatten, und eine jede Sektion kann durch Luftdruckventile an- und abgestellt werden. Mit $^3/_8$zölligen Dreiwegventilen, die nahe bei der Eingangstür auf einem Schaltbrett montiert sind, ist der Luftdruck der Membranventile an den Heizkammern zu regulieren, so daß man durch die kleinen Dreiwegventile mit einem Griff zwei 4 zöllige Dampfventile und zwei 3 zöllige Kondenswasserventile anstellen kann. Man traf diese Anordnung, die sich nun als ungemein vorteilhaft erwiesen hat, weil man einerseits die Sicherheit zu haben wünschte, daß sich alle zueinander gehörigen Ventile zugleich schließen und zugleich öffnen, und weil man ferner auch die generelle Regulierung des Systems möglichst bequem machen wollte.

Für die Befeuchtung der Luft dienen mit reduziertem Hochdruckdampf gespeiste Rohrschlangen, die in Verdampfungsschalen in der Verbindung zwischen Heizkammern und Bläser liegen. Die Heizluft wird jedoch nur bei kältestem Wetter befeuchtet, und zwar nur äußerst selten, da der im Gebäude gewünschte Feuchtigkeitsgrad der Luft von 38% bis 42% sich von selbst auf dieser Höhe zu halten scheint.

Alle Heizkammern haben außer den gewöhnlichen Thermometern noch selbstschreibende Tagesthermometer, und die Zifferblätter von allen Heizkammern, die das Diagramm der Temperatur jedes Tages enthalten, werden vom Chefingenieur täglich durchgesehen. Er führt hierdurch eine äußerst einfache Kontrolle über den Maschinisten, der Heizungs- und Ventilationsanlagen bedient.

Wie aus der Tabelle I ersichtlich, werden das 1., 2. und 3. Stockwerk vom dritten Untergeschoß aus geheizt. Ehe die Luft durch den Bläser geht, wird sie vorgewärmt, wenn nötig befeuchtet und dann nach an der Decke des 3. Untergeschosses liegenden Heizkammern geleitet, in denen die Luft durch Rippenheizkörper noch nachgewärmt wird. Die Temperatur-Regulierungsklappe befindet sich nahe der Heizkammer, und sie wird hier vom Temperaturregler in den oberen Stockwerken gesteuert. Das 4., 5., 6. und 7. Stockwerk werden vom

3. Stockwerk aus beheizt, das 8., 9., 10., 11. und 12. Stockwerk vom
7. Stockwerk aus und das 13., 14., 15., 16. und 17. Stockwerk vom
12. Stockwerk aus. Die drei Heizzentralen im 3., 7. und 12. Stockwerk sind gleich groß, obgleich die Wärmetransmission der Stockwerke
4 bis 7 bedeutend geringer ist wie diejenige vom 8. bis 12. oder vom
13. bis 17. Stockwerk. Verhältnismäßig ist ein noch größerer Überschuß an Heizfläche für das 1. bis 3. Stockwerk vorgesehen.

Die anscheinende Unrichtigkeit hat sich jedoch als nötig erwiesen, denn die Erfahrung hat gelehrt, daß für hohe Gebäude die
unteren Stockwerke mehr Heizflächen erfordern, wie die Transmissionsberechnung auch mit den vollen, allgemein empfohlenen Zuschlägen
ergibt, und daß die oberen Stockwerke kaum jemals die volle Heizfläche brauchen, wie nach der Transmissionsberechnung mit den gewöhnlichen Zuschlägen anzunehmen ist. Bei Windstille stellt sich
im ganzen Gebäude in einer Horizontalebene eine neutrale Zone ein,
unterhalb deren große Mengen kalter Luft durch Fensterfugen und
Türen in die unteren Stockwerke des Hauses eindringen, und eben-
soviel Luft entweicht natürlich wieder oberhalb der neutralen Zone
in den oberen Stockwerken nach außen.

Die hierdurch bedingten Unregelmäßigkeiten in der Wärmezufuhr
für Heizung lassen sich sehr gut an diesem Systeme mit vier über-
einanderliegenden Heizzentralen erkennen. Unter gewöhnlichen Umständen bei mäßigen Winden laufen die Bläser in den unteren Heizzentralen schneller, und die Heizlufttemperatur wird auch etwas höher
gehalten. An windigen Tagen scheinen sich jedoch die Unterschiede
wieder etwas auszugleichen. Eine Vergeudung von Wärme kommt
in diesem Gebäude kaum' vor, denn das ganze Gebäude ist, wie erwähnt, mit automatischer Temperaturregulierung versehen und wird
darum fast immer genau auf $+20^0$ C erwärmt, und sobald in den
Zimmern diese Temperatur erreicht ist, wird selbsttätig die Einströmung
der Heizluft abgesperrt. Die Wärmeverluste der Kanäle kommen der
Heizung wieder zugute, da mindestens 90% aller Kanäle in den Innenwänden und Innendecken liegen.

Als ich alle diese Verhältnisse in Betracht zog, erschien es mir
angebracht, die Unterschiede zwischen der wirklich stattfindenden
Wärmezufuhr und den in bekannter Weise theoretisch berechneten
Transmissions-Wärmeverlusten des Gebäudes näher zu untersuchen.
Das Resultat dieser Untersuchung ist ein beinahe unglaubliches.
Mittels eines gewöhnlichen Anemometers wurde gemessen, mit welcher
Geschwindigkeit die Luft durch jede Heizkammer hindurchströmt.

Die Außentemperaturen und die Temperaturen der Heizluft wurden notiert. Dann wurden die Wärmemengen berechnet, die die Luft enthielt, und auch die jeweilige Wärmetransmission, der Außentemperatur entsprechend. Die überraschenden Resultate sind in der folgenden verkürzten Tabelle zusammengestellt, da es zu weit führen würde, alle Messungen, Größen und Berechnungen hier mitzuteilen.

Überschuß oder Defizit der wirklich zugeführten Wärmemenge gegenüber der theoretisch berechneten Größe des Transmissionswärmeverlustes in Prozenten des letzteren.

Heizkammer bzw. Heizsystem oder Heizzentrale für Stockwerk	Versuch am 3. Febr. 1906. —8° C Außentemperatur 2³⁰—3³⁰ nachm. Sonniger Tag. Alle Fenster geschlossen. Windstille.	Versuch am 10. Febr. 1906. +¹/₂° C Außentemperatur 3⁰⁰—4⁰⁰ nachmittags. Sonniger Tag. Eine Anzahl Fenster in den oberen Stockwerken offen. Westwind.	Versuch am 24. Febr. 1906. —3° C Außentemperatur. 2³⁰—3³⁰ nachmittags. Sonniger Tag. Fenster geschlossen. Schwacher Nordost-Wind.
1., 2. und 3.	Überschuß 85%	Überschuß 141%	Überschuß 155%
4. » 5.	» 51¹/₂%	» 26%	Defizit 17%
6. » 7.	» 27¹/₂%	» 38%	» 11%
8., 9. » ¹/₂10.	» 9,7%	» 7%	» 6%
¹/₂10., 11. » 12.	» 2,6%	» 22%	» 12%
13., 14. » ¹/₂15.	Defizit 1,7%	Defizit 48%	» 24,5%
¹/₂15., 16. » 17.	» 27¹/₂%	» 35%	» 23,5%

Ich überlasse es dem geneigten Leser, hieraus seinerseits Schlüsse zu ziehen, da ich selbst nicht versuchen möchte, die auffallenden Ergebnisse der Versuche und Untersuchungen zu begründen. Nur glaube ich der Ansicht Ausdruck geben zu können, daß die starke Abluftventilation der Untergeschosse mit den manchmal enormen Überschüssen der Heizung (in diesem Falle Luft) des 1., 2. und 3. Stockwerkes zusammenhängt. Diese Abluftventilation der Untergeschosse kann jedoch die oberen Stockwerke nicht beeinflussen. Aus allen Versuchen geht klar hervor, daß die unteren Stockwerke mehr Heizflächen erfordern als die oberen, und daß in jedem hohen Gebäude störende Zonen und Einflüsse bestehen, die unsere bisherigen Transmissionsberechnungen mit den gewöhnlichen Zuschlägen anfechtbar erscheinen lassen. Noch andere Erfahrungen in der Beheizung hoher Gebäude bestätigen dies.

IV. Heizung und Ventilation des Chemical National Bank-Gebäudes in New York City und einiges über die New York Steam Company.[1]

Das Chemical National Bank-Gebäude ist im April 1907 von der Chemical National Bank bezogen und dient nur ihr, die eine der reichsten Banken der Welt ist, als Heim. Das Grundstück hat einen Flächeninhalt von 952 qm und das Gebäude einen Kubikinhalt von 20 480 cbm.

Das Erdgeschoß besteht aus der langen 7,5 m hohen Passage und dem großen 27,5 m hohen Bankraum. Im ersten Untergeschoß befinden sich die Räume für die Buchhalterei, Toiletten, Büchertresore und Aktienlager. Unter dem quadratischen Teile des Grundstückes befindet sich der Keller, der zum größten Teil zur Aufnahme der Maschinenanlage dient. Eine solche glaubt man hierzulande auch selbst bei niedrigen und einfachen Gebäuden nicht vermeiden zu sollen. Über einem kleinen Teile der Passage befinden sich noch vier Stockwerke, die diesen Teil der Passage auf die Höhe des Bankraumes bringen und das Direktorzimmer, Eßzimmer für höhere und niedere Beamte und eine Wohnung für den Hauswärter enthalten.

Das Gebäude stellt hierzulande insofern eine wohltuende Ausnahme vor, als es, obgleich von einer großen Bank, doch nicht als ein Wolkenkratzer gebaut ist, in dem etwa die Bank nur die unteren paar Stockwerke bezöge und die oberen Stockwerke vermietete. Das Gebäude ist innen und außen in architektonischer Beziehung bestens ausgestattet. Die Passage und der untere Teil des Bankraumes sind in Marmorverkleidung ausgeführt. Das Gebäude enthält vier elektrische Aufzüge, zwei elektrische Pumpen für das Hauswasser, zwei elektrische Pumpen für Drainierung, eine Kältemaschine zum

---

[1] Zuerst veröffentlicht im Gesundheits-Ingenieur, 25. April 1908.

PLAN DES KELLERS

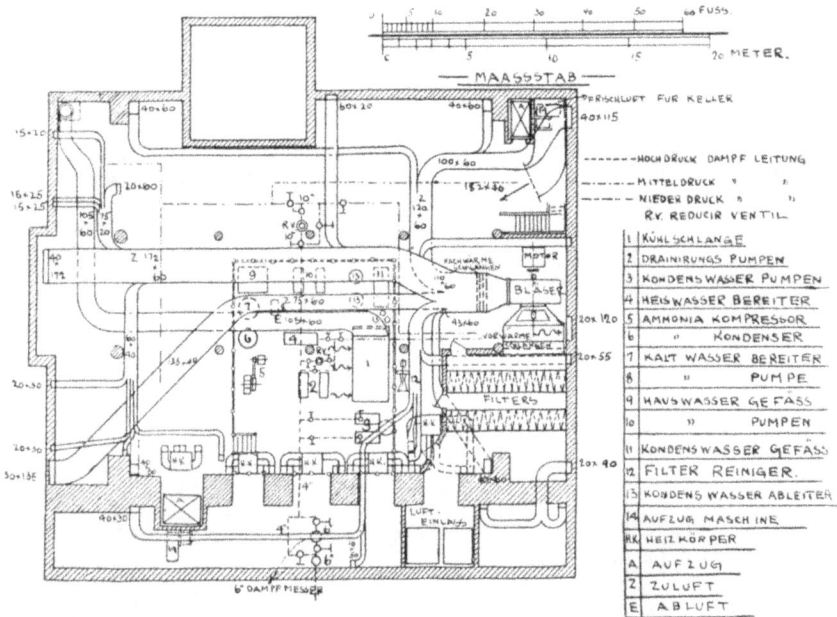

Fig. 7. Chemical National Bank-Gebäude.

PLAN DES
OBERER TEIL DES BANKRAUMES.

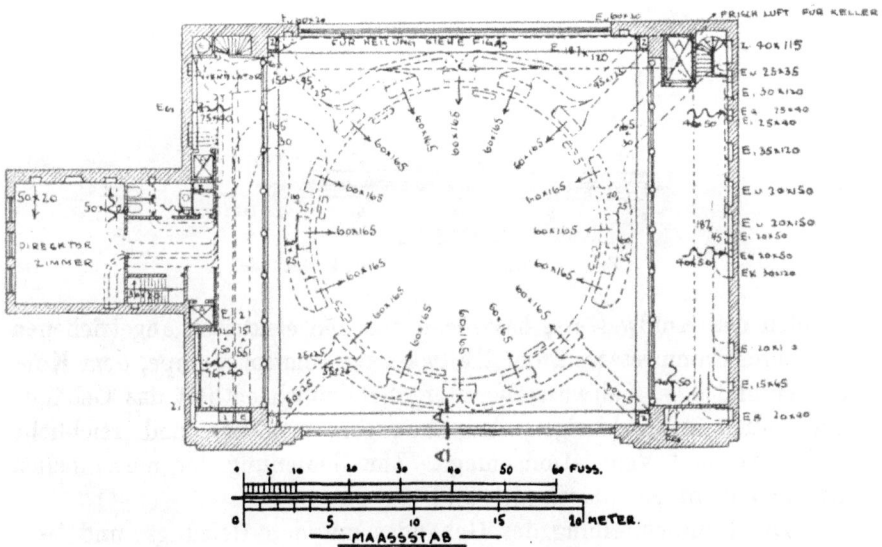

Fig. 8. Chemical National Bank-Gebäude.

SCHNITT DURCH DAS GEBÄUDE

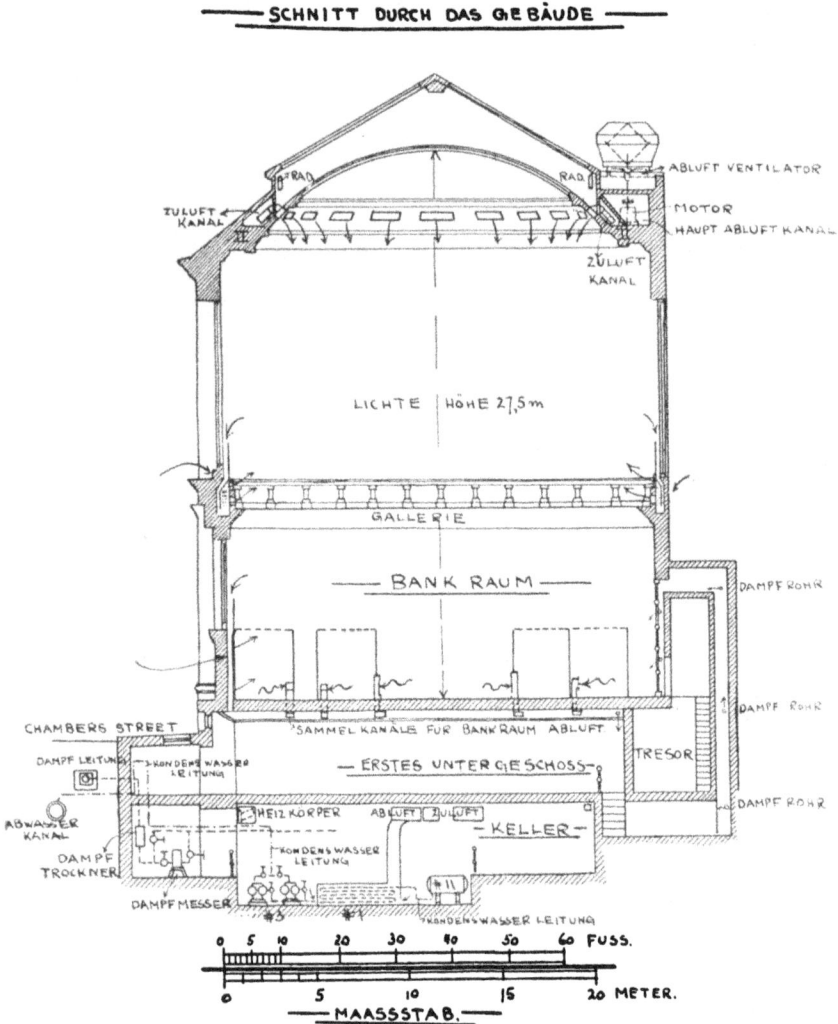

RAD.

ABLUFT VENTILATOR

ZULUFT KANAL

MOTOR
HAUPT ABLUFT KANAL

RAD.

ZULUFT KANAL

LICHTE   HÖHE 27,5 m

GALLERIE

— BANK RAUM —

DAMPF ROHR

DAMPF ROHR

CHAMBERS STREET

SAMMEL KANÄLE FUR BANKRAUM ABLUFT

TRESOR

DAMPF LEITUNG

KONDENS WASSER LEITUNG

— ERSTES UNTERGESCHOSS —

DAMPF ROHR

ABWASSER KANAL

HEIZ KORPER   ABLUFT   ZULUFT

— KELLER —

DAMPF TROCKNER

KONDENS WASSER LEITUNG

DAMPFMESSER

KONDENS WASSER LEITUNG

0 5 10   20   30   40   50   60 FUSS.

0   5   10   15   20 METER.

— MAASSSTAB. —

Fig. 9. Chemical National Bank-Gebäude.

Kühlen des Kühlwassers, bestehend aus den elektrisch angetriebenen Ammoniakkompressoren, der Kaltwasserzirkulationspumpe, dem Kondenser und dem Kaltwasserbereiter. Schließlich enthält das Gebäude eine, auch nach hiesigen Anschauungen, moderne und reichliche Heizungs- und Ventilationsanlage. Zur Bedienung der maschinellen Anlagen dient ein Maschinist und ein Öler.

Die Raumeinteilung des Gebäudes mit den Heizungs- und Ventilationsanlagen ist in den Fig. 7 bis 11 dargestellt.

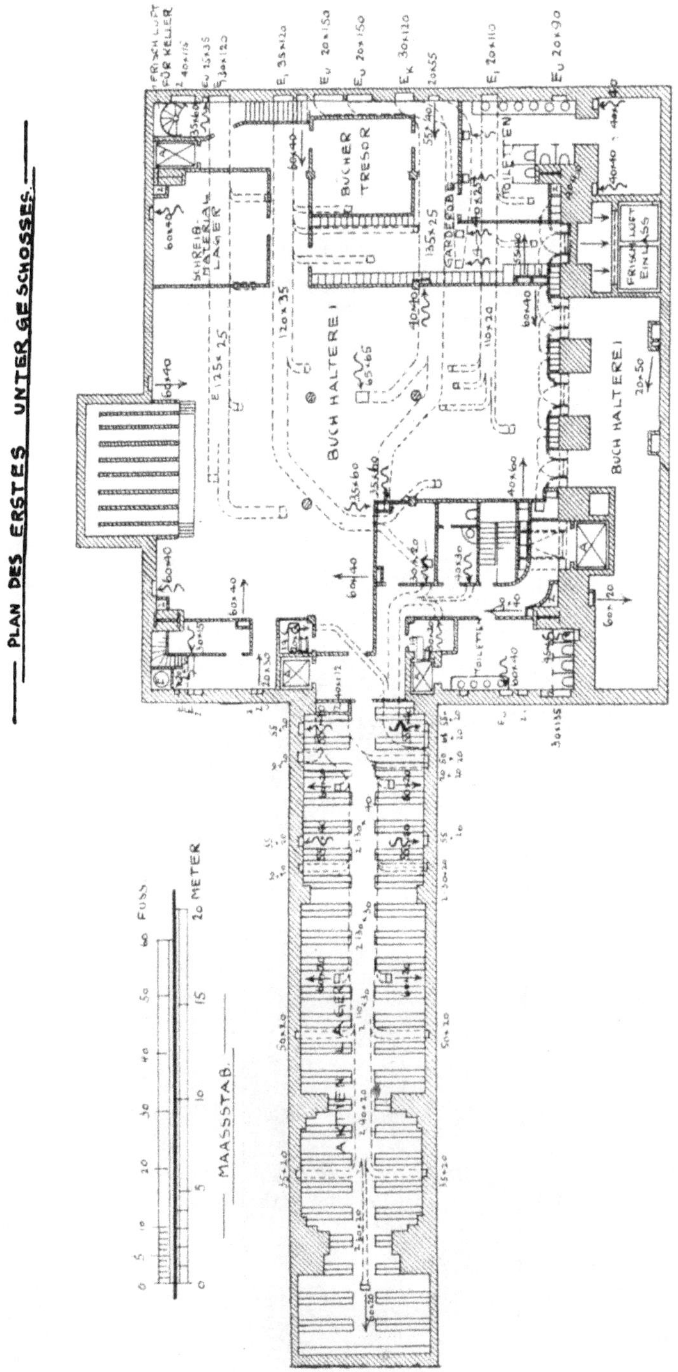

Fig. 10. Chemical National Bank-Gebäude.

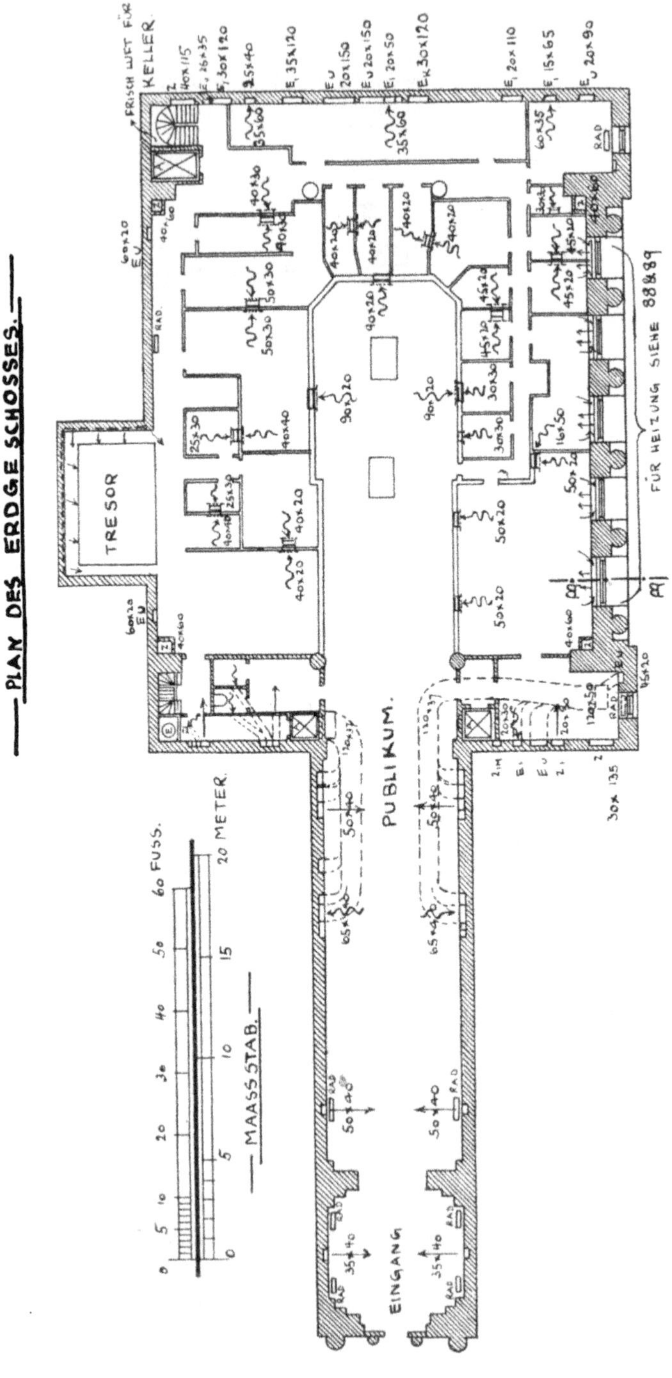

Fig. 11. Chemical National Bank-Gebäude.

Heizung.

Die Heizung ist völlig getrennt von der Ventilation, und als Wärmeträger dient Dampf von 0,1 bis 0,3 Atm. Überdruck. Da die Temperatur in fast allen Räumen selbsttätig durch Einrichtungen nach dem Johnson-System geregelt wird, dessen Anwendung und Arbeitsweise für den großen Bankraum noch genauer beschrieben werden wird, so wurde die Dampfheizanlage nach dem einfachen geschlossenen System ausgeführt.

Die Beheizung des großen Bankraumes erheischte besondere Vorsicht, da vollkommene Zugfreiheit gefordert wurde. Die an der Nord- und Südseite gelegenen, nahezu halbkreisförmigen Oberlichtfenster sind 17 m lang und in den Scheitelpunkten 8,5 m hoch, während die unteren Fenster an der Nordseite 4,3 m hoch und 2,2 m breit sind. Es war der Wunsch der Architekten und Eigentümer, wenn möglich, nur einfache Fenster zu haben, vorausgesetzt, daß unter allen Umständen kein Zug von den großen Abkühlungsflächen der Fenster her auftreten würde. Unsere nervösen, leicht gekleideten Bankbeamten sind in den meisten Fällen äußerst empfindlich gegen Zug. Es wurden daher die weitestgehenden Zugeständnisse hinsichtlich der Platzbeanspruchung und der Installierungskosten gemacht, um Zug zu vermeiden.

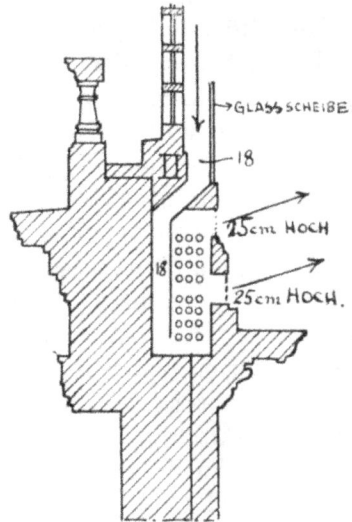

Fig. 12. Chemical National Bank-Gebäude.

In Fig. 12 ist die Anordnung der Heizflächen unter den großen Oberlichtfenstern des Bankraumes dargestellt. Die an den Fenstern herabfallende kalte Luft wird durch eine ca. 1 m hohe Glasscheibe abgefangen und dann durch die Heizflächen erwärmt. Unter jedem Fenster liegen zwei gleichgroße Bündel 2″ Rohrschlangen, und das untere Bündel wird, der Außentemperatur entsprechend, durch einen in der Frischluftkammer gelegenen Thermostaten reguliert.

Sobald die Außentemperatur unter $+3^0$ C ist, öffnet dieser Thermostat die Ventile an den unteren Rohrschlangen für beide Fenster, und wenn die Außentemperatur über $+3^0$ C ist, schließt er die Ventile. Bei niedrigen Außentemperaturen, wenn Zugerscheinungen durch herabfallende kalte Luftströme zu befürchten wären, ist ununterbrochen mindestens die Hälfte der Heizflächen im Gebrauche und dadurch Zug ausgeschlossen. Die Heizwirkung des oberen Bündels der Rohrschlangen wird durch einen auf dem Gesimse unter dem Fenster liegenden Thermostaten reguliert, welcher die Temperatur in dieser Höhe auf $+20^0$ C hält.

Die Beheizung der Fenster im unteren Teile des Bankraumes geschieht in ähnlicher Weise, jedoch ist hier die Führung der Luftströme bedeutend umständlicher, da die Raumverhältnisse es unmöglich machten, genügend große Heizflächen unmittelbar unter den Fenstern anzubringen. Auch wären unter den Fenstern hier die Heizflächen, die wegen der Führung der Luftströme eine Ummantelung erforderten, für Reparaturen nicht zugängig, da der untere Teil des Bankraumes, wie schon gesagt, in starker Marmorverkleidung ausgeführt ist. Man entschloß sich daher, die Heizflächen im Keller unterzubringen, und dies machte erforderlich, daß die kalte Luft vom Bankraume aus zu den Heizflächen im Keller und die an diesen Heizflächen erwärmte Luft wieder zum Bankraume geführt wird. Die Heizflächen im Keller sind mit galvanisiertem Eisenblech ummantelt und sind dort für Reinigung und Reparaturen leicht zugängig. Die Anordnung der Kanäle, Heizflächen, Glasscheiben usw. ist in Fig. 13 und Fig. 14 dargestellt. Die Heizflächen sind für diese Fenster in $\frac{1}{3}$- und $\frac{2}{3}$-Teile zerlegt. Das $\frac{1}{3}$ der Heizflächen der fünf Fenster wird selbsttätig durch einen Thermostaten, der auch in der Luftkammer im Keller angebracht ist, in Betrieb gesetzt, sobald die Außentemperatur unter $+6^0$ C ist, und dieser Thermostat stellt auch selbsttätig die Heizflächen wieder ab, sobald die Außentemperatur über $+6^0$ C ist. Die $\frac{2}{3}$-Teile der Heizflächen werden durch Thermostaten, die ca. 1,5 m über dem Bankraumfußboden liegen, reguliert, und diese Thermostaten halten die Temperatur in Kopfhöhe gleichmäßig auf $+20^0$ C.

In dem Hohlraume zwischen den äußeren und inneren Oberlichten des Bankraumes befinden sich noch acht Radiatoren, die, von vier Thermostaten gesteuert, die Temperatur des Hohlraumes auf $+15^0$ C erhalten. Schließlich befinden sich im Bankraume und in der Passage noch eine Anzahl von kleineren Radiatoren, die aber,

ebenso wie auch die übrige Beheizung des Gebäudes, hier nicht weiter
besprochen zu werden brauchen, da sie in landläufiger Weise ausgeführt worden sind. In dem Bankraume und der Passage allein, für

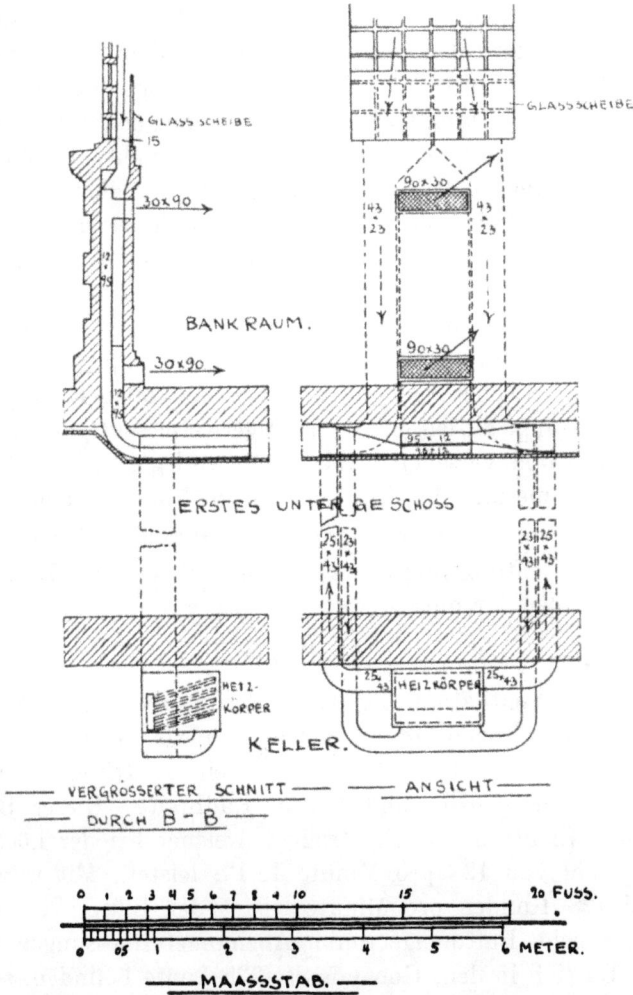

Fig. 13 und 14. Chemical National Bank-Gebäude.

deren Beheizung 37 Heizkörper vorgesehen sind, werden 20 Thermostaten für die automatische Regulierung verwendet. Die für das
Johnson-System erforderliche komprimierte Luft wird durch einen
elektrischen Luftkompressor oder durch zwei hydraulische Luftkompressoren erzeugt.

Unter »Heizung« möchte ich hier noch eine eigentümliche, auf Wunsch des Bankpräsidenten getroffene Anordnung erwähnen. Man erachtete es für wichtig, den großen zweistöckigen Tresor im Falle eines Einbruches in kürzester Zeit mit Dampf zu umgeben, damit es Menschen unmöglich sein sollte, in der Nähe des Tresors zu verbleiben. Die unter, über und ringsum neben dem Tresor befindlichen Gänge sind auch selbst den Beamten nicht zugängig. Das Leitungsrohr, welches den Dampf zu den Kontrollgängen bringt, ist hier allgemein als »Execution line«, zu deutsch »Hinrichtungsrohr«, bekannt und ist ein unter ca. 6 Atm. Dampfüberdruck stehendes Verteilungsrohrnetz. Ein Hauptrohr von 70 mm Durchmesser ist vom Keller zum ersten Stockwerk geführt und dann zu den Kontrollgängen des Tresors. In diesen Gängen befinden sich 22 Auslässe von 13 mm Durchmesser, die Dampf in allen möglichen Richtungen ausströmen lassen. Im Bankraum sind in das 70 mm-Hauptrohr zwei Ventile eingeschaltet, welche beide geöffnet werden müssen, um Dampf in die Kontrollgänge zu leiten. Vorsichtigerweise sind jedoch die Ventile in mit Glastüren versehene Holzkasten verlegt, und sie können nur nach Zertrümmerung der Glasscheiben geöffnet werden.

Es sind keine Versuche darüber angestellt, wieviel Unheil mit diesem »Hinrichtungsrohr« in den nur 2' breiten Kontrollgängen gemacht werden könnte.

Ventilation.

Für die Ventilation des Gebäudes wurde reichlich Sorge getragen — auch nach amerikanischer Praxis zu urteilen reichlich. Für die Zuluft befindet sich im Keller ein Zentrifugalventilator von 2,75 m Raddurchmesser und 1,38 m Radbreite. Dieser Bläser wird von einem Elektromotor angetrieben, welcher bei der höchsten Umdrehungszahl von 128 pro Minute 15 PS leistet. Mit reinen Filtern und bei 128 Runden pro Minute leistet der Bläser 70 000 cbm pro Stunde, welche Luftmenge durch Anemometermessungen festgestellt wurde. Da sich in dem Gebäude ca. 225 Leute befinden, so entfallen auf jede Person mindestens 300 cbm Zuluft pro Stunde. Im Sommer läuft der Bläser mit der größten Umdrehungszahl, dagegen in kälteren Jahreszeiten langsamer; denn je wärmer es ist, desto größer scheint das Bedürfnis für Ventilation zu sein. Für die Abluftventilation dient ein durch einen 8pferdigen Elektromotor angetriebener Blackman-Schraubenventilator von 2,14 m Durchmesser. Bei der größten Umdrehungszahl der Ventilatoren entfällt pro Stunde auf den großen Bankraum ein 2½facher Luftwechsel durch Luftzuführung, wovon ⁴/₅, also die einem 2fachen Luftwechsel entsprechende Luft-menge, durch den Abluftventilator abgesaugt werden; auf die Passage entfällt dann ein 4facher Zuluftwechsel (3facher Abluftwechsel), auf das erste Untergeschoß ein 8facher Zuluftwechsel (6facher Abluft-wechsel) und auf unterirdische Toilettenzimmer ein 6facher Zuluft-wechsel bei einem 30fachen Abluftwechsel, d. h. bei letzterem wird durch Luftabsaugung stündlich 30malige Lufterneuerung bewirkt, während die durch den Ventilator zugeführte Luftmenge nur einer stündlich 6maligen Luftmenge entsprechen würde. Die übrige Luft-menge dringt auf anderen Wegen nach. Die dem Gebäude zuzuführende frische Luft wird durch ein einbruchsicheres Gitter vom Bürgersteig an der Nordseite des Gebäudes her entnommen. Im Keller wird die Zuluft zweimal gefiltert, durch Luftvorwärmeschlangen von 200 qm Heizfläche vorgewärmt und dann durch den Bläser in die Räume getrieben. In dem Luftkanale zwischen den Vorwärmeschlangen und dem Bläser ist eine Wasserschale mit Hochdruckdampfschlangen für Luftbefeuchtung angebracht.

Vom Auslaß des Bläsers führen zwei Hauptkanäle zu den Räumen, der obere zum ersten Untergeschoß, zu der Passage usw. und der untere zum Bankraum. Im Hauptkanal des Bankraumes befindet sich noch eine Nachwärmeschlange von 40 qm Heizfläche, die es ermöglicht, diese Luft noch um ca. 15⁰ C nachzuwärmen. Man traf diese An-ordnung unter der Annahme, daß die Temperatur der Zuluft für die beinahe fensterlosen Räume des ersten Untergeschosses auch bei kältestem Wetter nicht höher wie +15⁰ C gehalten werden dürfe, und daß es von Wichtigkeit sein könnte, die Zulufttemperatur des Bank-raumes auf +30⁰ C zu halten. Die Zulufttemperaturen in den Haupt-kanälen werden automatisch durch das Johnson-System reguliert.

Die Zuluft wird in den großen Bankraum in einer Höhe von 27 m über dem Fußboden eingetrieben, und die Abluft wird gleichmäßig über den Fußböden des Bankraumes und der Galerien abgezogen. Die Abluftkanäle vom Fußboden des Bankraumes werden in der hohlen Decke des ersten Untergeschosses gesammelt. Die Lage aller Abluft-, Zuluft- und Heizluftkanäle, welche sämtlich aus galvani-siertem Eisenblech hergestellt sind, ist in den Fig. 7 bis 11 dargestellt, bedarf daher keiner weiteren Beschreibung. Alle Kanäle sind sorg-fältig mit Isoliermaterial bedeckt.

Für die Ventilation der Tresore sind eine Anzahl transportabler elektrischer Ventilatoren von 16″ Durchmesser vorgesehen, da Kanäle, welche die geringste Feuers- oder Einbruchsgefahr mit sich bringen würden, hier für Tresore nicht erlaubt werden. Diese kleinen Ventilatoren werden auf Konsolen montiert und dann so gerichtet, daß sie einen starken Luftstrom von außerhalb des Tresors in diesen werfen. Wenn nötig, bringt man auch noch solche kleine Ventilatoren in den Tresoren an, damit die Luft in ihnen tüchtig aufgewirbelt wird und sich mit der von außen hineingetriebenen gut mischt.

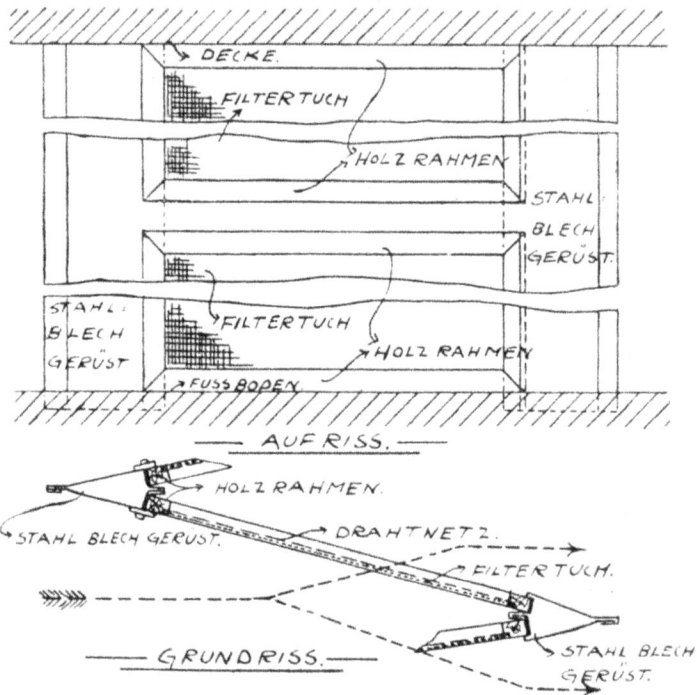

Fig. 15 und 16.   Luftfilter.

Die Luftfilter sind in ähnlicher Weise angefertigt, wie in Fig. 15 und 16 gezeigt ist. Die Holzrahmen, auf welche die Filtertücher gespannt sind, müssen für die Reinigung aus den Blechgerüsten entfernt werden. Die Holzrahmen mit den Filtertüchern werden dann in einen V-förmigen Kasten gestellt, aus dem ein kleiner Zentrifugalventilator von 2400 cbm stündlicher Leistung den von den Filtertüchern abgebürsteten Staub absaugt und über Dach fördert. Die Geschwindigkeit in dem über Dach führenden Staub-luftkanal ist ungefähr 13 m pro Sekunde und genügt, den Kanal

staubfrei zu halten. Dieser hier vielfach gebrauchte Filterreinigungsapparat ist in den Fig. 17, 18 und 19 dargestellt.

Herr Alfred R. Wolff, New York, war der konsultierende
Ingenieur, Trowbridge & Livingston waren die Architekten für das Gebäude und Baker, Smith & Co. die ausführende Heizungsfirma.

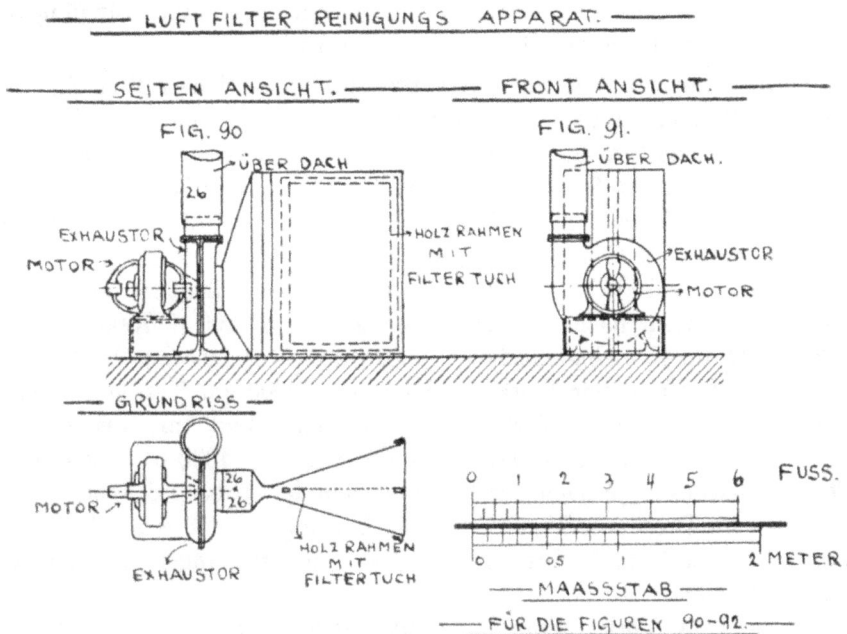

Fig. 17 bis 19. Filterreinigungsapparat im Chemical National Bank-Gebäude.

Dampfversorgung.

Dem Chemical National Bank-Gebäude wird der für die Heizung,
Frischluftvorwärmung und Warmwasserbereitung nötige Dampf von
der New York Steam Company geliefert, welcher jahraus jahrein
ununterbrochen Tag und Nacht zur Verfügung steht. Die New York
Steam Company liefert Dampf von durchschnittlich 6 Atm. Überdruck, und dieser wird im Chemical National-Bank-Gebäude auf
1,5 Atm. Überdruck reduziert und dann zur Warmwasserbereitung
und Luftbefeuchtung verwendet. Ein anderes Reduzierventil vermindert die Spannung des Dampfes für die Heizung und Luftvorwärmung auf 0,1 bis 0,3 Atm. Überdruck.

Bei Gelegenheit der Beschreibung der Dampflieferung für unser Gebäude möchte ich einige Vergleiche zwischen dem großen Fernheizwerk in Dresden, über welches eine außerordentlich interessante und dankenswerte Beschreibung in der Festnummer des Gesundh.-Ing. vom 2. Juni 1907, S. 36 u. f., veröffentlicht ist, und den Fernheizanlagen der New York Steam Company anstellen sowie auch eine Beschreibung dieser New Yorker Fernheizanlagen geben, weil ich glaube, daß sie, obgleich sie schon sehr alt sind, namentlich für jüngere Fachgenossen, noch von Interesse sein werden.

Die New York Steam Company ist eine Aktiengesellschaft, die schon seit dem Jahre 1879 Dampf an Behörden und Private liefert. Sie besitzt eine Station mit 16 000 qm Kesselheizfläche im Geschäftsbezirke der unteren Stadt und eine andere Station mit 7500 qm Kesselheizfläche in der oberen Stadt (59. Straße); in der Nähe der letzteren Station befinden sich die vornehmsten Privathäuser. In der Station der oberen Stadt werden jetzt noch 5000 qm Kesselheizflächen installiert, so daß im nächsten Winter im ganzen 16 000 + 7500 + 5000 = 28 500 qm Kesselheizfläche in den beiden Stationen zur Verfügung stehen. Im Dresdener Werke sind bis jetzt 2000 qm Kesselheizfläche installiert. Die New York Steam Company hält im Kesselhause 6,3 Atm. Überdruck und erzielt am Ende der ca. 1000 m langen Verteilungsleitungen je nach der Dampfentnahme 5,5 bis 5,8 Atm. Überdruck. Im Dresdener Werke sind die Leitungen für 6 Atm. Anfangsdruck und 2 Atm. Enddruck berechnet, und die längste Leitung ist auch ca. 1000 m.

Die New York Steam Company versorgt in der unteren Stadt 500 Gebäude und in der oberen Stadt 650 Gebäude mit Dampf.[1]

In Fig. 20 sind das Versorgungsgebiet und die Dampfleitungen der Station der unteren Stadt dargestellt. Doppelte Leitungen sind nirgends vorhanden; man hat jedoch, wie ersichtlich, durch eine große Anzahl Zwischenverbindungen, die alle mit Ventilen versehen sind, die Hauptleitungen so verlegt, daß Betriebsunterbrechungen auf mehr als etliche Stunden nur für kleine Bezirke vorkommen können.

Alle Leitungen liegen in gemauerten Kanälen über dem Niveau der Abwasserkanäle. Fig. 21 gibt einen Schnitt durch einen Rohrkanal, Fig. 22 die Methode der Unterstützung der Rohrleitungen in den gemauerten Kanälen und Fig. 23 die Drainierung der ge-

---

[1] Im letzten Winter, 4 Jahre nach Veröffentlichung dieser Beschreibung, versorgte die New York Steam Co. 850 Gebäude im oberen Teile der Stadt.

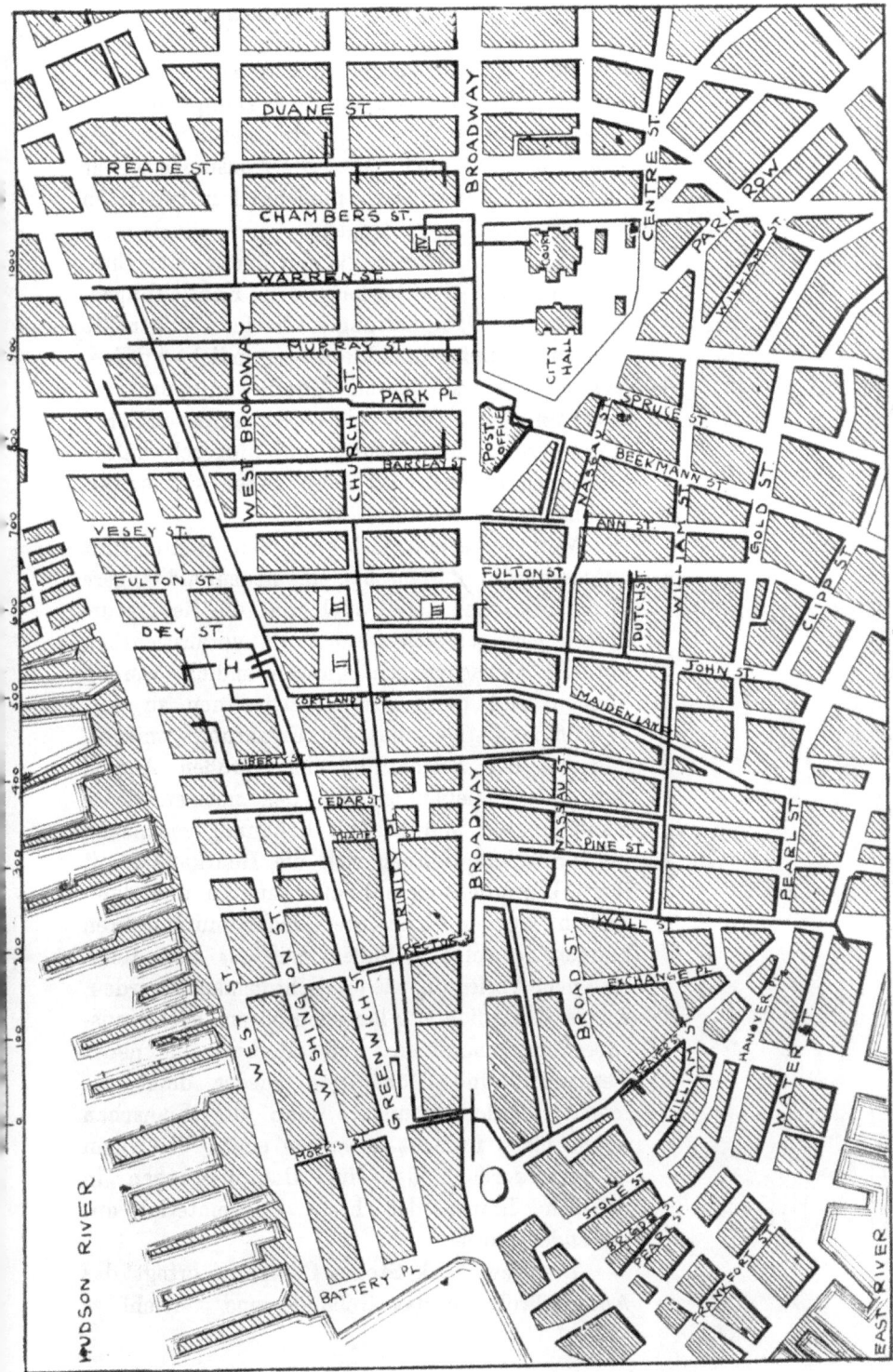

I STATION "B", II GEBÄUDE DER HUDSON CO, III GEBÄUDE DER WESTERN UNION CO, IV CHEMICAL NATIONAL BANK.

Fig. 20. Versorgungsgebiet der New York Steam Co. in der unteren Stadt.

DRAINIRUNG DES ROHRKANALES

MANNLOCH FÜR

ABWASSER KANAL

SCHLACKEN WOLLE

ROHRUNTERSTÜTZUNG

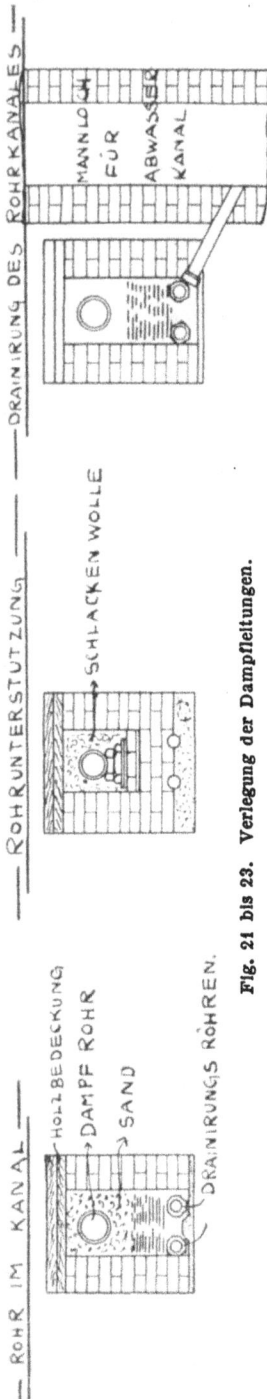

Fig. 21 bis 23. Verlegung der Dampfleitungen.

HOLZBEDECKUNG

DAMPF ROHR

SAND

DRAINIRUNGS RÖHREN

ROHR IM KANAL

mauerten Kanäle zu den städtischen Abwasserkanälen. Die Entwässerung der Dampfleitungen selbst geschieht durch die Hausanschlüsse, und zwar müssen in allen Fällen die Konsumenten für die Fortschaffung dieser manchmal bedeutenden Wassermenge Sorge tragen.

Besondere Schwierigkeiten hatte man hinsichtlich der Haltbarkeit der Rohrleitungen. Die ersten Dampfleitungen hatten aufgerollte Flanschen, und wo die Flanschen undicht wurden, ersetzte man sie durch Gewindemuffenröhren. Jetzt und auch schon seit 1898 werden undichte Röhren nur durch Röhren mit aufgeschweißten Flanschen ersetzt, und diese haben sich soweit bestens bewährt.

Man verspricht sich von den Röhren mit aufgeschweißten Flanschen eine bedeutend längere Haltbarkeit und denkt auch, daß die Reparaturkosten geringer sein werden, da voraussichtlich nur die Flanschenverpackungen undicht werden können und dann leicht wieder neu zu verpacken sind. Man hat die Erfahrung gemacht, daß bei der Errichtung einer großen Anzahl von hohen Gebäuden mit den nötigen tiefen Fundamenten und bei der Erbauung von neuen unterirdischen Bahnen sich die Rohrkanäle mit ihren Dampfleitungen häufig senkten und dann undicht wurden. Undichte Gewindemuffenröhren können in solchen Fällen meistens nur durch eine neue Verlegung wieder dicht gemacht werden, während undichte Flanschenröhren leicht auseinander genommen und durch ein neues Verpacken und Höherlegen wieder dicht gemacht werden können, wenn die Flanschen selbst nicht undicht geworden sind. Vor allem ist erforderlich, daß für Dampfleitungen in Straßen immer das beste Rohrmaterial angewendet wird.

Die New York Steam Company bringt das Anschlußrohr in das Gebäude und versieht es jetzt immer mit einem Dampfmesser und, wenn nötig, am Ende der Hauptleitungen noch mit einem Dampftrockner. Erst seit neuerer

Fig. 24. St. John-Dampfmesser.

Zeit gebraucht man Dampfmesser, und wo in alten Anschlußröhren noch keine Dampfmesser sind, werden sie jetzt eingeschaltet. Wenn alles Kondenswasser ausgeschieden ist, wird der getrocknete Dampf durch den Dampfmesser gemessen, der mit Umlauf und drei Ventilen versehen ist, damit im Falle etwa nötig werdender Reparaturen das Gebäude nicht ohne Dampf ist. Das Umlaufventil ist jedoch mit einer Kette verschlossen, damit es nicht von Unberufenen geöffnet werden kann. Schließlich bringt die New York Steam Company noch Kondenstöpfe für den Dampfmesser und Dampftrockner an, für deren Abfluß jedoch der Konsument Sorge tragen muß. Das Kondenswasser nimmt die New York Steam Company nicht zu ihrer Station zurück, sondern wird in allen Fällen, nachdem es durch Kühlschlangen geführt ist, in die Abwasserkanäle geleitet.

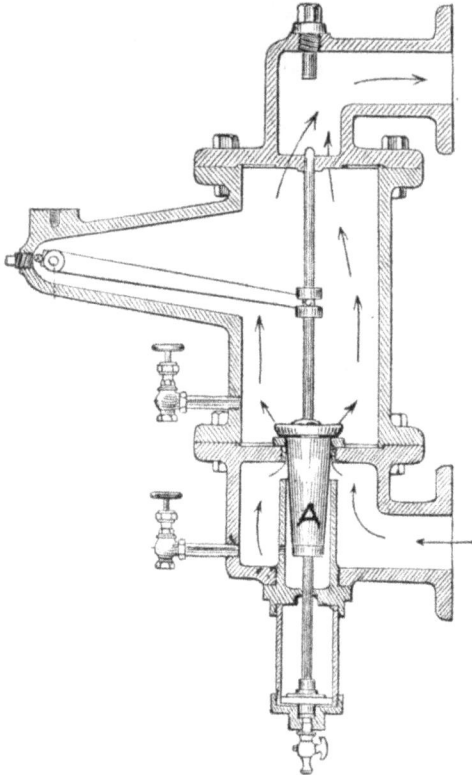

Fig. 25. St. John-Dampfmesser.

Die New York Steam Company benutzt zum Messen des Dampfes den in den Fig. 24 und 25 dargestellten St. John - Dampfmesser, angefertigt von G. C. St. John, 140 Cedar-Street, New York City. Dieser Dampfmesser ist und wird nach allen Teilen der Welt geliefert.

Der durch den Apparat strömende Dampf hebt den konischen Zylinder A in die Höhe, und dieser bewegt durch ein paar Übersetzungen einen Schreibstift, welcher Kurven auf ein durch ein Uhrwerk bewegtes Papier aufzeichnet. Den Schwankungen des Dampfdurchflusses entsprechen die Schwankungen des Schreibstiftes, und der Dampfverbrauch wird dementsprechend aus den Kurven entnommen. Das Uhrwerk wird wöchentlich aufgezogen und dann auch zu gleicher Zeit das Papier erneuert.

Der Dampf der New York Steam Company findet namentlich in der unteren Stadt die vielfachste Anwendung, so liefert sie jetzt für 25 Gebäude Dampf für Elektrizitätserzeugung und in weiteren 75 Gebäuden Dampf für Personen- und Frachtaufzüge, für Pumpen

für Trinkwasser und hydraulische Aufzüge. In solchen Fällen wird
dann der Abdampf für Heizung, Ventilation und Warmwasserbereitung
verwendet, und es lassen sich da häufig bedeutende Ersparnisse
gegenüber dem Betriebe mit besonders gekaufter Elektrizität für
Licht und Kraft und mit besonders für Heizung usw. gekauftem
Dampfe erzielen. Die New York Steam Company ist sich dessen
wohl bewußt und ist darum auch eifrig bemüht, zur Dampfabnahme
für Kraftzwecke zu ermutigen. Auch um ferner den Dampfverbrauch
und damit die Einnahmen im Sommer zu erhöhen und dadurch einen
höheren durchschnittlichen wirtschaftlichen Erfolg zu erhalten, ist
die Dampflieferung für Kraft- und Heizzwecke nur zu empfehlen und
anzustreben. Auch vom ökonomischen Standpunkte aus ist es wichtig,
daß die Spannung des Dampfes, die sonst im Reduzierventil ganz
und gar nutzlos vergeudet werden würde, für Kraftzwecke ausgenutzt
wird. Der größte Konsument von Dampf für Kraftzwecke, den die
New York Steam Company hat, ist die Western-Union-Telegraphen-
Gesellschaft und, wie mir von der New York Steam Company mitgeteilt wurde, werden dort täglich 53 000 kg oder jährlich ca. 19 000 000 kg
Dampf gebraucht. Die Dampflieferung für Kraftzwecke ist in der
Station B der unteren Stadt schon weit vorgeschritten, denn von
der totalen Dampfmenge, die von der Station B verkauft wird, werden
66% für Kraftzwecke und nur 33% für Heizzwecke verwendet. Dies
bedeutet, daß 50% der Kesselanlage Sommer und Winter zur Dampferzeugung für Kraftzwecke immer im Betrieb sind, und im Winter
sind je nach der Außentemperatur weitere 25 bis 50% der Kesselanlage für die Heizung im Betriebe.

Auch in der Chemical National Bank wurde für später Elektrizitätserzeugung mit »Straßendampf«[1]) in Erwägung gezogen, es
ist deshalb ein 6zölliges Dampfrohr in das Gebäude geleitet.

Eine große Menge Dampf liefert die New York Steam Company noch für Wäscherei-, Koch- und Heißwasserleitungszwecke, und
wegen des hohen Druckes eignet sich der Dampf hierfür besonders
gut. Schließlich liefert die Gesellschaft noch häufig Dampf für Bauzwecke, z. B. für Materialaufzüge, Wasserhaltungspumpen, Luftkompressoren für Caissons usw. Das großartigste Beispiel einer tem-
porären Dampflieferung für Bauzwecke war die Lieferung für die

---

[1]) Hinsichtlich der Anwendung des Wortes »Straßendampf« in diesem Auf-
satze möchte ich erwähnen, daß diese Bezeichnung hier allgemein gebräuchlich
ist. »Street steam« ist ein hier jedermann geläufiger Ausdruck.

Empfangsgebäude und Tunnelarbeiten unter dem Hudsonflusse, ausgeführt von der Hudson Company. Die Hudson Company bezog für einen Zeitraum von vier Monaten täglich 32 520 kg, was also einem jährlichen Bedarfe von ca. 87 000 000 kg Dampf entsprechen würde. Die gesamte Dampferzeugung des Dresdener Werkes für Heizung und Lichterzeugung im Jahre 1905 war 33 821 500 kg. Im Hinblick auf einen so enorm schwankenden Bedarf kann man es der New York Steam Company wohl kaum verdenken, daß sie ihre Leitungen in einfachster Weise in Kanälen verlegt, die manchmal voll von Wasser sind, wenn schon dies durchaus nicht so ökonomisch ist wie die Verlegung in guten trockenen Tunnels, in welchen die Röhren in bester Weise isoliert sind. Anderseits wären auch wohl begehbare Tunnels für Dampfleitungen in den engen Straßen des unteren New York kaum ausführbar, da ja bekanntlich die Straßen New Yorks voll von Wasser-, Gas-, Abwasser-, elektrischen, Telephon-, Telegraphen- und pneumatischen Leitungen liegen, ganz davon abgesehen, daß begehbare Röhrentunnels durch die in letzter Zeit gebauten Untergrundbahnen und elektrischen Straßenbahnen mit unterirdischer Stromzuführung jedenfalls oft zerstört oder vernichtet worden wären.

In der Chemical National Bank wird der Hochdruckdampf zum Rückpumpen des Kondenswassers und zur Warmwasserbereitung gebraucht, und der Abdampf der Pumpen wird im Winter zu Heizzwecken verwendet, und im Sommer kann er durch ein 2zölliges Abdampfrohr in das Freie gehen. Ein Rückpumpen des Kondenswassers wurde nötig, da die Dampfleitungen und die Vorwärmeschlangen der Ventilation bedeutend unter dem Niveau der Abwasserkanäle liegen.

Das Kondenswasser von den Ableitern der Hochdruckdampfleitungen des Dampftrockners, des Dampfmessers, des Heißwasserbereiters und der Befeuchtungsschlangen und das Kondenswasser von den Pumpenzylindern, der Heizung und der Ventilation fließen gemeinsam in ein zylindrisches Gefäß von 1 m Durchmesser und 2,14 m Länge. Ein von diesem Gefäße über Dach führendes 2zölliges Dunstrohr sorgt für die Abführung etwa vorhandenen Dampfes oder vorhandener Luft, und das heiße Wasser durchfließt eine am Fußboden stehende 2zöllige Kühlschlange von 376 m Länge. Die Kühlschlange ist mit einem Eisenblechmantel umgeben, welcher unten Öffnungen hat und oben durch einen Luftkanal mit dem Blackmanventilator im Dachraume verbunden ist. Die durch die Kühlschlangen gesaugte Luft dient als Abluft für den Keller. Der vertikale Kanal ist aus ½zölligen Stahlplatten ausgeführt, damit er, falls es sich einmal nötig erweisen sollte, als Schornstein für eine Kesselanlage benutzt werden kann. Bemerken möchte ich noch, daß auch eine Vertiefung im Keller für eine möglich werdende Kesselanlage vorgesehen wurde. Nachdem das Kondenswasser dann in den Kühlschlangen, wie gesetzlich vorgeschrieben, auf ca. 45° C gekühlt ist, wird es durch zwei 6zöllige · 4zöllige · 6zöllige Duplex-Worthington-Pumpen in den Abwasserkanal befördert. Die Pumpen werden automatisch reguliert und halten das Sammelgefäß ungefähr halb voll Wasser, und dieser Wasserstand hält die Kühlschlangen immer ganz voll Wasser. Die Pumpen werden nachts, nachdem sie am Abend vorher gut geölt sind, sich selbst überlassen. Obwohl das Sammeln, Kühlen und Zurückpumpen des Kondenswassers etwas kompliziert erscheint, so fordert die Bedienung doch, da überall, wo es nur irgend möglich war, automatische Regulierung angewendet ist, recht wenig Zeit.

1000 kg Dampf kosten	Wenn in vier Wochen der Verbrauch mindestens beträgt	je 100 000 WE kosten (558 WE pro kg nutzbar gemacht)	
M.	kg	M.	
11,4	7 100	2,04	In Dresden kosten
10,0	10 150	1,78	100 000 WE 0,6 M., ohne
9,1	13 500	1,61	Verzinsung und Amor-
7,5	21 500	1,34	tisation der Kesselanlage
6,65	32 500	1,19	und Leitungen. Mit Ver-
5,55	48 500	0,98	zinsung und Amortisation
5,1	73 000	0,905	der Kesselanlage dürften
4,7	117 000	0,835	100 000 WE dort wenig-
4,55	171 000	0,81	stens auf M. 1 zu stehen
4,3	215 000	0,765	kommen.
4,25	222 000	0,755	

Die New York Steam Company verkauft ihren Dampf nach der durch den Dampfmesser festgestellten Menge zu Preisen, die für die Gewichtseinheit von je 1000 Pfund angegeben werden, oder für eine Pauschalsumme, die in einem Kontrakte festgelegt wird. Je mehr Dampf der Konsument verbraucht, desto billiger wird der Einheitspreis für je 1000 Pfund. Werden hingegen die erwähnten anderen Vereinbarungen getroffen, so liefert die · New York Steam Company dann allen Dampf, den der Konsument überhaupt verbrauchen kann, für eine gewisse Summe. Die New York Steam Company zieht jedoch vor, den Dampf nach Dampfmessern zu verkaufen. Die folgende Tabelle gibt einen kurzen Auszug derjenigen Tabelle, die sich in den

Anfrageformularen für Dampflieferung der New York Steam Company befindet. Der Mindestbetrag für irgendeinen Anschluß ist pro Wintermonat 20 Dollar = 83,2 M., und wird der Dampf nur für Heizung gebraucht, so daß dann das Anschlußrohr im Sommer abgesperrt wird, so ist im Sommer nichts zu zahlen.

In der Chemical Bank werden bei unserer durchschnittlichen Wintertemperatur von 0° C, wenn die Heizung 24 Stunden und die Ventilation 10 Stunden im Betriebe ist, immer noch täglich 8400 kg Dampf verbraucht. Die Chemical Bank dürfte also beinahe während der ganzen Heizungsperiode den billigsten Einheitspreis pro 1000 kg Dampf haben, d. h. 100 000 WE kosten ihr M. 0,755. Die Wärme des Kondenswassers, die in den Kühlschlangen verloren geht, ist hier nicht miteingerechnet, und würde man diese Wärme noch teilweise nutzbar machen, so würde die Wärmemenge von je 100 000 WE noch billiger zu stehen kommen.

Die New York Steam Company verwendet zur Dampferzeugung die kleinsten und billigsten »Buckwheat«, Anthrazitkohlen, die man in großen Mengen schon für M. 10,5 pro 1000 kg kauft, und vielleicht kauft die New York Steam Company diese Kohlen · noch billiger. In niedrigen und kleineren Gebäuden wie die Chemical Bank könnten mit gutem Erfolge keine billigeren Kohlen verfeuert werden, als die größeren »Pea«- oder »Nut«-Anthrazitkohlen. »Pea«-Kohlen kosten M. 17,7 pro Tonne und »Nut«-Kohlen M. 24 pro Tonne, und alle diese Kohlenarten haben denselben Heizwert. Wie im Dresdener Werke, so ist es auch der New York Steam Company nur durch die Verwendung billigerer Kohlen möglich, mit Kesselanlagen kleinerer Gebäude zu konkurrieren, auch selbst wenn mit 15% Verlusten in den Leitungen und 10% Verlusten im Kondenswasser gerechnet wird, wie aus nachfolgenden Vergleichen zu ersehen ist.

Art der Kohlen	Erzielte Verdampfung[1]) und Nutzeffekt	1000 kg Kohlen geben dann Dampf	Die Dampf- menge kostet	Ver- luste	kg Dampf nutz- bar	1000 kg Dampf kosten	
			M.			M.	
Buckwheat .	1:7 = 65%	7000 kg	10,5	25%	5250	2,00	Die New York Steam Co. berech- net 1000 kg von 4,25—13,0 M.
Pea . . .	1:6 = 54%	6000 »	17,7	5%	5750	3,05	
Nut . . .	1:6 = 54%	6000 »	24,0	5%	5750	4,2	

[1]) 1:7 für große Anlagen. 1:6 für kleine Anlagen.

Zu diesen Preisen müssen dann die Kosten der Löhne, Reparaturen, Verzinsung und Amortisation der Kesselanlage und die Fortschaffung der Asche hinzugerechnet werden. Je größer die Anlage ist, um so kleiner werden diese Nebenkosten im Verhältnis, und je kleiner die Anlage ist, desto größer werden sie im Verhältnis. Im Dresdener Werke ist das Verhältnis ungefähr 1:2, und ein Verhältnis von 1:3 dürfte für kleine Anlagen nicht zu groß sein. Die Abstufung der Preise der New York Steam Company scheint demzufolge auch so ausgearbeitet zu sein, und es dürfte wohl in allen Fällen die Dampflieferung etwas billiger geschehen, wie sie sich durch eine eigene Kesselanlage unter den obigen Annahmen beschaffen ließe. Allgemein nimmt man denn auch an, daß »Straßendampf« billiger ist wie der Dampf von der eigenen Kesselanlage, wenn das Gebäude keinen größeren Kubikinhalt (äußere Abmessungen) wie 40 000 bis 50 000 cbm hat. Der Betrieb mit »Straßendampf« ist, wenn der Hochdruck erst zur Krafterzeugung ausgenutzt wird und dann der Abdampf zur Heizung verwendet wird, bedeutend billiger als der Betrieb einer Niederdruckdampfheizung mit Elektrizität für Licht und Kraft der Zentralstation.

Der »Straßendampf« ist namentlich bei den Besitzern von kleinen Privathäusern beliebt, denn durch das Öffnen eines Ventils, was jedes Hausmädchen besorgen kann, wird das Haus beheizt, und die Kohlenbesorgung und Aschenfortschaffung mit allem damit verknüpften Schmutz fallen weg. Eine Vergrößerung des Leitungsnetzes, namentlich in der oberen Stadt, für die Anschließung neuer Gebäude ist immer erwünscht, und mir sind Fälle bekannt, wo man schon seit Jahren im oberen Teile der Stadt sehnlichst auf »Straßendampf« wartet. In solchen Fällen berechnet die New York Steam Company natürlich häufig noch höhere Preise, insbesondere müssen die Konsumenten dann auch noch für die Kondensation in den Straßenleitungen bezahlen. Der Amerikaner ist gern bereit, für die Bequemlichkeit und Reinlichkeit des Straßendampfbetriebes zu bezahlen.

Zum Schluß möchte ich Herrn F. E. Pendelton, dem Chefingenieur der New York Steam Company, welchem ich viele der obigen Angaben über die New York Steam Company verdanke, hiermit noch bestens danken.

V. Einiges über die Heizungs-, Ventilations- und Maschinenanlagen der Gebäude der Metropolitan-Lebensversicherungs-Gesellschaft in New York City.[1]

Das riesenhafte, viel besprochene Gebäude der Metropolitan-Lebensversicherungsgesellschaft veranschaulicht so recht den Unternehmungsgeist des Amerikaners. Dieses Gebäude ist nicht nur wegen seiner Größe, gediegenen Ausführung und eleganten Architektur bekannt, sondern namentlich wegen des Turmbaues, dem höchsten hierzulande. Das Turmgebäude hat 48 Obergeschosse und 2 Untergeschosse, also im ganzen 50 Stockwerke, aber wie man aus dem beigefügten Bilde Fig. 24 ersehen kann, nimmt es nur einen kleinen Teil der ganzen bebauten Grundfläche ein. Das Hauptgebäude, das 10 Obergeschosse und 2 Untergeschosse hat, und der Turmbau zusammen nehmen den Block zwischen der Madison und 4. Avenue und der 23. und 24. Straße ein. Geräumige Lichthöfe sorgen für Lüftung und Licht für die inneren Teile des Blockes. Gegenüber dem Hauptgebäude an der 24. Straße befindet sich ein 15 Stock hohes Druckereigebäude, und dieses sowie auch die Madison Square Presbyterian-Kirche wird von der Zentrale im Hauptgebäude aus mit Dampf, Kraft und elektrischer Beleuchtung versehen.

Im Hauptgebäude allein arbeiten am Tage rund 10 000 Menschen, also die Einwohnerschaft eines anständigen Städtchens.

Die Station »23. Straße« der viergleisigen Untergrundbahn schließt sich direkt an das Gebäude an. Ferner enthält es eine Postzentrale mit Rohrpoststation. Das erste Stockwerk enthält Verkaufsläden aller Art, eine Nationalbank, Telephonstationen, Barbierstuben, Restaurants, Schuhwichsläden usw., alles, was der Amerikaner für

---

[1] Zuerst veröffentlicht im Gesundheits-Ingenieur, 14. Januar 1911.

Fig. 26. Das Gebäude der Metropolitan-Lebensversicherungsgesellschaft in New York City.

das tägliche Leben nötig hat oder für nötig hält. Man sollte wohl denken, daß dieser »Rekord« den Amerikaner für etliche Zeit zufriedenstellen sollte, aber dem ist nicht so, denn schon jetzt will eine andere Lebensversicherungsgesellschaft ein noch etwas höheres Gebäude bauen, und eine noch andere scheint ernstlich daran zu denken, ein 100 Stockwerk hohes Gebäude zu errichten; vorläufig aber besteht es nur in den Zeitungen.

Heizungsanlagen.

Die Beheizung des Gebäudes mit Ausnahme der für die höheren Beamten der Gesellschaft bestimmten Zimmer, welche mit Dampfluftheizung versehen sind, erfolgt durchweg mit Dampfradiatoren. Als System wählte man das bekannte Webstersystem, und die Vakuumpumpen halten in den Kondenswasserleitungen nur $1/_{10}$ Atm. Unterdruck. Dabei wird der Dampfdruck auf höchstens $1/_{10}$ Atm. Überdruck gehalten und der ganze Gebäudekomplex so sehr erfolgreich beheizt. Im ganzen befinden sich in den Gebäuden 15 000 qm Radiatoren und Heizschlangen, 800 qm Luftheizschlangen und Luftheizkörper und fünf Warmwasserbereiter, einer gesamten Wärmeabgabe von ca. 15 000 000 WE/Std. entsprechend. Bei dieser großen Wärmemenge beträgt die größte horizontale Ausdehnung nur 150 m; allerdings ist der höchste Heizkörper 210 m über dem Dampfverteiler. Der Abdampf von der Maschinenanlage genügt fast immer für die Beheizung des Gebäudes sowie auch für die Vorwärmung der Zuluft und für die Warmwasserbereitung. Der Abdampf wird dem Niederdruckdampf-Ventilstock in drei Rohren zugeleitet, die einen äußeren Durchmesser von 20″, 15″ und 12″ haben. Die inneren Durchmesser, 490 mm, 359 mm und 283 mm, sind sehr reichlich bemessen, aber sie wurden bedingt durch die großen Abdampfleitungen von den Maschinen. Für die Entölung des Abdampfes sind drei, in der Tafel VIII als Abdampfentöler bezeichnete Apparate vorgesehen. Vom Dampfverteiler laufen zwei 12zöllige und fünf 10zöllige Dampfleitungen zu den verschiedenen Gruppen des Gebäudes. Zum Erzeugen des Vakuums, also zum Zurückpumpen des Kondensationswassers, sind vier Simplexpumpen von der Worthington-Art vorgesehen. Zwei von 12″ · 18″ · 18″ dienen für die Heizung und Warmwasserbereiter, und zwei von 10″ · 16″ · 16″ dienen für die Vorwärmeschlangen der Lüftung. Alle Kondenswasserleitungen in den entfernten Teilen des Gebäudes folgen den Dampfleitungen und münden dann in die Ventilstöcke hinter den Pumpen. Die Vakuumpumpen saugen aus den Ventilstöcken und pumpen Wasser und Luft in zwei große Abscheidegefäße von 17 cbm Inhalt. Die Speisewasserpumpen fördern dann das Wasser in die Kessel zurück, nachdem es vorher in dem Speisewasservorwärmer auf 100° C erhitzt worden ist.

Alle horizontalen und vertikalen Dampfleitungen sind durch besondere Leitungen entwässert, und diese Entwässerungsleitungen münden direkt in die Gefäße, aus denen die Speisepumpen saugen. Man vermied auf diese Weise das zweimalige Pumpen dieser bedeutenden Wassermenge.

Mit Obigem ist wohl das Bemerkenswerte über die Heizung des Hauptgebäudes und des Druckereigebäudes gesagt, denn die Heizvorrichtungen in den oberen Stockwerken sind durchaus nicht ungewöhnlicher Art; sie sind, zwar durch kleine lokale Schwierigkeiten unterbrochen, nur eine Wiederholung von Tausenden von Radiatoren und Kilometern von Heizleitungen. Etwas interessanter aber ist die Beheizung des Turmgebäudes, und da dieses zurzeit das höchste beheizte Gebäude der Welt ist, so sollte sich eine Beschreibung der Ideen, die man der Beheizung zugrunde legte, lohnen, namentlich da diese sich soweit recht erfolgreich erwiesen haben. Die Fig. 27 bis 31 stellen etliche Grundrisse der wichtigsten Stockwerke des Turmes und Fig. 32 eine der Strangzeichnungen seiner Heizung dar.

Sämtliche vertikale Heizstränge sind in Mauerschlitzen untergebracht, und jeder Heizstrang besteht aus drei Leitungen, der Dampf-, Kondenswasser- und der Entwässerungsleitung. Die Kondenswasserleitung führt das Wasser von den Radiatoren zurück, während die sog. Entwässerungsleitung das Wasser aus den Dampfrohrleitungen aufnimmt. Die Dampfverteilung geschieht von unten, und die Heizstränge steigen zickzackförmig, wie in Fig. 32 dargestellt ist, in die Höhe. An den horizontalen Ausdehnungsleitungen befinden sich die Entwässerungspunkte. Die horizontalen Ausdehnungsleitungen liegen, in Putz verkleidet, über den Fenstern. Alle Krümmer sind aus gebogenem Rohr angefertigt, weil man dies besser und haltbarer für die Ausdehnung der Leitungen hält. Starke Anker, immer in der Mitte zwischen den Ausdehnungen, unterstützen die Leitungen und verteilen die Ausdehnung nach oben und unten. Alle Verbindungsleitungen von den vertikalen Heizsträngen zu den Radiatoren befinden sich unter den Fußböden. Diese Leitungen sind in bester Weise mit Wärmeschutzmaterial umhüllt, und dieses Material ist durch halbzylindrische, 2 mm starke Eisenbleche geschützt, und das Betonfuß-

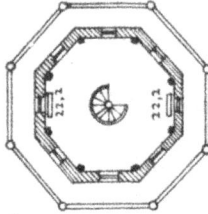

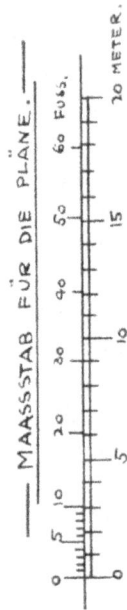

48. STOCKWERK.

MAASSTAB FÜR DIE PLÄNE.

Fig. 28.

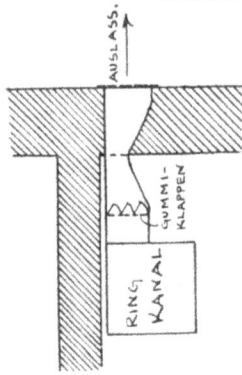

AUSLÄSSE FÜR ABLUFT IM 27ten UND 38ten STOCK WERKE.

Fig. 31.

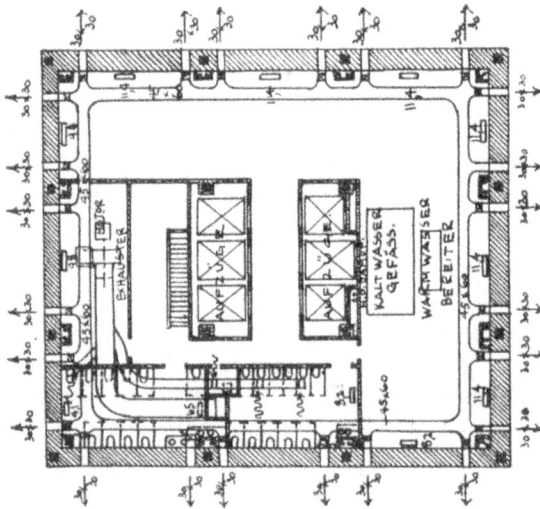

38. STOCKWERK.

Fig. 27.

69

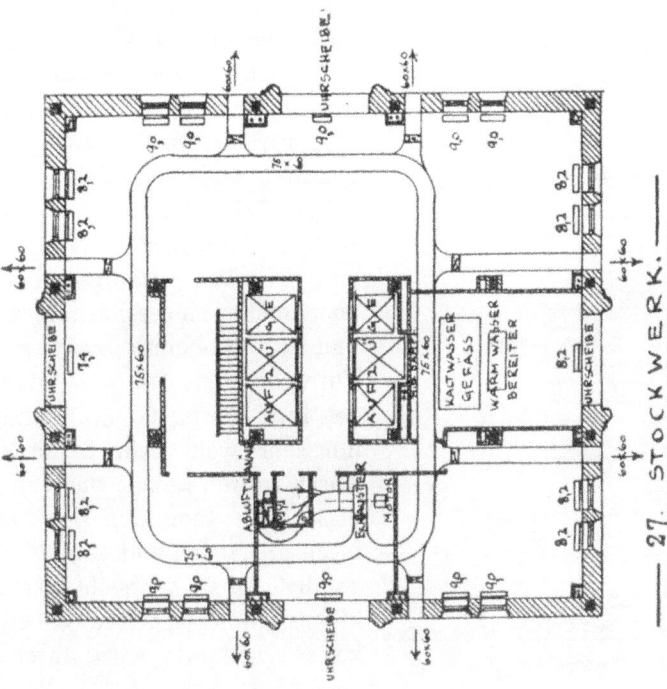

— 10. BIS 30. STOCKWERK. —

Fig. 30.

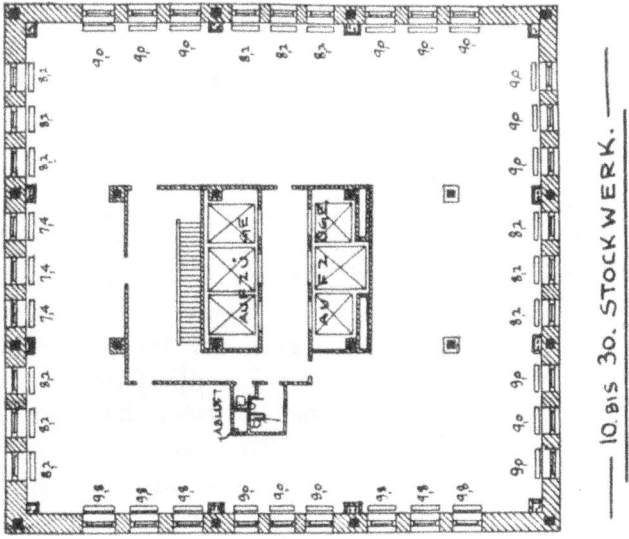

— 27. STOCKWERK. —

Fig. 29.

Fig. 27 bis 31. Grundrisse von vier Stockwerken und Schnitt durch eine Luftabzugsöffnung des Turmes des Metropolitangebäudes.

bodenmaterial schließt die Eisenbleche ein. Die Leitungen können sich in diesen ungehindert ausdehnen, ohne die Fußböden auch nur im geringsten zu beeinflussen.

Die Radiatoren sind unter den Fenstern angeordnet, und jedes Fenster hat seinen eigenen Heizkörper. Auf diese Weise ist schon von vornherein auf alle möglichen Einteilungen der Stockwerke Rücksicht genommen, denn die Mieten im Turmbau sind sehr hoch, und die Plätze für Bureaus werden immer auf das mindeste bemessen.

Die Heizflächen wurden mit den gewöhnlichen Transmissionskoeffizienten berechnet, aber mit sehr erheblichen Zuschlägen für Wind, Aufheizen und Höhe des Gebäudes. Die Zuschläge für die unteren Stockwerke sind besonders hoch angenommen, um die Wärmeverluste, die von dem natürlichen Auftriebe der Luft herrühren, und die dadurch bedingten Unregelmäßigkeiten in der Wärmezufuhr nach Möglichkeit auszugleichen.

Auch unsere Architekten sind mit diesem unangenehmen, nach oben gerichteten Luftzuge sehr wohl bekannt und schließen daher in hohen Gebäuden die Schächte der Aufzüge luftdicht mit Glastüren ein. Die Treppenaufgänge können aber nicht eingeschlossen werden, und in den oberen Stockwerken des Turmgebäudes ist der Überdruck der Luft häufig so groß, daß man ihn sehr wohl beim Schließen der Türen spüren kann. Die Fenster in diesem Gebäude sind mit Messingblech überzogen und vorzüglich ausgeführt, aber dennoch werden sie kleine Undichtigkeiten haben, und kalte Außenluft wird durch diese

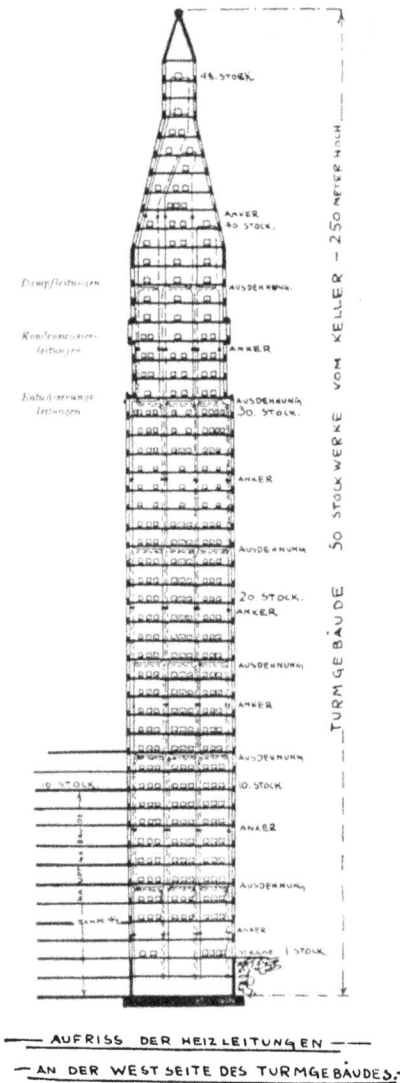

Fig. 32. Metropolitangebäude.

in die unteren Stockwerke gelangen und warme Zimmerluft an der windstillen Seite des Gebäudes von den Zimmern nach außen strömen.

Berücksichtigt man das nicht beim Berechnen der Heizflächen, so wird sich beim Anheizen ergeben, daß die oberen Stockwerke sich schneller erwärmen als die unteren, und die Temperaturen im Gebäude werden ungleichmäßig sein. Eine genaue Berechnung der deshalb erforderlichen Zuschläge auf theoretischer Grundlage läßt sich nicht durchführen, sondern man ist dabei auf seine eigenen Erfahrungen und Ansichten angewiesen. Die Zuschläge sind für die unteren Stockwerke bis zu 65% und in den oberen bis zu 30% der berechneten Wärmetransmission angenommen, und sie haben sich, in Anbetracht der vorzüglichen Ausführung der Fenster, Türen, Aufzugtüren usf. als richtig erwiesen. — Die inneren Durchmesser der vertikalen Heizstränge des Turmgebäudes sind:

	Dampfleitung in mm	Kondenswasserleitung in mm	Entwässerungsleitung in mm
Keller einschl. des 10. Stockwerkes	$4^1/_2'' = 114$	$3'' = 76,5$	$1^1/_2'' = 41$
11. Stockw. einschl. des 25. Stockw.	$4'' = 103$	$3'' = 76,5$	$1^1/_2'' = 41$
26. » » » 30. »	$3^1/_2'' = 90$	$2^1/_2'' = 67$	$1^1/_4'' = 35$
31. » » » 36. »	$3'' = 76,5$	$2^1/_2'' = 67$	$1'' = 25,9$
37. » » » 44. »	$2^1/_2'' = 67$	$2'' = 51$	Keine besond.
45. » » » 47. »	$2'' = 51$	$1^1/_2'' = 41$	Entwässe
48. Stockwerk	$1^1/_2'' = 41$	$1^1/_4'' = 35$	rungsleitungen vorhanden

Die Ventilationsanlagen.

Geschäftsgebäude dieser Art werden hier in Anbetracht der Kosten und der Schwierigkeit der Ausführung nur wenig ventiliert. Der sonst so viel ventilierende Amerikaner begnügt sich in diesen Gebäuden mit sehr einfacher Lüftung. Auch im Metropolitangebäude sind die künstlichen Lüftungsanlagen, trotz der sonst so gediegenen Ausführung, auf das Notwendigste eingeschränkt, und zwar nach den folgenden Grundzügen hergestellt.

Dem zweiten Untergeschoß, welches zum größten Teile für die Maschinenanlagen benutzt wird, sowie dem Kessel- und dem Dynamoraum werden reichliche Mengen ungewärmter Frischluft zugeführt. Der Rest des ersten Untergeschosses und das Erdgeschoß erhalten Zuluft, die in der kalten Jahreszeit vorgewärmt wird. Die Zuluftbläser dieser Geschosse sind getrennt gehalten, damit die Zuluft mit den zweckmäßigsten Temperaturen eingetrieben werden kann. Diese drei Geschosse werden durch mehrere Zentrifugalventilatoren, welche sämtlich im zweiten Untergeschosse stehen, entlüftet, und große Schächte führen die Abluft über das Dach des Hauptgebäudes.

Die Geschäftsräume in den oberen Stockwerken, die nur Fenster an den inneren Lichthöfen haben, erhielten Abluftventilation. Die für die höheren Beamten der Gesellschaft bestimmten Zimmer (im zweiten Stockwerk) haben Dampfluftheizung und Abluftkanäle. Sonst sind im 2. bis 10. Stockwerk keine Geschäftsräume ventiliert.

Im 10. Stockwerk befindet sich noch ein großer Versammlungsraum für ca. 1000 Personen, in welchem die Zusammenkünfte der Agenten der Gesellschaft abgehalten werden. Dieser Raum hat eine Zuluft- und Abluftventilationsanlage, ebenso einige im 10. Stockwerk befindliche, für die Beamten und Angestellten der Gesellschaft bestimmte Speisesäle, in denen täglich 3000 Personen speisen. Dagegen haben die Küche und Speisekammern, welche zu diesen Speisesälen gehören, nur Abluftkanäle.

Alle Aborträume im Gebäude haben Abluftventilation, und besonders bemerkenswert ist die der Abortzimmer im Turmgebäude. Diese befinden sich entweder ganz und gar im inneren Teile des Gebäudes ohne Fenster und Außenluft oder in sonstigen fast wertlosen Plätzen, und eine ausreichende und wirksame Luftabführung war deshalb durchaus notwendig. Besondere Schwierigkeiten bereitete die Anordnung von windgeschützten Auslässen bei dem Turmgebäude, da es architektonisch nicht zulässig war, die gewöhnlichen Kappen an den steilen Wänden oder Dächern des Turmgebäudes anzubringen. Für die Abluft seiner Aborte wurden daher zwei Zentrifugalventilatoren vorgesehen, die mit einer Depression von ca. 12 mm Wassersäule arbeiten. Die Auslässe dieser beiden Exhaustoren münden in Ringkanäle, die mit den Wandauslässen an allen vier Turmseiten verbunden sind, wie in den Plänen der 27. und 38. Stockwerke (Fig. 30 und 27) dargestellt ist. Jeder Auslaß an den Seiten des Turmgebäudes ist mit automatischen Gummiklappen versehen (s. Fig. 31). Sollte der Winddruck an einer Seite des Gebäudes größer sein als der Druck, mit welchem die Exhaustoren ausblasen, so werden sich an dieser Seite die Gummiklappen automatisch schließen, und die Abluft wird an der windstillen Seite des Gebäudes entweichen.

Wenn auch die Ventilationsanlagen auf das geringste Maß beschränkt sind, so haben sie doch aber wegen der Größe des Gebäudes immerhin Erhebliches zu leisten, wie aus der nachfolgenden Tabelle entnommen werden kann.

Tabelle der höchsten angenommenen Luftmengen der Ventilationsanlagen und Größe der Ventilatoren.

	Zuluftmenge cbm/Std.	Flügelraddurchmesser m	Flügelradbreite m
Maschinen- und Kesselraum	91 000	2,70	1,35
Zweites Untergeschoß	22 000	1,51	0,80
Erstes und zweites Untergeschoß . .	53 000	2,13	1,22
		2,13	1,35
Erstes Untergeschoß, erstes und zweites Stockwerk	100 000	2,13	1,22
		2,13	1,35
Erstes und zweites Stockwerk . . .	38 000	1,82	1,05
Versammlungssaal im zehnten Stockwerk	27 000	1,82	1,05
Speisesaal im zehnten Stockwerk . .	7 000	1,22	0,48

	Abluftmenge cbm/Std.	Flügelraddurchmesser m	Flügelradbreite m
Maschinen- und Kesselraum	200 000	3,04	1,52
		2,72	1,35
Zweites Untergeschoß	19 000	1,35	0,70
Erstes und zweites Untergeschoß . .	64 000	2,13	1,40
Erstes und zweites Stockwerk . . .	73 000	2,44	1,52
Versammlungssaal im 10. Stockwerk .	33 000	1,82	1,05
Speisesaal und Küche im 10. Stockwerk	24 000	1,52	0,80
Aborte im Turmgebäude (27. Stock) .	13 000	1,22	0,61
» » » (38. ») .	7 000	0,91	0,35
Aborte im Hauptgebäude und innere Geschäftszimmer (10. Stock) . . .	145 000	3,04	(Blackman)

**Gesamtleistung: 338 000 cbm Zuluft pro Stunde
und 578 000 „ Abluft „ „**

Mit Ausnahme des letzten Ventilators, welcher ein Blackman-Ventilator ist, sind alle Ventilatoren Sturtevant-Zentrifugalbläser.

Es gibt im Gebäude noch eine Anzahl kleinerer Bläser, die zu Spezialzwecken dienen, wie z. B. zum Reinigen der Luftfilter von Staub und Ruß.

Bemerkenswert ist schließlich noch ein kleiner Bläser für den Rohrkeller des Hauptmaschinenraumes, der nur in Betrieb genommen wird, wenn Reparaturen oder sonstige Arbeiten dort vorgenommen werden sollen. Dieser Rohrkeller ist nur 2 m hoch und ist voll von Dampfleitungen, Dampfsammlern, Dampfventilen usw. Da man noch dazu mit überhitztem Dampf arbeitet, so ist leicht begreiflich, daß es in diesem niedrigen Raume sehr heiß ist. Durch eine Ventilationsanlage diesen immerhin großen Raum abzukühlen, wäre nicht nur sehr kostspielig, sondern auch beinahe unmöglich in der Ausführung gewesen. Man hat sich deshalb damit begnügt, ein System von kleinen Eisenblechkanälen anzulegen, in die dieser kleine Bläser frische Luft mit einem Überdruck von 50 mm Wassersäule hineintreibt. Die Kanäle sind mit einer Anzahl von Auslässen versehen, über die man leichte Leinwandschläuche spannen kann. Diese Schläuche leiten dann die frische Luft nach solchen Stellen, wo Arbeiten vorgenommen werden müssen, und wo dann etwas frische Luft, auch wenn es damit einen recht starken Luftzug gibt, immer höchst willkommen ist.

Schließlich sei noch bemerkt, daß alle Ventilationskanäle aus Eisenblech hergestellt sind und zusammen ein Gewicht von mehr als 300000 kg haben.

Kessel- und Maschinenanlagen.

Eine ausführliche Beschreibung dieser Anlagen zu geben, dürfte wohl über den Rahmen dieses Buches hinausgehen. Die Anlagen sollen daher im nachstehenden nur insoweit in Betracht gezogen werden, wie sie von allgemeinem Interesse sind. Den amerikanischen Heizungsfachmann interessieren Dampfmaschinenanlagen allgemein wegen der Benutzung des Abdampfes für Heizung, Lüftung und Warmwasserbereitung wohl mehr wie den europäischen Zentralheizungs-Industriellen. Es ist selbstverständlich, daß die Kessel- und Maschinenanlagen für ein so großes und hohes Gebäude wie den Metropolitanturm auch mit Rücksicht auf die Anforderungen, welche dessen Einwohnerschaft stellt, großartig sein müssen. Wie schon erwähnt, werden auch noch das 15stöckige Druckereigebäude und die Madison Square-Kirche vom Hauptgebäude aus versorgt.

Die Anlagen sind in Tafel VIII dargestellt. Zu ihrer Erläuterung sei hier kurz das Folgende gesagt:

Zur Erzeugung des Dampfes dienen 11 Babcock-Wilcox-Kessel von ca. 3000 qm Heizfläche, die mit 8,7 Atm. Überdruck betrieben

Die Hauptdampfmaschinen.

Art der Dampfmaschinen	Anzahl vorhanden	Dampfzylinder		Die Dampfmaschine treibt
		Durchmesser	Hub	
Verbund	2	355 mm und 558 mm	1070 mm	zwei 200 KW-Dynamos
»	1	406 » » 660 »	1070 »	eine 300 » -Dynamo
»	1	456 » » 660 »	1070 »	eine 400 » »
»	1	660 » » 1020 »	1220 »	eine 650 » »
Einfach	1	254 mm	608 »	einen Ammoniakkompressor, 191 mm Durchm. und 558 mm Hub
»	1	406 »	302 »	einen » 203 » » 304 » »
»	3	355 »	762 »	drei Luftkompressoren für Rohrpost, 558 mm Durchm. und 762 mm Hub
»	1	304 »	610 »	einen Luftkompressor für spezielle Zwecke, 558 mm Durchm. u. 610 mm Hub.
Verbund	3	drei Zylinder. Hochdruck 600 mm, zwei Niederdruck 700 mm	700 »	Jede der drei Dampfmaschinen treibt eine der drei Aufzugpumpen, welche je drei Plunger von 125 mm Durchmesser und 600 mm Hub hat (70 Atm. Druck).

Die Hauptdampfpumpen (Worthington Type).

Art der Dampfpumpen	Anzahl vorhanden	Dampfzylinder		Die Dampfzylinder treiben
		Durchmesser	Hub	
Verbund	2	550 mm und 650 mm	456 mm	125 mm Durchm. und 456 mm Hub (Reserveaufzugpumpen)
»	4	254 » » 355 »	456 »	203 » » 456 » » (Hauswasserpumpen für Hauptgebäude)
»	2	304 » » 406 »	406 »	126 » » 406 » » (» » » Turmgebäude)
Einfach	1	304 » » 432 »	381 »	216 » » 381 » » (Speisewasser für Kessel)
»	2	152 mm	152 »	102 » » 152 » » (Salzwasserpumpen)
»	2	304 »	456 »	456 » » 456 » » (Vakuumpumpen für Heizung)
»	2	254 »	406 »	406 » » 406 » » (» » Ventilation)
»	6	190 »	152 »	127 » » 152 » » (Kondenswasserpumpen)
»	1	304 »	254 »	76 » » 254 » » (Aufzugpumpe).

Alle Pumpen sind Duplexpumpen mit Ausnahme der Vakuumpumpen, welche Simplexpumpen sind.

werden. Der Dampf wird durch 120 qm Überhitzerfläche im Durchschnitt um 33° C überhitzt. Der Schornstein hat 2,5 m lichten Durchmesser, ist 50 m hoch und mündet über dem Dach des Hauptgebäudes aus.

Fünf Dynamos von zusammen 1750 KW Leistung (angetrieben durch Verbundmaschinen) versorgen 30 000 elektrische Glühlampen und 116 elektrische Motoren von zusammen 707 PS, worin acht Motoren für die elektrischen Aufzüge des Turmgebäudes einbegriffen sind.

Es sind fünf Dampfaufzugpumpen vorgesehen, welche für 30 hydraulische Personenaufzüge und 10 hydraulische Frachtaufzüge das nötige Wasser von 70 Atm. Druck pumpen.

Zwei Kompressionskühlmaschinen von je 60 000 WE stündlicher Leistung mit den nötigen Salzwasserpumpen, Gefäßen usw. kühlen Wasser für 54 Auslässe in den Geschäftsräumen der Company und kühlen ferner sechs Speiseschränke in der Küche. Außerdem werden mit Hilfe dieser Maschinen täglich noch 2000 bis 3000 kg Eis hergestellt, welches an die Mieter des Gebäudes verkauft wird.

Es sind drei große Luftkompressoren für die Rohrpostanlagen der Vereinigten Staaten vorgesehen. Für die Beförderung der Postsachen dienen vier Rohrleitungen von 20 cm Durchmesser.

Ein anderer großer Luftkompressor erzeugt Druckluft von 1 Atm. Überdruck, welcher teilweise reduziert wird. Diese Druckluft wird für verschiedene Betriebe, wie z. B. für Abwasser-Ejektoren, automatische Heizregulierung, Aufzugtüren, Maschinen in der Druckerei, Barbierstuben, Rohrpostanlagen der Company usw. verwendet. Es ist auch noch eine Anzahl kleiner Kompressoren vorgesehen, die aber nur als Reserve für den großen Kompressor dienen und daher nur selten benutzt werden.

Vier große Pumpen fördern das Trinkwasser und das Abortspülwasser für das Hauptgebäude, und weitere zwei Pumpen sind zu dem gleichen Zwecke für das Turmgebäude im Betrieb. Alles Wasser wird filtriert und dann aus den Sammelgefäßen im Keller in die oberen Sammelgefäße von 330 cbm Inhalt gepumpt.

Außer diesen Hauptmaschinenanlagen sind dann noch eine Anzahl von Pumpen für die Heizungsanlagen, Kesselspeisung, Entwässerung der Dampfleitungen und Ölpumpen vorhanden, die zwar auch sehr wichtig, aber doch in der landläufigen Weise ausgeführt sind und daher nicht besonders beschrieben zu werden brauchen.

Einen guten Überblick über diese gewaltigen Dampfmaschinen und Dampfpumpenanlagen geben die beiden Tabellen S. 75.

Die Anordnung und Dimensionen der Haupthochdruck-Dampf-leitungen sind auf Tafel VIII in skizzenhafter Weise gegeben. Diese Leitungen sind fast durchweg doppelt ausgeführt und so an den Enden verbunden und mit zahlreichen Ventilen versehen, daß sich Rundstränge ergeben und eine Unterbrechung der Dampfzufuhr nach allen Maschinen der in sich geschlossenen Maschinenanlagen unmöglich erscheint. Nahe bei den großen Maschinen sind große Dampfsammler angebracht, um die Pulsationen in den Hauptleitungen nach Möglichkeit zu vermeiden. Der Dampf wird nur gering überhitzt, aber dennoch mehr als genug, um alle Kondensation in den langen Leitungen zu verhüten. Die Dampfleitungen sind alle an den Decken der Kessel- und Maschinenräume aufgehängt, mit Ausnahme derjenigen für die Dynamomaschinen und Aufzugpumpen, welche in den Fundationskeller des Hauptmaschinenraums verlegt sind. Die Dampf-sammler sind in bester Weise auf großen und starken Fundamenten verankert.

Zum Schluß sei hier noch kurz einer Einrichtung gedacht, die erst seit einem Jahre in Betrieb ist und aus deren Beschreibung so recht zu ersehen ist, wie sich bei der Ausführung so hoher Gebäude auch für den Heizungsingenieur unvorhergesehene und immer neue Probleme ergeben. Der Schornstein von 2,5 m Durchmesser mündete 35 m weit vom Turmgebäude entfernt über dem Dach des Hauptgebäudes aus, und da sich auch so schon eine Höhe von 50 m ergab, so hatte man einen ausgezeichneten Zug. Das Turmgebäude geht aber bis zu ca. 200 m über die Schornsteinausmündung, und die Flugasche und die Rauchgase machten sich sehr bald in den oberen Stockwerken des Turmgebäudes unangenehm bemerkbar. Auf dem großen flachen Dache verstopfte die Flugasche häufig die Regenfänge, und unter gewissen Windrichtungen kam auch Flugasche und Rauch in die Fenster der oberen Stockwerke an den Lichthöfen. Hierzu kamen noch häufig die großen Dampfwolken vom Abdampfe und die Niederschläge des Abdampfes. Eine Rauchplage war nicht vorhanden, da Anthrazitkohlen verbrannt wurden. Alles in allem ergaben sich aber Zustände, die eine Verbesserung erforderten, und dem Heizungsingenieur wurde die Aufgabe gestellt, die Unannehmlichkeiten zu beseitigen.

Die Aufgabe ist in guter Weise gelöst worden, wie es schematisch auf Tafel VIII dargestellt ist. Man entschloß sich zuerst, die Ausmündung des Schornsteines so zu verlegen, daß ihr Abstand von dem Turmgebäude ca. 100 m beträgt, um den Kohlendunst so weit wie möglich vom Turmgebäude fernzuhalten und auch noch zu gleicher Zeit die Flugasche in besonderen Sammeltaschen des langen, horizontalen Rauchkanales zu fangen. Am Ende des Rauchkanales ist eine große Kammer angebracht, in der sich der Rest der Flugasche absetzt. An der Stelle, wo der Rauchkanal in diese Kammer mündet, wird auch noch der überflüssige Abdampf in die Rauchgase eingeführt und mit ihnen vermischt. Das trägt wiederum zu einer Niederschlagung der Flugasche bei, und der Abdampf verschwindet unsichtbar mit den so befeuchteten Rauchgasen. Der lange Rauchkanal und die verschiedenen Richtungsveränderungen, welche man den Rauchgasen in dem Hause gab, machten es aber nötig, die Rauchgase noch durch zwei große Kegelzentrifugalventilatoren (Cone fans) abzusaugen. Diese Exhaustoren, welche mit 80 bis 120 Umdrehungen pro Minute arbeiten, haben einen Durchmesser von 3,28 m und werden von einem elektrischen Motor von 60 PS angetrieben. Alle drei oder vier Monate werden die Taschen des Rauchkanals und die sonstigen Ablagerungsstellen von der Flugasche gereinigt, und die Hunderte von Säcken, welche dann jedesmal mit Flugasche gefüllt werden, sprechen deutlich für den gelungenen Flugaschenfänger.

Die Heizungs-, Lüftungs- und Kesselanlagen sowie die Dampfleitungen der Kraftanlagen wurden nach Entwürfen des Ingenieurs Alfred R. Wolff († 1909) ausgeführt. Die ausführende Heizungsfirma war Baker, Smith & Co., New York.

Das Gebäude wurde in Sektionen errichtet, und die Architekten für den ganzen Gebäudekomplex waren Le Brun & Son, New York.

VI. Die Heizungs- und Lüftungsanlagen des Wohnhauses des Herrn Andrew Carnegie in New York City.

Die Heizungs- und Lüftungsanlagen dieses Wohnhauses sind schon seit 1901 im Betriebe, aber sie können noch jetzt, 10 Jahre nach ihrer Ausführung, als durchaus modern angesehen werden; jedenfalls sind die Anlagen in vieler Beziehung bemerkenswert. Das Gebäude hat vier Stockwerke, ein Erdgeschoß und ein Kellergeschoß. Der lichte Raum des ganzen Gebäudes ist 20 000 cbm. Das Kellergeschoß ist namentlich für die Heizungs- und Maschinenanlagen verwendet, außer diesen enthält es nur noch einen Weinkeller und Vorratsräume. Im Erdgeschoß sind die Küchenräume, Wäscherei, Zimmer der Diener und Reinigungsräume; das erste Stockwerk ist in dem Plane (Fig. 33) dargestellt; das zweite Stockwerk enthält namentlich die Schlaf- und Wohnzimmer der Familie, das dritte Stockwerk Gästezimmer und das vierte die Zimmer für die weibliche Bedienung. Das Haus liegt an der 5. Avenue und ist in prachtvoller Weise, wenn auch ohne jeden übertriebenen Prunk, ausgeführt. Auch die Heizungsund Ventilationsanlagen sind, dem Wunsche des Bauherrn entsprechend, so gut wie möglich, aber einfach gehalten. Die Aufstellung mechanischer Mittel, wie Pumpen oder Gebläse für die Heizung und Lüftung, wurde zwar nicht erlaubt, jedoch anderweitig wurde dem projektierenden Ingenieur Herrn Wolff vollkommen freie Hand gelassen, das zu tun, was nach seinem Ermessen zur Erreichung der besten Resultate notwendig erschien. Für eine Anzahl Zimmer im Erdgeschoß und für fast alle Räume des ersten, zweiten und dritten Stockwerkes wurde indirekte Heizung (d. h. Luftheizung) verlangt, und da alle diese Räume selbsttätige Temperaturregelung haben, so wählte man der Einfachheit und Sicherheit wegen Dampfluftheizung. Für den Wintergarten im ersten Stockwerk und das Gewächshaus im Erd-

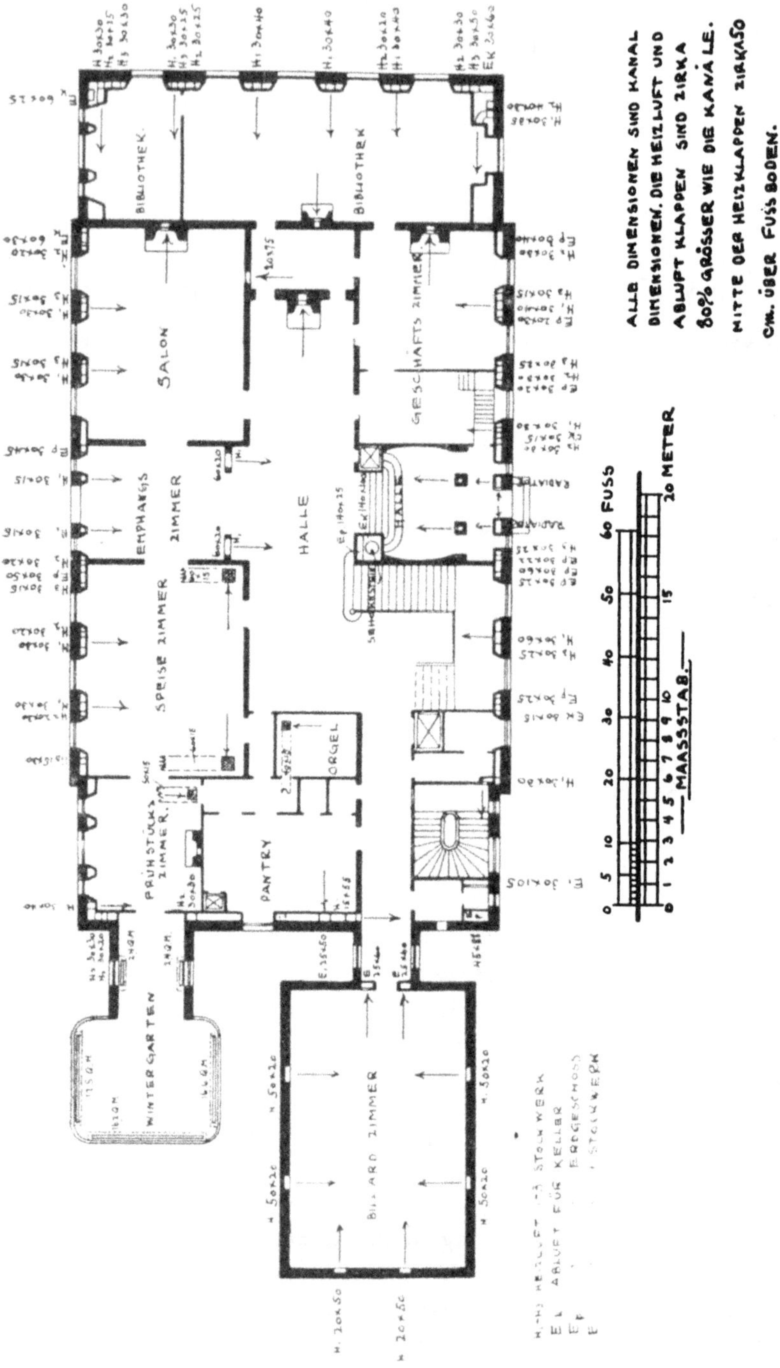

Fig. 33. Hauptgeschoß des Wohnhauses des Herrn Andrew Carnegie.

geschoß unter dem Wintergarten wurde aber eine von den übrigen Heizanlagen unabhängige Warmwasserheizung vorgesehen. Diese Räume haben die Beheizung bedeutend länger nötig als das Wohnhaus, und die Trennung von der Wohnhausheizung hat sich als vorteilhaft erwiesen.

Für die Erzeugung des Niederdruckdampfes von ca. 0,1 bis 0,3 Atm. Überdruck sind zwei Kessel (System Babcock & Wilcox) von je 114 qm Heizfläche mit 4,1 qm Rostfläche vorgesehen. Einer dieser Kessel genügt immer während der Wintermonate für die Heizung, Warmwasserbereitung und Wäscherei. Für den Sommerbetrieb, wenn nur Warmwasserbereitung und Wäscherei in Benutzung sind, dient ein kleiner gußeiserner Mercer-Kessel von 10 qm Heizfläche. Die Anwendung dieser Hochdruckdampfkessel, die ja bekanntlich auch für 20 Atm. Druck angewendet werden können, für die Niederdruckdampfheizung geschah auf Wunsch des Bauherrn, denn er wollte durchaus die sichersten Kessel haben. Solche Kessel eignen sich, wie auch in anderen Anlagen seither festgestellt worden ist, sehr gut für Niederdruckdampfheizungen. Die Dampfleitungen von den großen Kesseln sind zu einem Dampfverteiler geleitet, von dem sechs Hauptleitungen ausgehen, welche die folgenden Teile der Einrichtung mit Dampf versorgen:

1. Die Vorwärmeschlangen in den Luftkammern.
2. Die Heizkörper der Dampfluftheizung.
3. Die Radiatoren in den Tageszimmern der Bedienung.
4. Die Radiatoren in den Schlafzimmern der Bedienung.
5. Die Warmwasserbereiter und die Wäscherei.
6. Die Befeuchtungsschalen in den Luftkammern.

Alle Kondenswasserleitungen sind an den Dampfleitungen entlang geführt und münden in ein großes Sammelgefäß, das unter dem Dampfverteiler steht. Das Kondenswasser fließt dann in die Kessel, wie in Fig. 34 dargestellt ist. Die Gruppeneinteilung der Heizleitungen wurde auf Wunsch des Bauherrn vorgesehen und ermöglicht bei warmem Wetter eine generelle Regulierung, die namentlich für die Zimmer der Bedienung von Nutzen ist.

Alle Kessel werden, wie hier üblich, mit Anthrazitkohlen befeuert, die den Kesseln vom Lagerraume aus auf Kohlenwagen zugeführt werden. Die Wagen laufen auf gußeisernen Platten von 70 cm Breite und 5 cm Dicke, in die Rillen eingegossen sind. Die Wagen haben herunterzuklappende Seitenwände, und die Kohlen werden von den

Wagen direkt auf die Roste geschaufelt. Die Asche wird mit einem elektrischen Aufzuge auf den Hof befördert. Der durchschnittliche jährliche Kohlenverbrauch ist 200000 kg, der höchste tägliche Verbrauch 2500 kg.

Die Dampfluftheizung ist in recht gediegener Weise ausgeführt worden, was besonders durch die günstigen baulichen Verhältnisse ermöglicht wurde. Die Lufteinlässe befinden sich an drei Seiten des

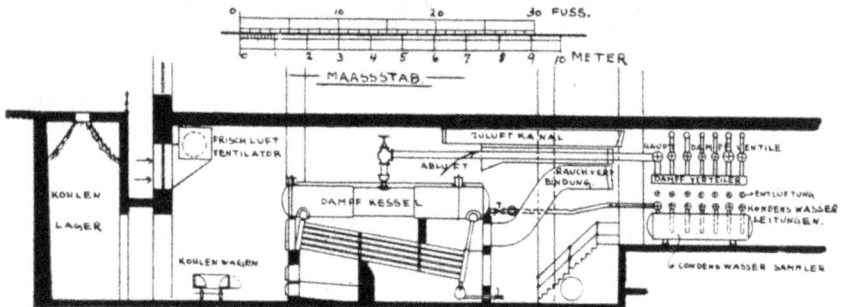

Fig. 34. Schnitt durch den Kesselraum.

Gebäudes (s. Fig. 35) und münden direkt in die großen Luftkammern ein, in denen die Filter, Vorwärmeschlangen und Befeuchtungsschalen sind. Die gesamte Fläche der drei Öffnungen in jeder Luftkammer ist 3,7 qm. Die Filter sind der in den Fig. 15 u. 16 dargestellten Konstruktion ähnlich. Die Vorwärmeschlangen sind aus 2zölligen glatten

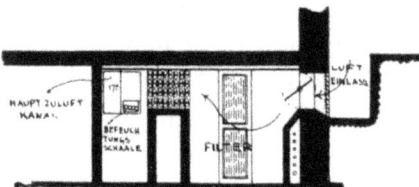

Fig. 35. Schnitt durch die Vorwärmeschlangen, Filter usw.

Röhren angefertigt, und es sind zehn Sektionen vorhanden. Die Ventile der den Filtern zunächst liegenden beiden Sektionen werden durch einen Thermostaten so gesteuert, daß immer Dampf in den Röhren ist, sobald die Außentemperatur weniger als $+6^0$ C beträgt. Die übrigen acht Sektionen erwärmen die Luft bis auf 17^0 C. Hinter den Vorwärmeschlangen und zwischen den Enden der Ringkanäle (s. Fig. 36) liegen die Befeuchtungsschalen, die die Luft bei trockenem Wetter auch noch befeuchten. Von den Luftkammern geht dann

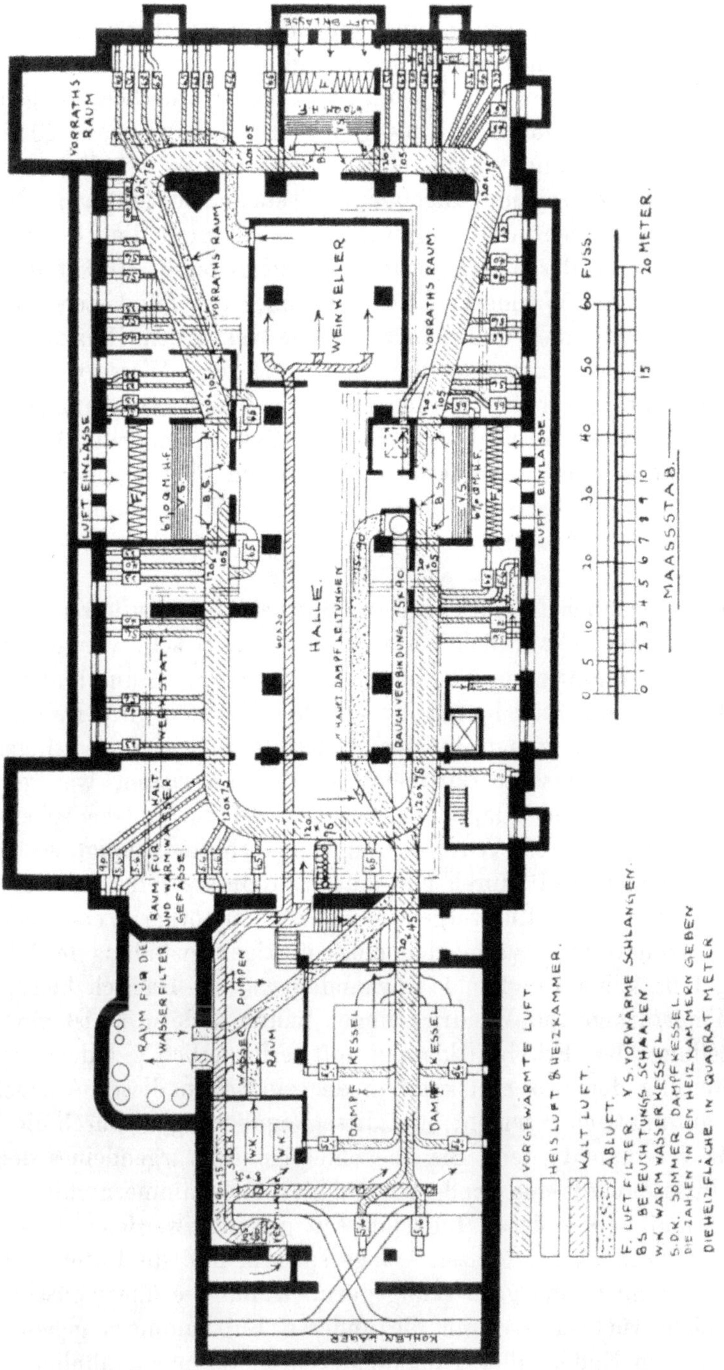

Fig. 36. Kellergeschoß des Wohnhauses des Herrn Andrew Carnegie.

die gefilterte, vorgewärmte und oft auch befeuchtete Luft in die
Ringkanäle und dann durch die Zweigkanäle entweder durch oder
über die Heizkammern. Ist keine Heizung erforderlich, so geht die
Luft über die Heizkammer hinweg und tritt mit ungefähr 20° in die
Räume, denn es findet dann erfahrungsgemäß in den Kanälen eine
Temperaturerhöhung um ungefähr 3° C statt. Ist hingegen Heizung
erforderlich, so geht die vorgewärmte Luft durch die Heizkammer,
erwärmt sich an deren Heizkörpern bis auf ungefähr 40° C und bringt
so den Zimmern Wärme zu. Jedes Zimmer hat mindestens eine besondere Heizkammer und seinen eigenen vertikalen Heizkanal. Die
Temperatur der vorgewärmten Luft und die Wasserverdunstung
der Befeuchtungsschalen werden örtlich von den Ringkanälen durch
selbsttätige Apparate nach dem Johnson-System geregelt. Die Misch-
klappen an den Heizkammern werden durch Thermostaten von den
Zimmern automatisch reguliert. Es sei hier erwähnt, daß der
Johnsonsche Humidostat erst speziell für diese Anlage konstruiert
worden ist.

Die Regelung der für die Dampfluftheizung zuzuführenden Luftmenge, welche bekanntlich bei solchen Anlagen sehr von der Windstärke und Windrichtung abhängt, hat man auch durch die Ringkanäle automatisch zu bewirken versucht. Nehmen wir z. B. an, es sei
Windstille, die Klappen in den Lufteinlässen seien so eingestellt,
daß sie die gewünschte Luftmenge einströmen lassen, was gewöhnlich bei halboffenen Klappen geschieht, und die Anlage arbeite zur
vollen Zufriedenheit. Wird es dann unverhofft windig, so strömt
bedeutend mehr Luft durch einen der Lufteinlässe ein, und es würde
deshalb, um eine Luftvergeudung bzw. unnötige Verschwendung
von Brennmaterial zu vermeiden, eine sofortige Einstellung der Klappen
nötig, falls keine Ringkanäle vorhanden wären. Da sich hierzulande
die Windstärken und Windrichtungen häufig ändern, so ist eine neue
Einstellung der Frischluftklappen oft erforderlich. Jedoch ist die
Regulierung der Frischluftklappen das einzige in dieser Anlage, was
nicht automatisch geschieht, und diese Regulierung ist durch die Ringkanäle vereinfacht, denn die überschüssige Luft irgendeines der drei
Lufteinlässe wird eine große Anzahl der Heizkammern mit speisen,
die normal von anderen Lufteinlässen gespeist werden. Jede Luftkammer kann $^2/_3$ der ganzen Anlage speisen, und die Filter und Vorwärmeschlangen sind groß genug dazu. Damit die überschüssige Luft
aber nicht rückwärts durch die anderen Luftkammern gehen kann,
sind an den Enden aller Ringkanäle Gummiklappen, ähnlich der in

Fig. 31 dargestellten Art, angebracht, welche ein Durchschlagen der vorgewärmten Luft durch die anderen Frischluftkammern verhüten.

Die Wirkungsweise dieser Klappen ist sehr einfach, aber sehr sicher, denn steht man in einer der Luftkammern an der windstillen Seite des Gebäudes, wenn der Wind von der anderen Seite stark und veränderlich ist, so öffnen und schließen sich die Gummiklappen bald von der linken und bald von der rechten Seite; man kann jeden Windstoß an den Gummiklappen wahrnehmen.

Die vertikalen Heizkanäle wurden für folgende Luftgeschwindigkeiten berechnet: Erdgeschoß 0,6 m/Sek., erstes Stockwerk 1,2 m/Sek., zweites Stockwerk 1,5 m/Sek. und das dritte Stockwerk 1,8 m/Sek. Die Geschwindigkeit der vorgewärmten Luft in den Hauptkanälen geht bei voller Inanspruchnahme der Dampfluftheizung nicht über 1,2 m pro Sekunde.

Die Wärmeabgabe der Vorwärmeschlangen (Luft von − 20° C auf +17° C erwärmt) wurde mit 1500 WE pro qm pro Stunde angenommen. Für die kleinen mit Eisenblech umhüllten Dampfluftheizkörper (Luft wird von +17° C auf +40° C erwärmt) hat man folgende Wärmeabgabe pro qm und Stunde angenommen: Erdgeschoß 550 WE, erstes Stockwerk 640 WE, zweites Stockwerk 730 WE und drittes Stockwerk 820 WE, denn die Heizluft streicht mit verschiedenen Geschwindigkeiten durch die Heizkörper. Die Berechnung einer Dampfluftheizung wie in diesem Falle, wo jedes Zimmer seinen eigenen Heizkanal hat und jeder Heizkanal am Fuße seinen eigenen Heizkörper, ist sehr einfach.

Die Luftfilter sind sehr groß, und die durchschnittliche Geschwindigkeit der Luft durch das Filtertuch ist sekundlich nur 3 cm. Schließlich sei noch erwähnt, daß die drei Klappen in den drei Luftöffnungen der Lufteinlässe so mit Wellen und Zahnrädern verbunden sind, daß sie von den warmen Kellerräumen aus, außerhalb der Luftkammern, bedient werden können, daß also ein Betreten der kalten Luftkammer zwecks Einstellen der Klappen nicht nötig ist. Fast alle Heizkanäle liegen in den Hohlräumen an den Außenwänden. Die Blechkanäle sind in bester Weise mit Asbest isoliert. Außer den Vorwärmeschlangen, deren Heizfläche in Fig. 36 angegeben ist, wurden für die Heizung 380 qm Heizfläche in den Luftheizkammern und 280 qm Radiatoren und Heizschlangen vorgesehen.

Für die Ventilation des Gebäudes sind drei Blackman-Ventilatoren vorgesehen, die durch direkt mit ihnen gekuppelte Elektromotoren angetrieben werden.

Ein Ventilator von 1524 mm Durchmesser dient für die Abluft der Küche, der Pantries, der Wäscherei, der Toilettenzimmer, des Weinkellers, der Kessel- und Maschinenräume, Keller und Vorratsräume, kurz alle Räume, von denen eine beständige Ablüftung wünschenswert ist. Ein anderer Ventilator von 1524 mm Durchmesser dient für die Speisezimmer, den Salon, die Hallen, Empfangszimmer, Billard- und Rauchzimmer, kurz für alle solchen Räume, die an Unterhaltungstagen oder sonstigen speziellen Funktionen voller Gäste sind und dann eine starke Ablüftung wünschenswert machen. Dieser

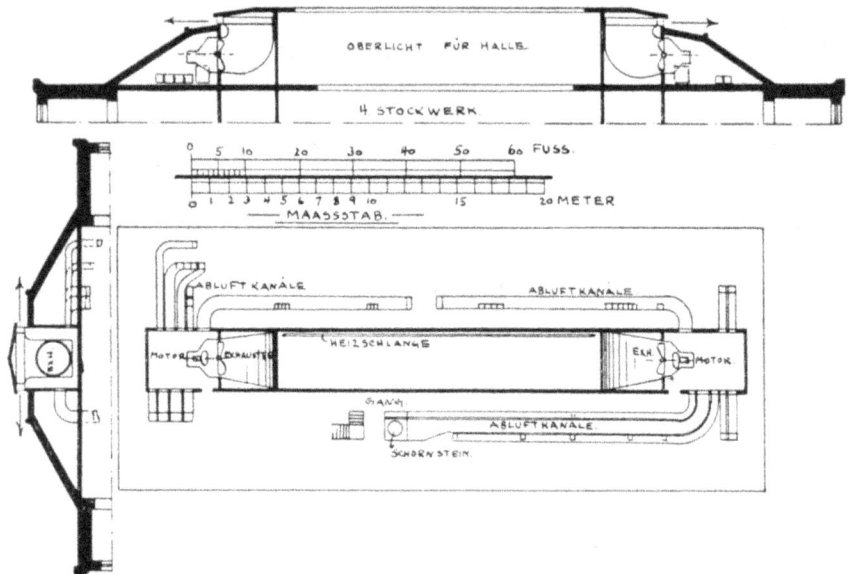

Fig. 37. Längsschnitt durch das Dachgeschoß.
Fig. 38. Querschnitt.
Fig. 39. Plan des Dachgeschosses mit den Abluftkanälen und Exhaustoren.

Ventilator wird aber nur sehr selten betrieben. Die größte berechnete Abluftmenge ist stündlich 56 000 cbm.

Die Dampfluftheizung gibt natürlich immer eine ausreichende Ventilation der Wohn- und Schlafzimmer. Der Ventilator für die Küche usw. ist täglich im Betriebe, und durch den von ihm erzeugten Unterdruck in den Räumen, wo Gerüche und Wärme entstehen, wird auch noch für eine Abführung der Luft aus den besseren Räumen her gesorgt und das Eindringen von Gerüchen in die Hallen vermieden. Die vertikalen Abluftkanäle sind, wie in den Fig. 37 bis 39 dargestellt, in dem niedrigen Dachgeschosse zusammengezogen. Die Anordnung der Auslässe für die Abluftventilatoren war wegen der eigentümlichen Dachkonstruktion schwierig, da gewöhnliche Kappen nicht erlaubt wurden. Die in den Zeichnungen dargestellten Auslässe sind von der Straße aus kaum zu bemerken. Die Abluftventilatoren arbeiten, damit auch nicht das geringste Geräusch entsteht, nur mit 10 bis 150 Umdrehungen pro Minute; ihr Kraftverbrauch ist darum auch nur sehr gering.

Ein Blackman-Ventilator von 915 mm Durchmesser führt den Kessel- und Maschinenräumen und dem Weinkeller kalte Luft zu. Die Frischluftzuführung und Ablüftung des Weinkellers wird in den Wintermonaten automatisch betrieben, denn sobald die Temperatur im Weinkeller unter +8⁰ sinkt, schließt ein Thermostat die Ventilation ab, und wenn die Temperatur über +8⁰ C steigt, öffnet er die Klappen und die Ventilation wieder. Man wünscht für diesen Raum immer eine möglichst niedrige Temperatur, jedoch nicht unter 8⁰ C. Das Frischluftgebläse soll 10 000 cbm Luft pro Stunde leisten.

B a b b , C o o k & W e l c h waren die Architekten für das Gebäude und G. A. S u t e r die ausführende Heizungsfirma.

VII. Die Heizungs- und Ventilationsanlage im Ladenhause der Firma Gimbel Brothers in Philadelphia.

Eine gewiß eigentümliche Erscheinung im amerikanischen Geschäftsleben ist die der großen Department-Warenhäuser. In einem solchen Gebäude findet man häufig bis zu 40 Geschäfte unter einem Dache vereinigt, deren Betrieb oft bis zu 5000 Beamte, Verkäufer, Arbeiter usw. erfordert. Besondere Vorschriften über die Bauart, mit Ausnahme einer Anzahl Feuervorschriften, gibt es nicht, was in Anbetracht der Tatsache, daß häufig bis zu 15 000 Personen in einem derartigen Gebäude sind, kaum zu verstehen ist. Da es aber im eigenen Interesse der Eigentümer liegt, nicht nur für die Kunden sondern auch für die Angestellten gute Luftverhältnisse zu haben, so werden derartige Gebäude hinsichtlich Ventilation allgemein gut behandelt.

Die hier zu beschreibenden Anlagen, welche schon seit etlichen Jahren im Betriebe sind, wurden erst bei einer Vergrößerung des Gebäudes eingerichtet, deshalb mußten kleine Unregelmäßigkeiten in Kauf genommen werden, die man bei einem Neubau hätte vermeiden können. Der neue Teil des Gebäudes ist an der linken Seite des Planes (s. Fig. 40) und nimmt eine Fläche von 42 m Breite und 90 m Tiefe ein. Das ganze Gebäude ist zehn Stockwerke hoch und hat außerdem noch zwei Untergeschosse (ausgenommen ein kleiner Teil, bei dem nur ein Untergeschoß vorhanden ist); es hat in allen zwölf Stockwerken zusammen 315 000 cbm lichten Inhalt. Von Interesse für diese Beschreibung sind nur die Untergeschosse und das Erdgeschoß, denn die oberen Stockwerke sind einfach durch Radiatoren erwärmt, und zwar befindet sich gewöhnlich unter jedem Fenster zwischen den Pfeilern ein Heizkörper von genügender Größe, um mindestens $+18^0$ C in den Räumen zu erhalten.

Das Erdgeschoß mit den Straßeneingängen und das erste Untergeschoß mit den Eingängen von der Untergrundbahnstation haben
natürlicherweise den größten Verkehr und sind am wertvollsten für
Verkaufszwecke. Das zweite Untergeschoß enthält die Pack- und
Versandräume, Garderoben-, Abort-, Speise- und Ruhezimmer der
Angestellten, Küche, Anrichteraum und Speisekammer, Maschinen-
und Kesselräume. Beide Untergeschosse haben nur wenige Fenster,
weshalb eine besonders reichliche Ventilation erforderlich war. Für

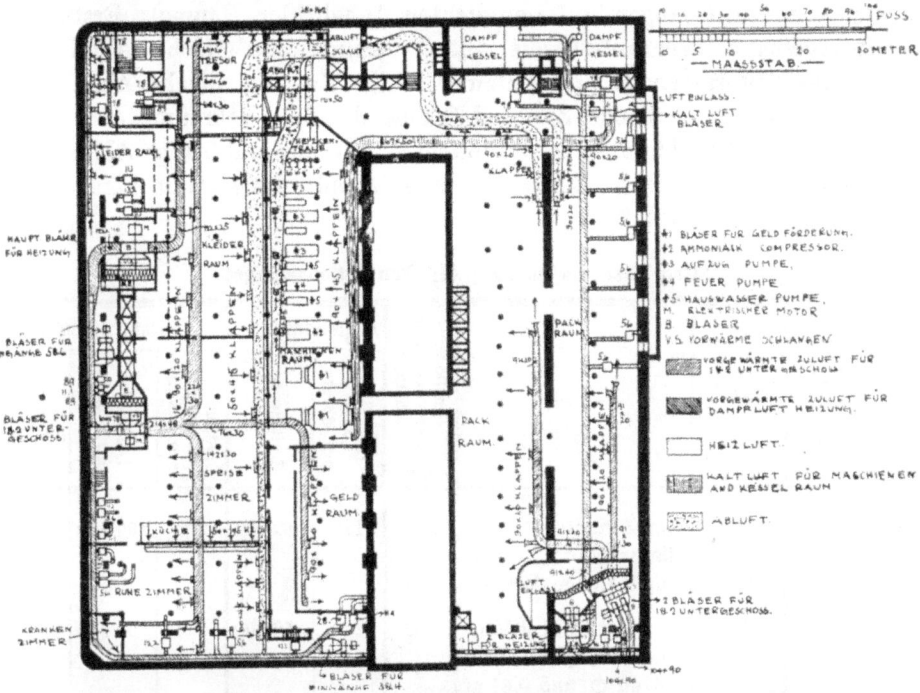

Fig. 40. Zweites Untergeschoß des Ladenhauses der Firma Gimbel Brothers in Philadelphia.

das Erdgeschoß genügt im Sommer zur Ventilation das Öffnen der
Fenster, aber im Winter ist dies in dem Gebäude wegen der zu be-
fürchtenden Zugbelästigung nicht zulässig. Man hat daher die Ventilation mit der Heizung verbunden und für das Erdgeschoß eine Dampfluftheizung vorgesehen. Maßgebend für die Einrichtung der Dampfluftheizung war auch schließlich noch der Umstand, daß damit leicht
große Wärmemengen eingeführt werden können, denn der große
Verkehr mit dem häufigen Öffnen der Türen macht eine Beheizung
durch Radiatoren immerhin schwierig. In wie hohem Maße sich

auch Privatgesellschaften schon seit Jahren der Wichtigkeit guter
Ventilationsanlagen bewußt sind, dafür kann dieses Gebäude als
als ein ausgezeichnetes Beispiel gelten, um so mehr, wenn man bedenkt,
daß der größte Teil der Ventilationsanlagen in Gebäudeteilen ausgeführt wurde, in denen das Geschäft flott ging.

Ventilationsanlagen.

Die folgenden stündlichen Zuluft- und Abluftmengen wurden
angenommen (bezogen auf den lichten Inhalt der Räume): Erstes
Untergeschoß (Verkaufszwecke) 3fache Zuluft und 5fache Abluft.
Zweites Untergeschoß: Speisezimmer 6fache Zu- und 6fache Abluft,
Garderobezimmer 6fache Zu- und 8fache Abluft, Packräume 4fache
Zu- und 5fache Abluft, Krankenzimmer 6fache Zu- und 5fache Abluft,
Maschinenraum 15fache Zu- und 20fache Abluft, Kesselraum 12fache
Zu- und 6fache Abluft.

Daten über die Gebläse für Ventilationsanlagen.

Stock-werk	Zweck	Gebläse	Heizfläche der Vorwärme-schlangen qm	Angenommene		Tatsächliche		
				Umdrehungs-zahl pro Minute	Luftmenge pro Stunde	Umdrehungs-zahl pro Minute	Luftmenge pro Stunde	Pferdekräfte
I.u.II.Unter-geschoß	vorge-wärmte Zuluft	Ein Zentrifugal-Ven-tilator, Rad 2,74 m ⌀ und 1,37 m Weite	224	150	82 000	170	100 000	22
do.	do.	Zwei Zentrifugal-Ven-tilatoren, jedes Rad 1,67 m ⌀ und 0,81 m Weite	159	240	58 000	246	59 000	9,75
Maschinen- und Kessel-raum	Kalt-luft	Ein Zentrifugal-Ven-tilator, Rad 1,82 m ⌀ und 0,92 m Weite	—	250	40 000	250	47 000	6,2
I.u.II.Unter-geschoß und einige Aborte in den oberen Stock-werken	Abluft	Blackman-Ventilator von 3,85 m ⌀	—	150	204 000	178	238 000	9,75
do.	do.	Blackman-Ventilator von 2,13 m ⌀	—	250	76 500	270	88 500	7,0

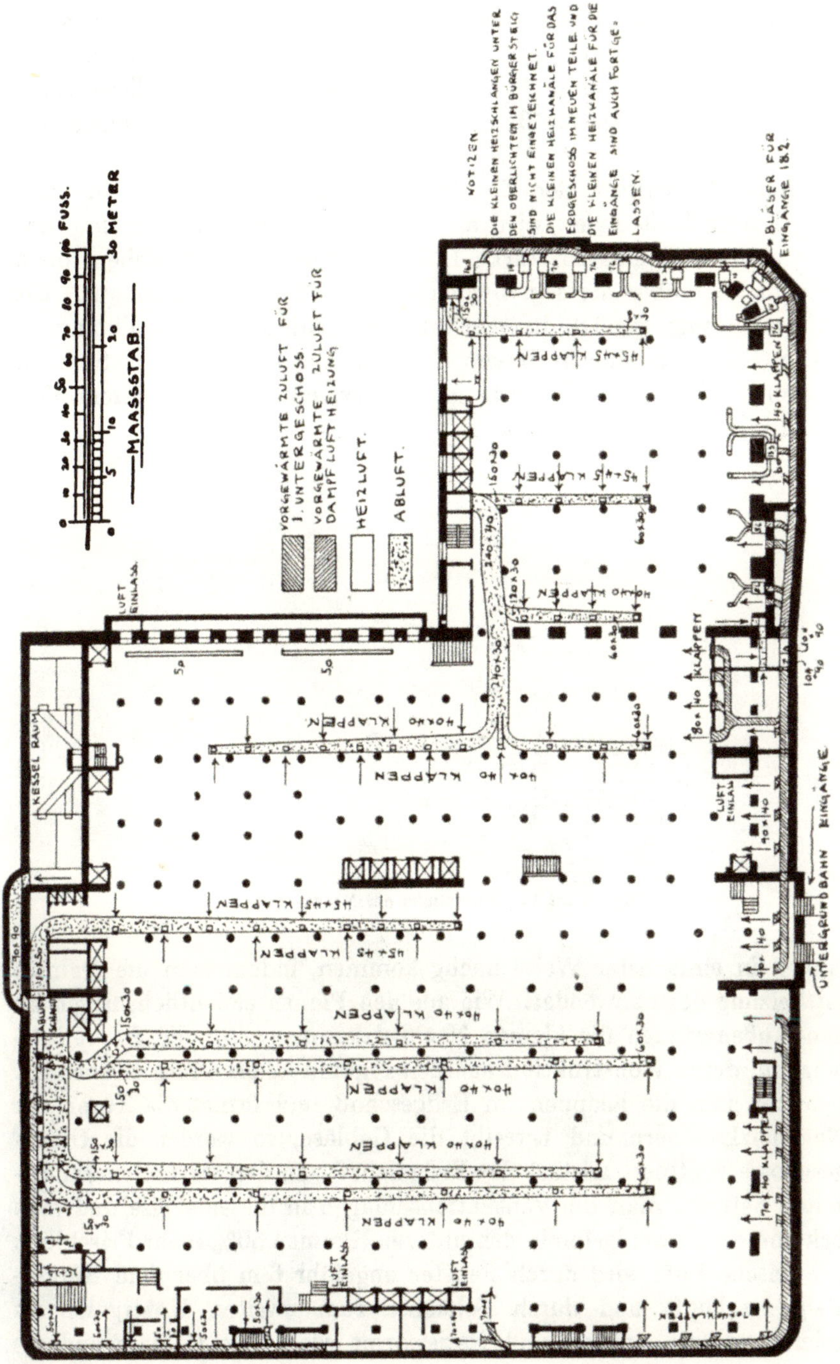

Fig. 41. Erstes Untergeschoß des Ladenhauses der Firma Gimbel Brothers in Philadelphia.

Die Tabelle auf S. 90 gibt Aufschluß sowohl über die angenommenen und berechneten Luftmengen der Gebläse als auch über die
wirklich erzielten, durch Anemometermessungen festgestellten Luftmengen und über die Größe und den Kraftbedarf der verschiedenen
Gebläse.

Beim Durchlesen der Tabelle wird man ersehen, daß in allen
Fällen mehr Luft erzielt wird als angenommen wurde. Der deutsche
Fachmann wird eine so starke Lüftung wohl kaum verstehen, denn
sie geht weit über die sog. hygienischen Anforderungen hinaus. Die
Lufterneuerung genügt in den kälteren Jahreszeiten vollkommen.
Es besteht aber auch in diesem Gebäude das Verlangen, im Sommer
noch mehr Luft zu haben wie im Winter, und man ist diesem Ver-

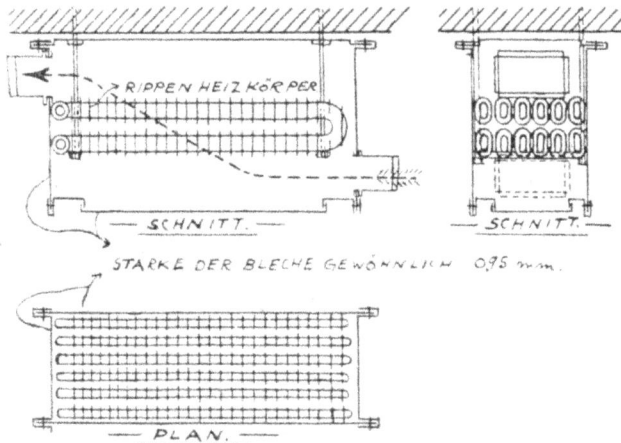

Fig. 42 bis 44. Einhüllung der Nachheizkörper.

langen in einfachster Weise nachgekommen, indem man die Dampfluftheizung dazu anwendet. Wie aus den Plänen ersichtlich, liegen an
den Außenwänden die kleinen Nachheizkammern für die Dampfluftheizung, deren Konstruktion aus den Figuren 42 bis 44 zu ersehen ist.
Schließt man die Klappen im Erdgeschoß und öffnet die Türen der
Nachheizkammern und betreibt die Gebläse, so werden die Untergeschosse ventiliert anstatt das Erdgeschoß. In den wärmeren Jahreszeiten betreibt man die Ventilationsanlagen in dieser Weise und man
bekommt zum wenigsten in den unteren Räumen 50% mehr Frischluft.
Die frische Luft wird durch Fenster ungefähr 6 m über dem Bürgersteig geschöpft und durch Schächte zum zweiten Untergeschosse
geleitet, wo sie gefiltert und vorgewärmt wird. Die Gebläse und die

Lage der Zuluft- und Abluftkanäle sind klar in den Plänen dargestellt. Die Hauptkanäle gehen an den Außenwänden entlang und nehmen an vielen Stellen die ganze Höhe des Stockwerkes ein. Die Hauptabluftschächte, welche auch noch die hydraulischen Aufzugmaschinen enthalten, gehen vertikal durch die ganze Höhe des Gebäudes zum Dachgeschoß. Hier befinden sich die Blackman-Abluftventilatoren, deren ungefähre Lage in dem Plane des Erdgeschosses noch angedeutet ist. Der Blackman-Ventilator von 3,35 m Durchmesser ist der größte

Fig. 45. Ansicht des großen Abluftventilators.

seiner Art, der jemals im Bureau des Herrn Wolff für eine Lüftungsanlage eines Hauses projektiert wurde. Ein nicht uninteressantes Bild dieses großen Ventilators mit seinem direkt mit ihm auf derselben Welle gekuppelten Elektromotor usw. gibt Fig. 45. Der Ventilator und Motor mußten auf einen gewöhnlichen Holzfußboden gestellt werden, daher die komplizierte Eisenkonstruktion. Das Bild zeigt nicht den Auslaßkrümmer, welcher nach Aufnahme der Photographie zwischen Motor und Ventilator eingefügt wurde. Die Abluftventilatoren saugen auch noch Luft aus einer großen Anzahl von Aborten in den oberen Stockwerken ab.

Die Dampfluftheizung des Erdgeschosses.

Die Dampfluftheizung ist in origineller Weise ausgearbeitet und beruht auf folgenden Ideen:

Drei Zentrifugal-Ventilatoren entnehmen von den Straßen, 6 m über dem Bürgersteige, Frischluft, die durch Schächte zum zweiten Untergeschoß geleitet wird, wo sie durch Filter gereinigt und durch Vorwärmeschlangen auf ca. $+25^0$ C vorgewärmt wird. Die vorgewärmte Luft wird, nachdem sie durch Rippenheizkörper am Fuße eines jeden vertikalen Kanals auf ca. 45^0 C nachgewärmt worden ist, durch die Hauptkanäle und Nebenkanäle in das Erdgeschoß getrieben. Die Heizluft strömt durch untere und obere Klappen in das Erdgeschoß ein. Die unteren Klappen sind reichlich bemessen, damit die Austrittsgeschwindigkeit der Luft klein ist und um keine unangenehmen starken Luftzüge zu haben, während die oberen Klappen klein sind, um die Heizluft mit großer Geschwindigkeit an den Schaufenstern entlang einzutreiben, wo die größte Abkühlung ist. Auf diese Weise erzielte man eine sehr gute Wärmeverteilung, denn die Wärme wird den Räumen an den Abkühlungsflächen zugeführt.

Die Beheizung der sechs Haupteingänge erheischte wegen des enormen Verkehrs besondere Vorsicht, denn derartige Eingänge mit Luft von den Hauptventilatoren aus zu beheizen, hielt man nach früheren Erfahrungen nicht für angebracht. Man entschloß sich, besondere Gebläse, die mit hohem Luftdruck arbeiten, anzuordnen. Diese kleinen »Druckgebläse« entnehmen vorgewärmte Luft aus den Hauptkanälen der großen Heizungsgebläse, und zwar saugen sie die Luft durch Nachwärmerohrschlangen, in denen die Heizluft bis auf 55^0 C erwärmt werden kann. Jedes Gebläse wird durch eine zweizylindrige Dampfmaschine angetrieben. Diese Maschinen können mit so großer Umdrehungsgeschwindigkeit betrieben werden, daß die Gebläse, wenn nötig, einen Luftdruck von 50 mm Wassersäule erzielen können. Der Druck wird aber je nach der Außentemperatur, der Windrichtung und Windstärke verändert. Die Eingänge liegen an den drei Hauptseiten des Gebäudes, und da eine Einteilung nach Himmelsrichtungen wünschenswert erschien und man auch große Druckverluste durch Reibung und Undichtigkeiten vermeiden wollte, so wurden drei Gebläse vorgesehen.

Die Gebläse treiben die Luft in die Eingänge vor und hinter den zweiten Türen ein, wie in Fig. 47 u. 48 dargestellt ist. Die Podeste zwischen den Türen lassen die Heizluft nach drei Seiten hinaus und

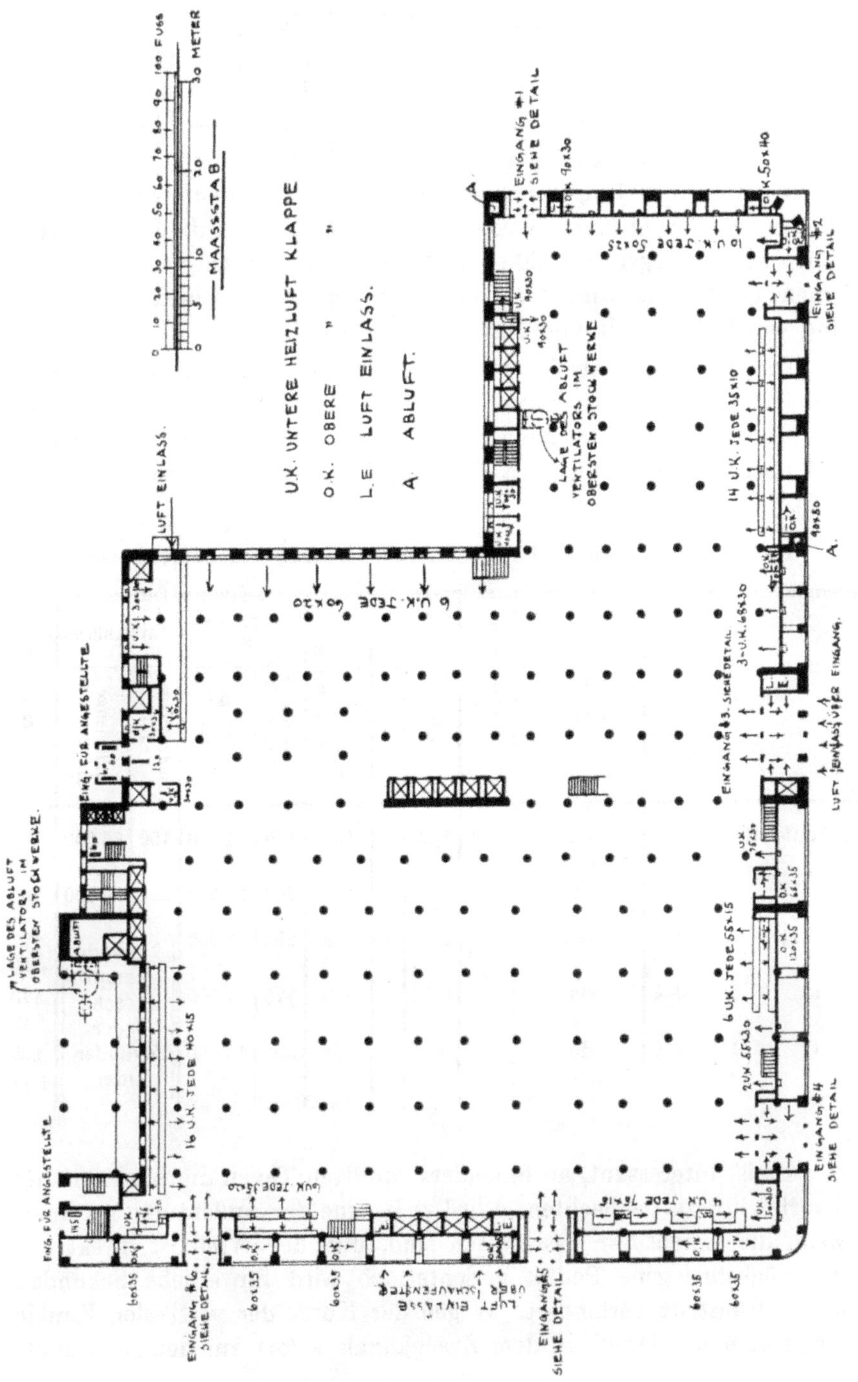

Fig. 46. Erdgeschoß des Ladenhauses der Firma Gimbel Brothers in Philadelphia.

die Türen sind vorn und hinten mit heißer Luft umgeben. Die kalten Luftströme, die beim Öffnen der Türen in das Erdgeschoß gelangen, werden mit der Heizluft gemischt, und das Eindringen unerwärmter Luft ist auch bei heftigem Winde ausgeschlossen. Der Luftdruck ist in den vertikalen Kanälen gewöhnlich bedeutend kleiner als in den direkt unter den Eingängen liegenden Hauptkanälen. Die Verbindungen bzw. die Öffnungen von den Hauptkanälen in die Zweigkanäle haben in der Regel nur 120 qcm Querschnitt, was bei der größtmöglichen Umdrehungszahl der Gebläse durch diese kleinen Öffnungen eine Geschwindigkeit von 16,2 m pro Sekunde ergibt.

Die folgende Tabelle gibt Aufschluß über die angenommenen und berechneten Luftmengen der Gebläse sowie auch über die wirklich erzielten, durch Anemometermessungen festgestellten Luftmengen und über die Größe und den Kraftbedarf der verschiedenen Gebläse.

Daten über die Gebläse für die Dampfluftheizung des Erdgeschosses.

Zweck	Art der Gebläse	Durchmesser des Rades m	Weite des Rades m	Anzahl vorhanden	Heizfläche der Vorwärme- oder Heizschlangen	Angenommene		Tatsächliche		Pferdekräfte
						Umdrehungszahl	Luftmenge pro Stunde	Umdrehungszahl	Luftmenge pro Stunde	
Verkaufsladen . . .	Zentrifugal-Ventilator	2,44	1,22	1	159	150	54 500	150	66 000	9,4
» . . .	do.	1,52	0,71	2	112	240	38 400	254	36 000	6,8
Eingänge # 1 u. # 2	do.	1,22	0,31	1	38	550	7 000	2 zylindr. Dampf- masch., jeder Zylinder mm		127 +102
» # 3 u. # 4	do.	1,52	0,41	1	75	475	14 000			178 +127
» # 5 u. # 6	do.	1,37	0,36	1	56	500	10 000			152 +127

Es ist interessant, an besonders windigen Tagen die Ausströmung der Heizluft zu beobachten. Wird z. B. eine der Außentüren geöffnet, wenn die Innentüren geschlossen sind, und der Wind ist direkt auf das nächstgelegene Podest gerichtet, so wird für etliche Sekunden der Luftaustritt verhindert. Wegen der Kürze der vertikalen Kanäle steigt aber der Druck in dem Zweigkanale sofort auf den im Haupt-

kanale gehaltenen Druck, und da der Hauptkanaldruck so hoch gehalten werden kann wie ein Winddruck von 90 km Geschwindigkeit
pro Stunde (eine gewiß seltene Erscheinung auch im windigen Amerika),
so dringt die Luft in den nächsten Sekunden erst langsam, dann
aber kräftig heraus. Andernfalls, wenn die Außen- und Innentüren
zusammen offen sind, ergibt sich nie genug Winddruck im Vestibül,
um den Austritt der Heizluft zu verhindern. Der lichte Inhalt des
Erdgeschosses ist 37000 cbm, und da 102000 cbm Heizluft erforderlich sind, so ergibt sich ein 2,75facher Luftwechsel pro Stunde.

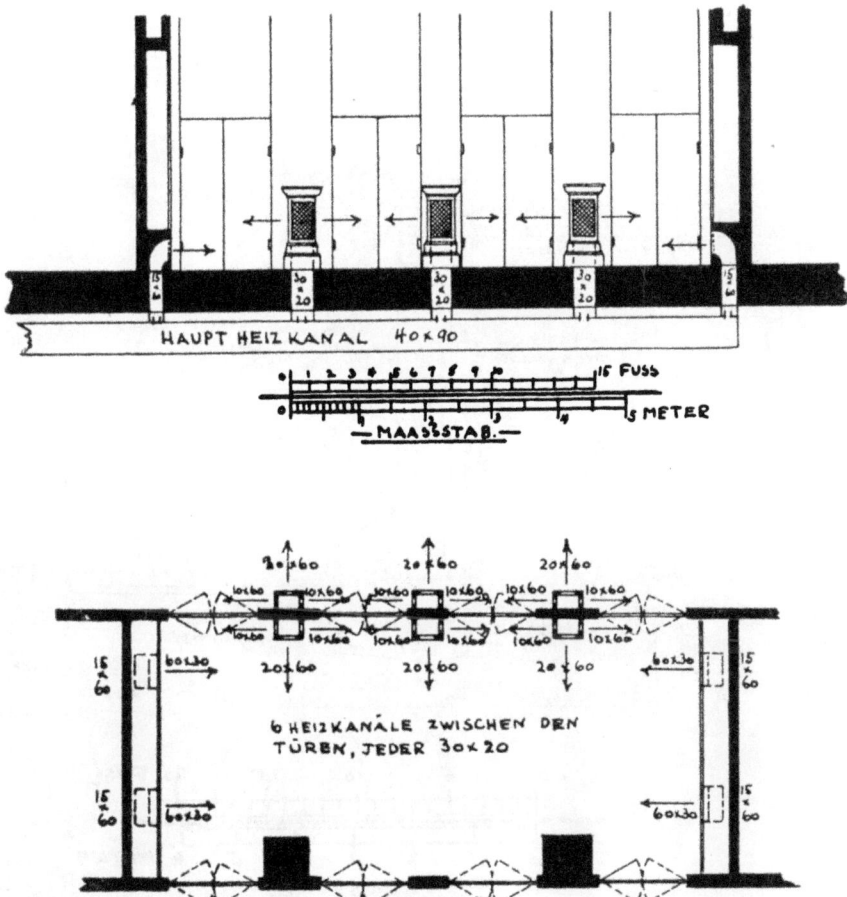

Fig. 47 und 48. Anordnung der Heizlufteinlässe in den großen Eingängen des Ladenhauses der Firma Gimbel Brothers in Philadelphia.

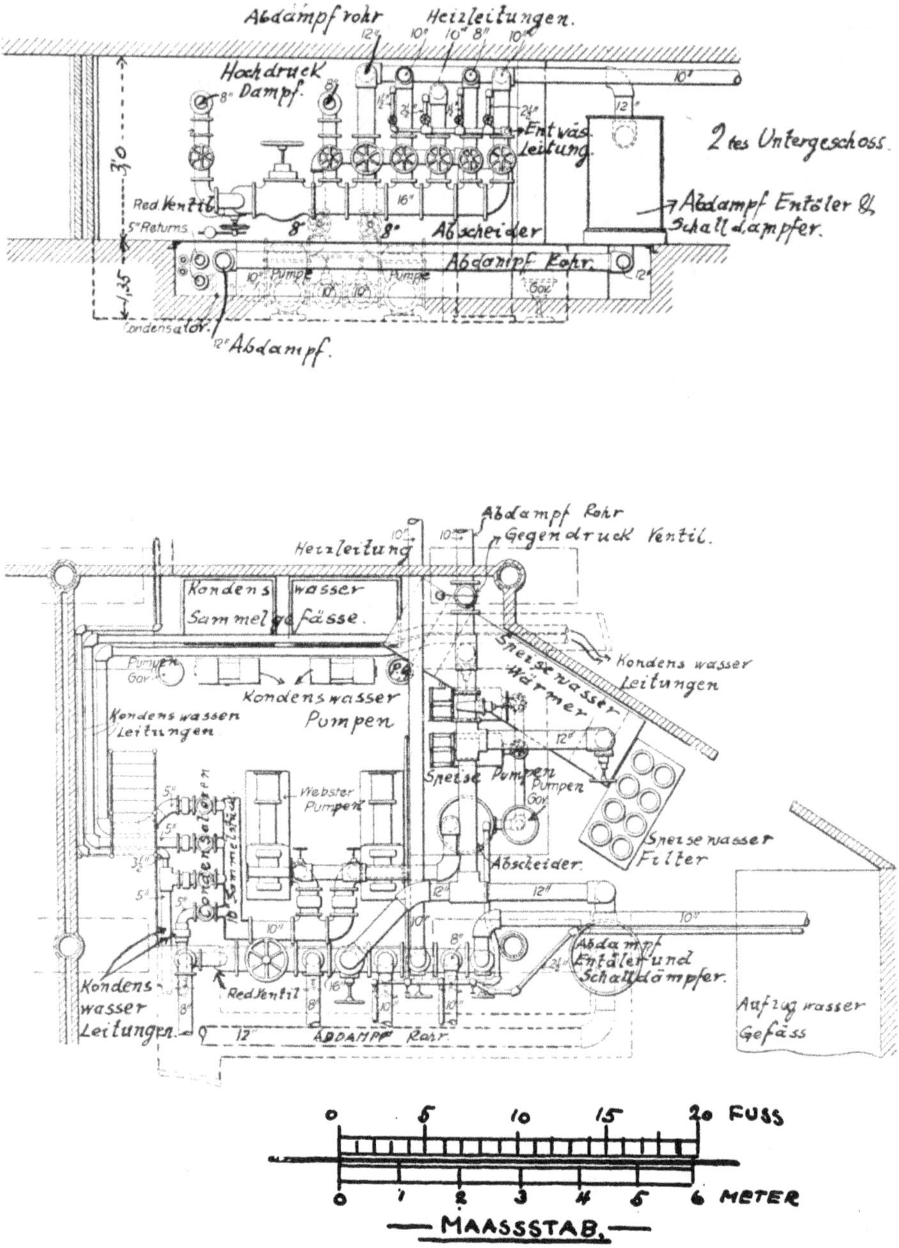

Fig. 49 und 50. Grundriß und Aufriß der Heizzentrale im Ladenhause der Firma
Gimbel Brothers in Philadelphia.

Kraftanlage, Heizzentrale usw.

Dieses Gebäude erhielt keine eigene elektrische Licht- und Kraftanlage, was um so merkwürdiger erscheint, wenn in Betracht gezogen
wird, daß große Dampfpumpen für die hydraulischen Aufzüge und
Hauswasserversorgung und große Dampfmaschinen für eine Kältemaschine und für die pneumatische Beförderung des Geldes vorhanden
sind. In vier Dampfkesseln nach der Heine-Bauart von je 300 qm
Heizfläche wird Dampf von 8 Atm. Überdruck erzeugt. Durch ein
12zölliges Rohr wird der Hochdruckdampf zum Maschinenraum
geleitet. Die Maschinenanlagen erforderten eine 12zöllige Abdampf-
leitung, aber da immer etwas Abdampf für den Speisewasservorwärmer
und Warmwasserbereitung gebraucht wird, so wurde nur ein 10zölliges
Auspuffrohr vorgesehen. Im Winter wird der Abdampf zu Heizzwecken verwendet und eine 12zöllige Leitung führt, wie in Fig. 49
und 50 dargestellt, zum Heizungsventilstock. Von diesem Ventil
gehen vier Leitungen aus, nämlich: ein 10zölliges Rohr dient für die
Heizung des neuen Gebäudes, ein zweites 10zölliges Rohr für die Heizung des alten Gebäudes, ein drittes 10zölliges Rohr für die Gebläse-
Vorwärmeschlangen des neuen Gebäudes und ein 8zölliges Rohr für
die Gebläse-Vorwärmeschlangen des alten Gebäudes. Der Abdampf
von den kleinen zweizylindrigen Maschinen der Einganggebläse wird
an Ort entölt und direkt in die Heizleitungen gesandt.

Das Gebäude enthält 2600 qm Heizfläche in Radiatoren und
Heizschlangen, 500 qm Rippenheizfläche in den kleinen Nachwärme-
schlangen und die in der Tabelle angegebenen Heizflächen für die
Gebläse, zusammen 3923 qm Heizfläche. Die Heizflächen für die
Gebläse sind der in den Fig. 64 und 65 dargestellten Konstruktion
ähnlich. Die Heizungsanlage ist nach dem Webster-Vakuumsystem
ausgeführt, und für das Pumpen des Kondenswassers dient eine der
beiden 12″ · 16″ . 16″ Worthington - Simplexpumpen; die andere
steht immer in Reserve. Die Speisepumpen fördern das Kondensat
direkt in die Kessel. Wegen der weiteren Details sei auf die Fig. 49
und 50 hingewiesen, welche einen nicht uninteressanten Überblick
über die Heizzentrale geben.

Francis G. K i m b a l war der Architekt des Gebäudes und
E. R u t z l e r die ausführende Heizungsfirma.

VIII. Die Heizungs- und Ventilationsanlagen des „Neuen Theaters" in New York City.

Unter den vielen, in den letzten Jahren in New York City erbauten nennenswerten Gebäuden nimmt das »Neue Theater« eine eigentümliche Stellung ein, da es nämlich hierzulande das erste Theater ist, welches von einer Anzahl kunstliebender reicher Herren, bekannt als »Founders« (Gründer), erbaut und der Entwicklung der Schauspielkunst gewidmet wurde. Es ist wohl allgemein bekannt, daß sonstige Bildungsanstalten, wie z. B. Universitäten und Bibliotheken, ferner auch Wohltätigkeitsanstalten, Krankenhäuser, Waisenhäuser usw., hier vielfach von reichen Leuten erbaut und unterhalten werden, aber ein auf solche Weise zustande gekommenes Schauspielhaus gab es bisher noch nicht. Das Neue Theater, dem deutschen Hof- oder Stadttheater nicht unähnlich, ist hier somit ohne Vorgänger, und man verspricht sich viel von diesem neuen Unternehmen. Die an der Spitze stehenden Herren sind die sog. »Captains of Industrie«, deren Namen auch drüben wohl größtenteils gut bekannt sind.

Bei der Erbauung des Theaters hatte man beständig im Auge, das Beste und Sicherste zu erhalten, nicht nur in künstlerischer sondern auch in technischer, hygienischer und sicherheitspolizeilicher Beziehung. Man beachte in den Plänen z. B. die große Anzahl der Aufzüge für alle möglichen Zwecke, die großen Hallen, Gänge und Treppen. Mit Rücksicht auf die Zwecke, für welche das Theater geschaffen wurde, und mit Rücksicht auf die Besucher, welche den anspruchsvollen, vornehmen und einflußreichen Kreisen angehören, war eine einwandfreie Heizungs- und Ventilationsanlage unbedingt notwendig.

Die Hauptteile des Neuen Theaters sind folgende:

1. Der Zuschauerraum mit dem Foyer, Rauchzimmer, den Damensalons, dem Garderobenzimmer und den Eingängen für das Publikum.

Alle diese Räume haben 73 000 cbm Inhalt.

2. Das Bühnenhaus mit 49 000 cbm Inhalt.
3. Die Ankleidezimmer mit den Nebenräumen haben 16 000 cbm Inhalt.
4. Die dramatische Schule (noch nicht erbaut) mit 6000 cbm Inhalt.
5. Das Restaurant im Dachgeschoß (noch nicht vollendet) mit 5000 cbm Inhalt.

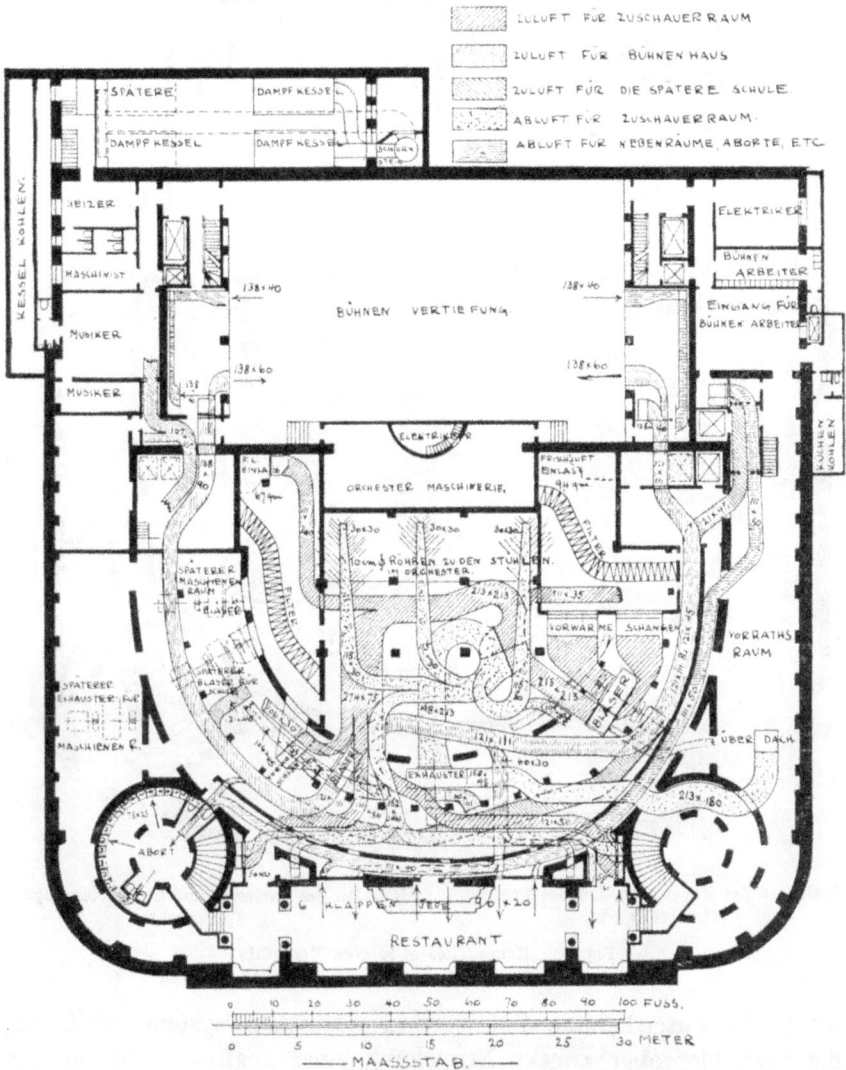

Fig. 51. Neues Theater in New York City. Grundriß des Kellergeschosses.

Insgesamt für das Gebäude, wenn vollendet, 148 000 cbm lichter Inhalt.

Auch bei einer nur oberflächlichen Betrachtung der dieser Beschreibung beigegebenen Pläne und Schnitte (Fig. 51 bis 54) werden

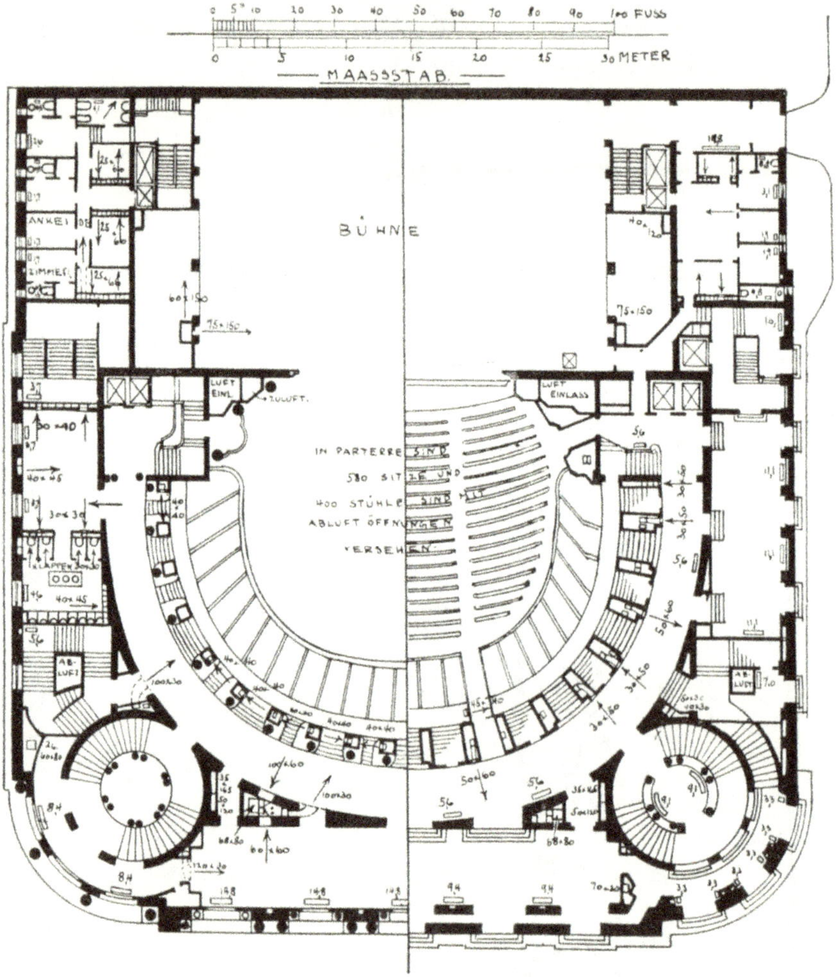

Halbplan der Foyerlogen und des Foyers   Halbplan des Parterres und der Parterrelogen
(II. Stockwerk).   (I. Stockwerk).

Fig. 52. Neues Theater in New York City.

sofort die ausgedehnten Zuluft- und Abluftkanalsysteme auffallen, die man hier aber zwecks Erreichung einer zugfreien Lüftung für nötig hält. Man geht nun einmal von dem Grundsatz aus, daß diese

Kanäle keine besondere Wartung erfordern, und daß man es bei der Projektierung vorziehen soll, das für den täglichen Betrieb einfachste zu haben, auch wenn es etwas teurer und schwieriger in der Ausführung

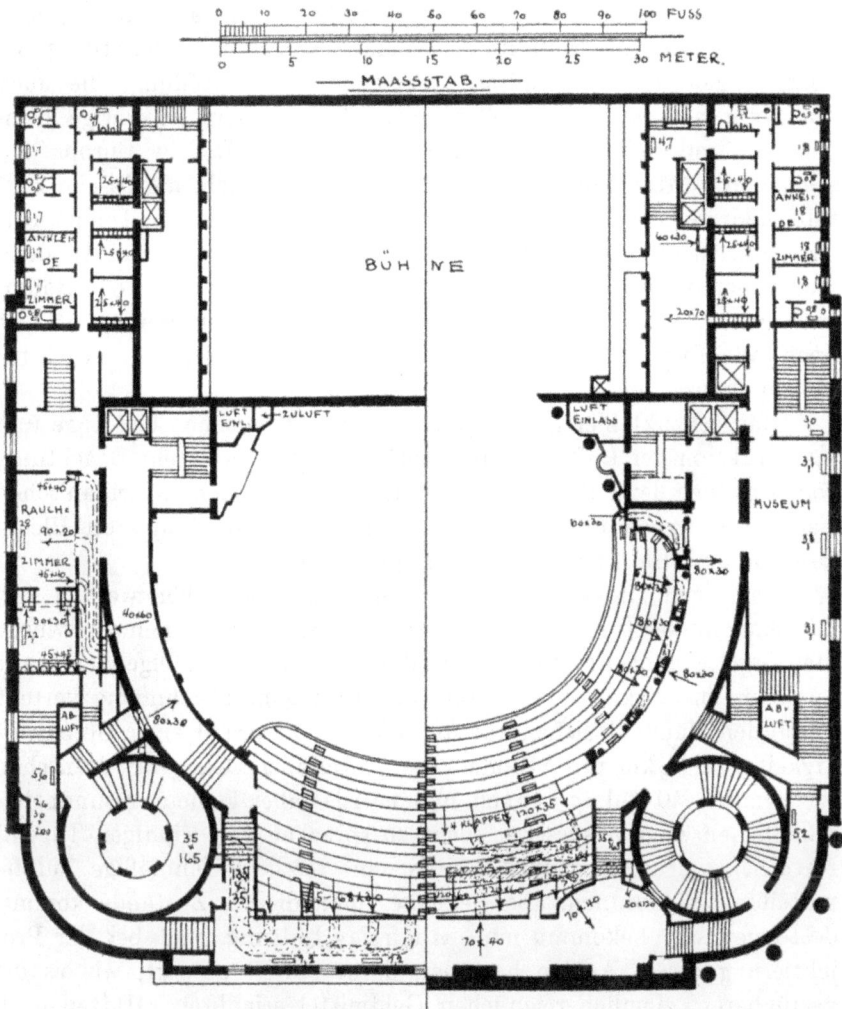

Halbplan des II. Ranges (VI. Stockwerk).   Halbplan des I. Ranges (IV. und V. Stockwerk).
Fig. 53. Neues Theater in New York City.

ist. Man will die Ventilationsanlagen soweit wie möglich »fool proof« haben, vermeidet daher allgemein die Anwendung von Instrumenten, die beobachtet oder bedient werden müßten, wie z. B. Fernthermo-

meter, Temperaturanzeiger, Mikromanometer, Stauscheiben, Um-
und Anstellklappen, Schieber u. dgl. Statt dessen genügen für die
Wartung der Anlage: die Anwendung von selbsttätiger Temperaturregulierung, eine gute Luftverteilung, ein Thermometer im Haupt-
abluftkanal, welches die durchschnittliche Temperatur der Abluft,
also damit auch der Luft im Zuschauerraum, angibt, und etliche Beobachtungen des Maschinisten während der Vorstellung, die auch
nur nötig sind, wenn ein volles Haus ist oder wenn schwierige Tem-
peratur- und Witterungsverhältnisse bestehen. Die in Europa an-
scheinend herrschende Meinung, es sei nicht möglich, die frische Luft
mit niedrigerer als der im Zuschauerraum bestehenden Temperatur
einzuführen, ohne Zugbelästigung zu bekommen, gilt hier nicht, denn
man arbeitet hier i m m e r mit Zulufttemperaturen unter der Raumtemperatur. Die Zulufttemperatur für den Zuschauerraum hat hier
noch nie über 19½° C betragen und ist manchmal nur 17° C bei
vollem Hause.

Man schenkt hier aber, glaube ich, im allgemeinen der Lage und
Konstruktion der Luft-Ein- und Auslässe bedeutend mehr Beachtung,
wie es drüben der Fall zu sein scheint, und das ist dem amerikanischen
Fachmann wegen der fast ausschließlichen Anwendung von Blechkanälen und Blechauslässen etwas ganz geläufiges.

Das Neue Theater ist, wie später noch beschrieben werden soll,
mit einer äußerst reichlichen Lüftung versehen und dennoch würde
die Geschwindigkeit der niederfallenden oder aufsteigenden Luft
nur 3 cm pro Sekunde sein, wenn die Luft ganz gleichmäßig verteilt
durch den Raum streichen könnte. (Dieses entspricht einer Geschwindigkeit von ¹/₈ km pro Stunde. Der gewöhnliche Gang des Menschen
ist ziemlich 40 mal so schnell und er ist dabei keinem gesundheits-
schädlichen Zuge ausgesetzt, nicht zu sprechen von windigen Tagen.)
Natürlich würde es zu weit führen, eine solche gleichmäßige Zuluft-
verteilung anzuordnen, aber je näher man diesem Zustande kommt,
desto gewisser bekommt man »zugfreie« Lüftung, und bei der Projektierung dieser Anlage hat man dafür soweit gesorgt, wie es die
verfügbaren, ziemlich reichlichen Geldmittel erlaubten. Hätten noch
größere Kosten verursacht werden dürfen, so hätte man die Luftverteilung noch weiter getrieben. Auch der Amerikaner ist empfindlich gegen Luftströme, namentlich gegen solche von veränderlichen
Temperaturen, aber anderseits befindet er sich auch gerade besonders
gerne in einer Atmosphäre, in der er sich der Ventilation zum wenigsten
»b e w u ß t« ist.

Für die Ventilationsanlagen sind Zuluft- und Abluftkanäle vorgesehen und die Hauptzuluft- und -abluftkanäle sind nahe bei den Gebläsen so absperrbar und umschaltbar miteinander verbunden, daß durch die Umdrehung einer einzigen Flügelklappe von 4,65 m

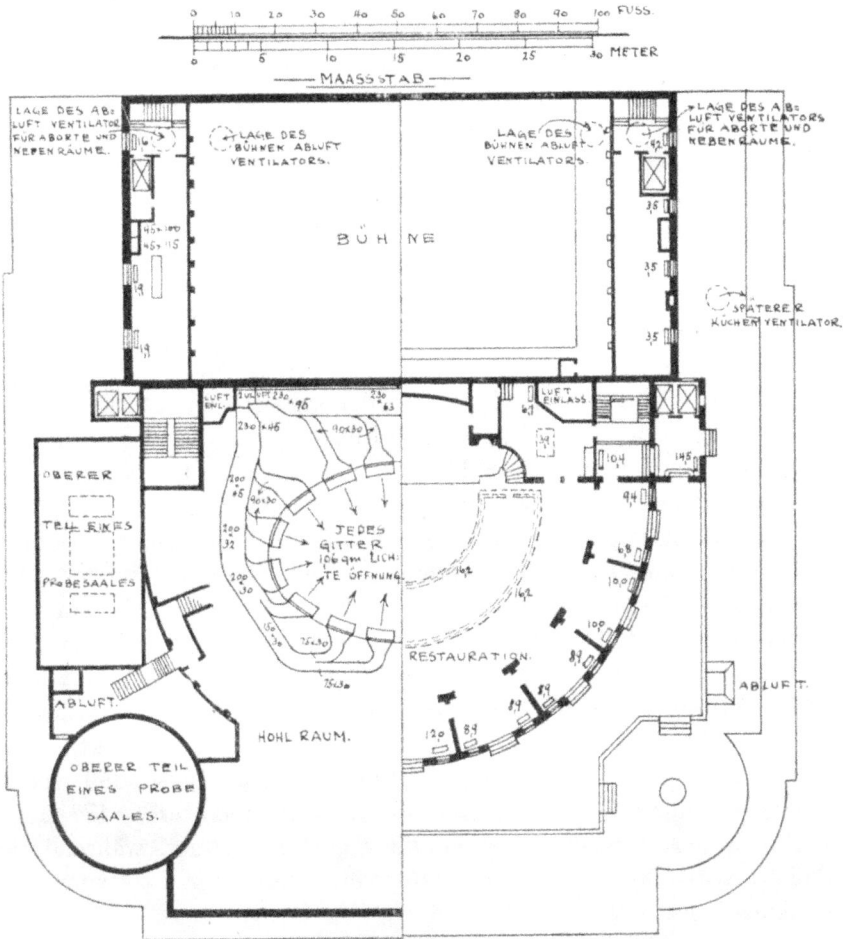

Halbplan der Luftverteilung für den Zu-   Halbplan des Restaurants
schauerraum (VII. Stockwerk)   (VIII. Stockwerk).

Fig. 54. Neues Theater in New York City.

Breite und 2,33 m Höhe die Ventilation des Zuschauerraumes entweder von »oben nach unten« oder von »unten nach oben« geht. Diese Klappe ist aus Schmiedeeisen hergestellt und so mit Filz beschlagen und mit Daumenschrauben versehen, daß sie nach dem Festschrauben eine luftdichte Wand zwischen dem Hauptzuluft- und dem Hauptabluftkanale bildet. Versuche zeigten, daß keine Undichtigkeiten bestehen, also keine Verluste von Zuluft direkt nach den Abluftkanälen hin zu befürchten sind. Diese Flügelklappen- einrichtung wurde bei dieser Anlage hier zum ersten Male angewendet und ist meines Wissens als Mittel zur Umkehrung der Richtung der Luftströmung im Zuschauerraume eines Theaters noch eine Neuheit. Es lassen sich in dieser Anlage ebensogute Resultate erzielen, wenn die Lüftung von »oben nach unten« als wenn sie von »unten nach oben« geht, obgleich behauptet wird, daß im letzteren Falle für eine gleiche Temperaturerniedrigung in Kopfhöhe weniger Luft erfor- derlich ist als bei der Lüftung von oben nach unten.

Der Amerikaner beurteilt auch in Theatern die Güte einer Ven- tilationsanlage nur nach der Raumtemperatur und würde unter keinen Umständen zufrieden sein, wenn die Temperatur über $+20^0$ C steigt. Diese Temperatur ist für diesen Fall der kritische Punkt einer erfolg- reichen oder erfolglosen Ventilationsanlage. Die schönsten Theorien, ausgezeichnete hygienische Erklärungen oder die besten Kohlensäure- analysen können nicht den kleinen Quecksilberfaden des Thermo- meters unwichtig machen, denn es ist unmöglich für den Amerikaner, Ventilation und Temperaturerhöhung voneinander zu trennen. Die in diesem Theater regelmäßig gehaltenen Temperaturen sind bei Anfang der Vorstellung 18^0 C und bei Beendigung 20^0 C. Nur zweimal soll es nach Angabe des Maschinisten vorgekommen sein, daß diese Temperaturen in der ersten Saison (1909 bis 1910) um 1^0 überschritten worden sind. Wenn die Lüftung von unten nach oben geht, lassen sich diese Temperaturen auch noch bei vollem Hause und vollem Betriebe einhalten, auch wenn die Außentemperatur $+17^0$ C ist. Während der Vorstellung gehen die Gebläse langsam, während der Pausen wird ihre Umdrehungszahl vergrößert, der Besetzung ent- sprechend.

Unter gewöhnlichen Umständen arbeitet die Ventilation von unten nach oben, nur an regnerischen Tagen soll es besser sein, sie von oben nach unten arbeiten zu lassen, weil hierbei das Gebläse ungefähr 30% mehr Luft fördert, und diese größere Luftmenge ist für Regen- tage zur Erzielung der besten Resultate wichtig. Die Umkehrung der Lüftung ist nur eine geringe Arbeit, und häufig arbeitet man wäh- rend der Vorstellung von unten nach oben und während der Pausen von oben nach unten. Der Maschinist behauptet z. B., daß bedeutend mehr Gefahr, Zugbelästigung zu verursachen, vorhanden ist, wenn die Luft in großen Mengen von oben kommt, als wenn sie in Hunderten von kleinen Luftströmen in die Höhe geht, um so mehr, wenn das Theater nicht gleichmäßig besetzt ist.

Die Luft wird über dem Dache entnommen und durch zwei große Schächte nach dem Keller geleitet. Hier befinden sich die Luftfilter, Vorwärmeschlangen und Gebläse mit den Elektromotoren. Diese stehen unter dem Parterre, aber der Betrieb ist in Anbetracht der geringen Umdrehungszahl der Gebläse absolut geräuschlos.

Das Zuluftgebläse für den Zuschauerraum usw. ist ein Zentrifugalventilator mit einem Flügelrade von 3,66 m Durchmesser und 2,14 m Breite und wird durch einen direkt mit ihm auf derselben Welle gekuppelten Elektromotor von 19 PS mit 45 bis 85 Umdrehungen pro Minute umgetrieben. Die Vorwärmeschlangen bestehen aus 3150 m 1¼zölligen Röhren, konstruiert wie in Fig. 64 bis 65 dargestellt ist. Die Konstruktion der Filter zur Reinigung der Zuluft von Staub und Ruß ist in Fig. 15 und 16 veranschaulicht; sie haben 465 qm Tuchfläche.

Das Abluftgebläse des Zuschauerraums ist auch ein Zentrifugalventilator mit einem Flügelrade von 3,35 m Durchmesser und 1,68 m Breite, der durch einen direkt mit ihm gekuppelten Elektromotor von 19 PS mit 55 bis 110 Umdrehungen pro Minute umgetrieben wird.

Die angenommene Leistung für das Zuluftgebläse bei der höchsten Umdrehungszahl war 115 000 cbm pro Stunde, für das Abluftgebläse 99 000 cbm pro Stunde.

Für das Bühnenhaus dient ein Zuluftzentrifugalgebläse von 2,7 m Flügelraddurchmesser, 1,35 m Breite, der durch einen direkt mit ihm gekuppelten Elektromotor von 13 PS mit 65 bis 125 Umdrehungen pro Minute umgetrieben wird. Zwei Blackman-Ventilatoren von 1,37 m Durchmesser, angetrieben durch direkt mit ihnen gekuppelte Elektromotoren von je 4 PS mit 160 bis 325 Umdrehungen pro Minute, sind für Ablüftung des Bühnenhauses vorgesehen.

Für die Abluftventilation der Bühnenvertiefung, der Aborte, der Rauchzimmer, Ankleidezimmer ohne Fenster, Vorratsräume und Zimmer der elektrischen Apparate sind zwei Blackman-Ventilatoren (1,37 m und 1,07 m Durchmesser) vorhanden, einer an jeder Seite des Gebäudes.

Die oben kurz beschriebenen Grundsätze, nach denen die Ventilationsanlagen dieses Theaters ausgearbeitet wurden, weichen sehr

weit von den Grundsätzen ab, die man auf den Versammlungen der
Heizungs- und Lüftungsfachmänner in Hamburg (1905) und in Wien
(1907) besprach[1]).

Zur weiteren Erläuterung der immerhin komplizierten Ausführung
der großartigen Anlage sei hier noch besonders auf die große Anzahl
der Pläne und Schnitte verwiesen (Fig. 51 bis 56).

Fig. 51 gibt den Kellerplan mit der Anordnung der Gebläse,
Motoren, Vorwärmeschlangen, Luftkammern, Luftfilter und die Lage

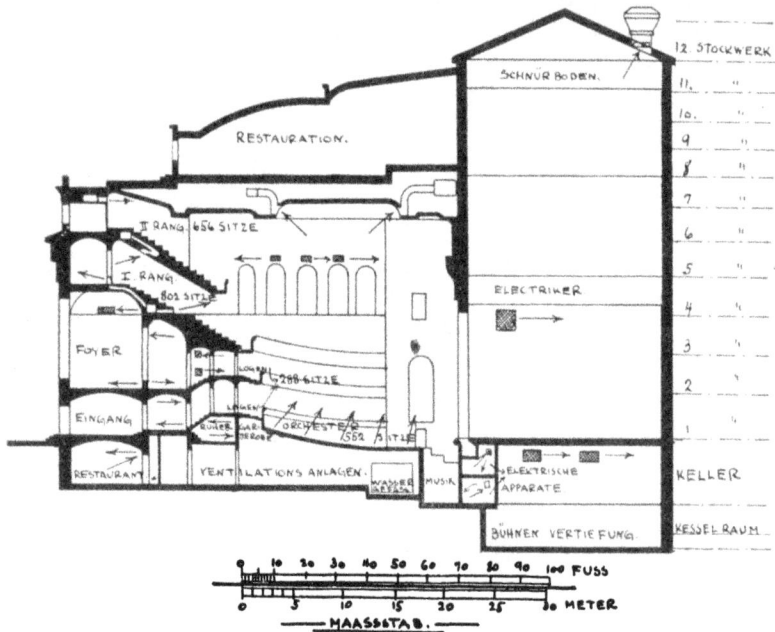

Fig. 55. Neues Theater in New York City. Schnitt durch das Gebäude. (Zeigt die Luftverteilung, wenn die Zuluft von oben nach unten geht.)

der Hauptzuluft- und -abluftkanäle.   An der rechten Seite ist das
Zuluftgebläse des Zuschauerraumes, an der linken Seite das des Bühnenhauses. Der Exhaustor des Zuschauerraumes ist in der Mitte und
hinter dem Exhaustor die oben schon besprochene Flügelklappe für
die Umkehrung der Ventilation des Zuschauerraumes. Um die Anordnung der großen Kanäle so klar wie möglich zu zeigen, habe ich

---

[1]) »Gesundheits-Ingenieur«, Jahrgang 1906, Nr. 3, Seite 33—42, und Nr. 4,
Seite 60—65, und Jahrgang 1907, Nr. 20 und 21, Seite 313—330 und 337—347,
sowie Nr. 36, Seite 586—589.

in dem Plane alle kleinen Zweigkanäle weggelassen, ebenso die Dampf-
und Kondenswasserleitungen. An der linken Seite ist noch der Platz
reserviert für die Gebläse der späteren Schul- und Ankleidezimmer-
ventilation und für das Zuluftgebläse und den Exhaustor für die
Räume der besonderen Kraftanlage, falls diese in Zukunft noch für
das Gebäude vorgesehen werden sollte. Fig. 52 gibt die Halbpläne
des Parterres und des Foyers mit den Foyerlogen, Fig. 53 die Halb-

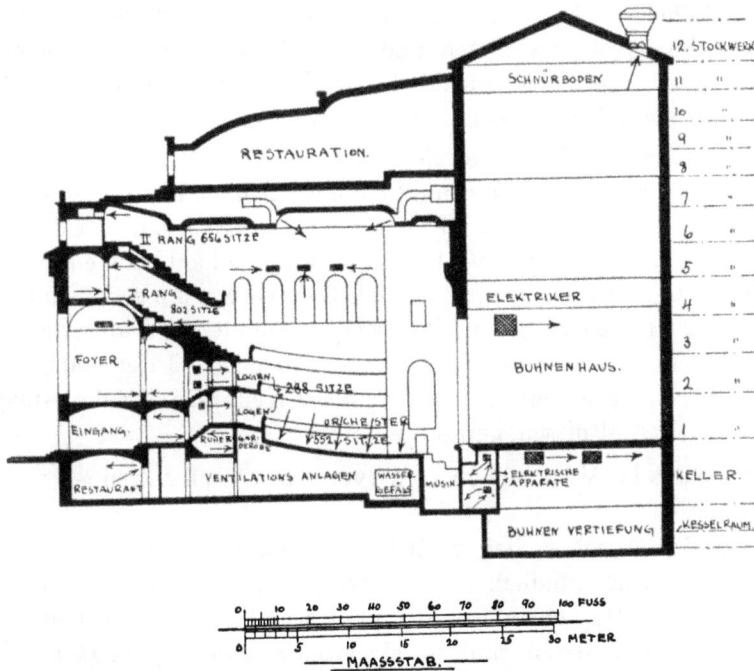

Fig. 56. Neues Theater in New York City. Schnitt durch das Gebäude. (Zeigt die Luftverteilung, wenn die Zuluft von unten nach oben geht.)

pläne des ersten und des zweiten Ranges und Fig. 54 die Halbpläne
der Zuluftkanäle über der Decke des Zuschauerraumes und des späteren Restaurants.

Die Anfertigung von Halbplänen statt der ganzen Pläne wurde
zwecks Platzersparung vorgezogen, da die Zuluft- und die Abluft-
öffnungen des Zuschauerraumes an beiden Seiten symmetrisch sind.
Nur in den Nebenräumen wie in den Rauch- und den Damenzimmern
ist die Anordnung der Klappen auf beiden Seiten etwas voneinander
verschieden.

Fig. 55 ist ein senkrechter Längsschnitt durch das Theater und zeigt die Ventilationsanlage in der Stellung, welche sie hat, wenn die Frischluft von oben nach unten durch den Zuschauerraum strömt. Dieser Schnitt entspricht den Plänen Fig. 51 bis 54, insofern die Zuluft- und die Abluftkanäle der Pläne und des Schnittes übereinstimmen. Fig. 56 ist eine Kopie des Schnittes Fig. 55, zeigt aber die Ventilationsanlage in der Stellung, bei welcher die Frischluft von unten nach oben durch den Zuschauerraum strömt. Vergleicht man die Schnitte Fig. 55 und 56, so findet man, daß nur die Lüftung des Parterres, des ersten und des zweiten Ranges umgekehrt werden kann. Die Möglichkeit, die Lüftung umzukehren, ist also bei weitem nicht für die ganze Anlage vorgesehen.

Die Anlage, die Kanalsysteme, Jalousieklappen usw. wurden unter der Annahme berechnet, daß die Frischluft von oben nach unten durch den Zuschauerraum strömt, und die Umkehrung der Ventilation wurde bei Berechnung nicht in Anbetracht gezogen. Wie schon erwähnt, wird aber die Anlage fast immer von unten nach oben betrieben. Interessant sind darum einige Anemometermessungen, die zeigen, wie sich die Anlage unter allen Verhältnissen bewährt:

I. **Normale Ventilation** (von oben nach unten — voller Betrieb):

Das Zuluftgebläse lieferte bei minutlich 85 Umdrehungen stündlich . . . . 126 000 cbm

Durch die Deckeneinlässe strömten stündlich . . 67 000 »

Durch alle anderen Einlässe strömten stündlich . 59 000 »

Das Abluftgebläse lieferte bei minutlich 110 Umdrehungen stündlich . . . . 100 000 »

Von den Stühlen im Parterre kamen stündlich . . 30 000 »

Von den anderen Einlässen kamen stündlich . . 70 000 »

II. **Umgekehrte Ventilation** (von unten nach oben — voller Betrieb):

Das Zuluftgebläse lieferte bei minutlich 85 Umdrehungen stündlich . . . . 100 000 cbm

Zu den Stühlen strömten stündlich . . . . . . 30 400 »

Zu den anderen Einlässen strömten stündlich . . 69 600 »

Das Abluftgebläse lieferte bei minutlich 110 Umdrehungen stündlich . . . . 105 000 »

Von der Decke kamen stündlich . . . . 51 500 cbm
Von den anderen Einlässen kamen stündlich . . 53 500 »

III. Umgekehrte Ventilation (von unten nach oben —
schwacher Betrieb):

Das Zuluftgebläse lieferte bei minutlich 70 Um-
    drehungen stündlich . . . . 76 500 cbm
Zu den Stühlen strömten stündlich . . . . . . 21 500 »
Zu den anderen Einlässen strömten stündlich . . 54 500 »
Das Abluftgebläse lieferte bei minutlich 70 Um-
    drehungen stündlich . . . . 74 000 »
Von der Decke kamen stündlich . . . . 39 600 »
Von den anderen Einlässen kamen stündlich . . 35 000 »

Diese Resultate zeigen immerhin noch gute Verhältnisse in der
Luftverteilung, obgleich ja das Zuluftgebläse bedeutend weniger
Frischluft durch die kleineren Abluftkanäle sendet und der Exhaustor
etwas mehr Luft durch die größeren Zuluftkanäle absaugt.

Das Bühnenhausgebläse liefert dann je nach seiner Umdrehungszahl von 46 000 bis 66 500 cbm Zuluft, und ungefähr 85% dieser
Luftmenge strömt in das Bühnenhaus und die übrigen 15% zu der
Restaurationshalle im Untergeschoß und zu den kleinen Nebenräumen.

Das Theater enthält, wenn voll besetzt, 2300 Personen. Die stündlich einströmende Luftmenge pro Person wird auch bei der niedrigsten
Umdrehungszahl der Gebläse sehr bedeutend sein und zwischen
30 und 54 cbm ausschließlich der Bühnenzuluft schwanken. Die Abluftventilatoren des Bühnenhauses, mit einer Kapazität von 56 000 cbm
pro Stunde, laufen nur selten, fast ausschließlich im Sommer. Die
Abluftventilatoren der Aborte und der Ankleidezimmer ohne Fenster
sind täglich 6 Stunden im Betrieb.

Die höchsten angenommenen und berechneten zuzuführenden
und abzuführenden Luftmengen, bezogen auf den lichten Inhalt, sind
für die wichtigsten Räume folgende:

Zuschauerraum . . . stündlich 4 fache Zuluft und 3 fache Abluft
Bühnenhaus . . . . .   »   2½ »   »   » 2 »   »
Rauchzimmer . . . .   »   5 »   »   » 6 »   »
Korridore und Gänge   »   6 »   »   » 4 »   »
Foyer . . . .   »   6 »   »   » 5 »   »
Ankleidezimmer . . .   »   —   6 »   »

Heizung.

Das Gebäude wird durchweg mit Radiatoren beheizt, nur in den Oberlichtern sind einige Heizrohrschlangen vorgesehen. Die gesamte Heizkörperoberfläche ist 1580 qm. In allen wichtigen Räumen und bei den Vorwärmeschlangen ist Temperaturregulierung eingerichtet; man wählte deshalb als Heizsystem das einfache geschlossene Zweirohrsystem mit selbsttätigen Entlüftern und kleinen Entlüftungsleitungen. Die Pläne zeigen die Größe, Lage und Disposition der Radiatoren. Dampf von ungefähr 3 Atm. Überdruck wird in zwei Kesseln (System Babcock & Wilcox) von je 237 qm Heizfläche und 5,5 qm Rostfläche erzeugt. Der Dampf wird auf $^1/_{10}$ Atm. reduziert, und vom Kesselraum aus führt eine 12 zöllige Dampfrohrleitung durch den Raum der Ventilationsanlagen hindurch an den Hauptkanälen entlang. Von der Hauptleitung zweigen sich die vertikalen Heizstränge und die großen Abzweigleitungen für die Vorwärmeschlangen ab. Alles Kondenswasser fließt durch vier 4 zöllige Hauptleitungen zu einem Kondenswasser-Sammelgefäß, das in der Nähe der Kessel steht, und wird durch kleine $7\frac{1}{2}'' \cdot 4'' \cdot 10''$ Duplex-Worthington-Pumpen automatisch in die Kessel zurückbefördert.

Als Brennmaterial dienen kleinstückige Anthrazitkohlen. Die Kessel sind mit Armaturen ausgerüstet, die auch für einen bedeutend höheren Druck genügen, damit sie auch später für die Kraftanlage des Gebäudes gebraucht werden können, falls diese in Zukunft eingerichtet werden sollte.

C a r r e r é & H a s t i n g s waren die Architekten für das Gebäude und G. A. S u t e r & C o. die ausführende Heizungsfirma.

IX. Die Heizungs-, Ventilations-, Luftbefeuchtungs- und Entfeuchtungsanlagen des neuen Flügels F des Metropolitan-Kunst-Museums in New York City.

Das berühmte »Metropolitan Museum of Art« in New York City, beiweitem das bestbekannte Museum in den Vereinigten Staaten von Amerika, hat im Winter 1909—1910 dem Publikum einen neuen Flügel übergeben, welcher speziell für außerordentlich wertvolle Sammlungen von Europa importierter alter Holzmalereien, Kunstschnitzereien usw. erbaut ist.

Dieser Flügel hat 28 200 cbm lichten Inhalt, während der übrige Hauptteil des Museums schon 400 000 cbm lichten Inhalt hat; trotzdem sind noch bedeutende Erweiterungsbauten für das Museum zu erwarten. Wenn auch das Hauptgebäude eine Anzahl beachtenswerter Ventilations- und Heizungsanlagen enthält, so ist doch der neue Flügel F in dieser Beziehung bei weitem der interessanteste. Es sei deshalb in dieser Beschreibung nur der neue Flügel berücksichtigt, und zur allgemeinen Erklärung der Bauart sei nur auf die Pläne des Kellergeschosses und des ersten Stockwerkes und den Querschnitt (Fig. 57, 58 u. 59) hingewiesen.

Das sog. Kellergeschoß liegt ebener Erde und enthält Aufnahmezimmer für Ausstellungsobjekte, Räume für Privatausstellungen und Vorratsräume, und der innere Teil ist für die Heizungs-, Ventilations- und Befeuchtungsanlagen verwendet.

In der Mitte des ersten Stockwerkes ist die große Zentralhalle, die auch durch den zweiten Stock hindurch und über diesen hinausreicht. An den Längsseiten der Halle sind Ausstellungsräume, an einer der kurzen Seiten die Eingänge vom Hauptgebäude und an der anderen Seite ein Anbau, der besonders für ein aus der Schweiz importiertes vollständiges aus dem Mittelalter stammendes Zimmer

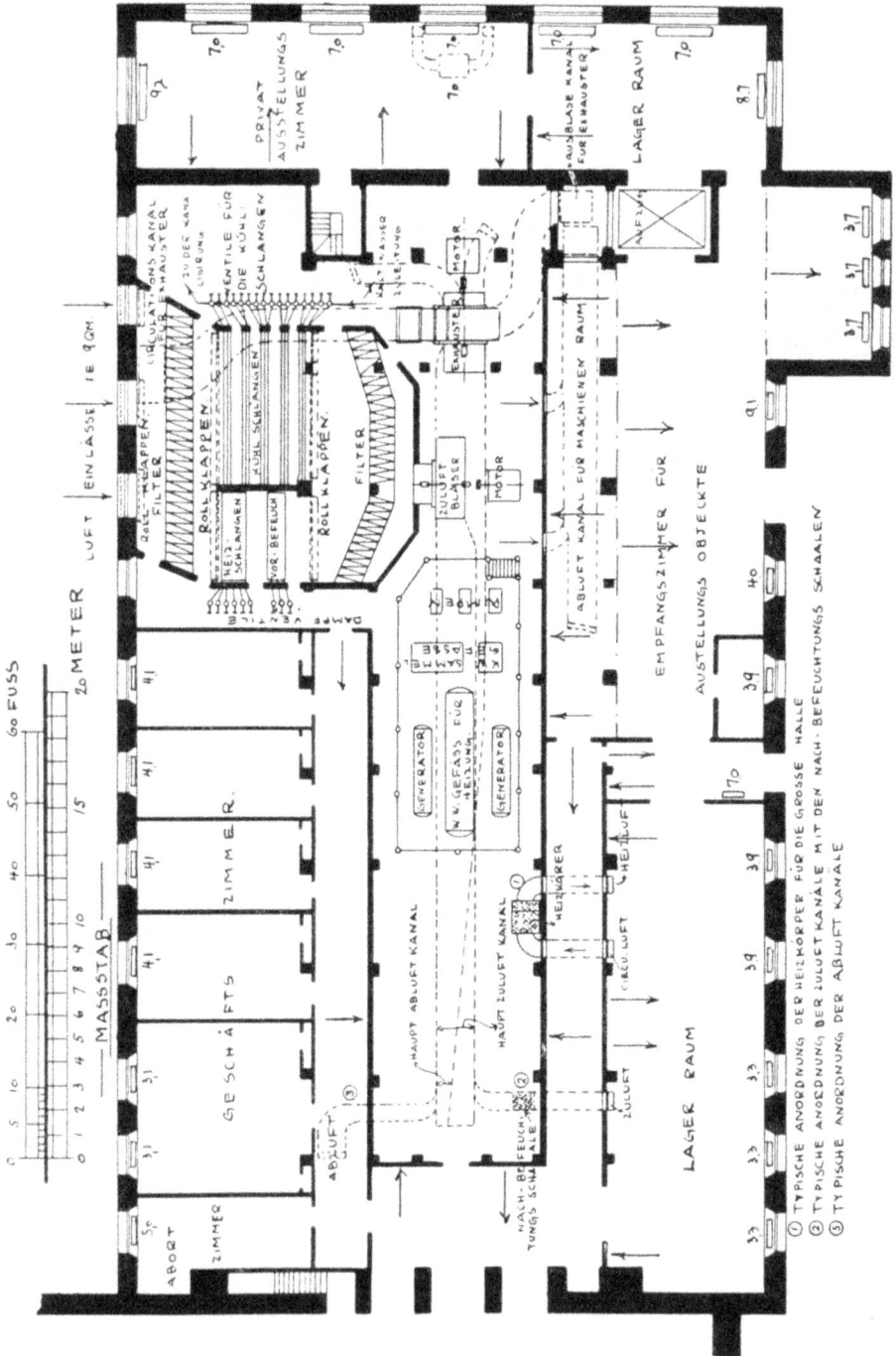

Fig. 57. Flügel F des Metropolitan-Kunst-Museums in New York City. Grundriß des Kellergeschosses.

konstruiert ist. Das zweite Stockwerk ist mit Ausnahme des Schweizer-
zimmers dem ersten Stockwerk (auch hinsichtlich der Ventilations-
und Beleuchtungsanlagen) genau gleich; deshalb ist sein Plan hier
weggelassen.

Das Museum hat seine eigene elektrische Licht- und Kraftanlage,
die kurz besprochen aus 10 Siederohrkesseln von je 150 qm Heizfläche und 9 Dampfdynamos von 600 KW Leistung besteht. Hoch-
druck- und Niederdruckdampf und Elektrizität steht daher Tag und
Nacht immer zur Verfügung.

Mit Holzmalereien, Kunstschnitzereien und Ölgemälden hat man
hier schon seit Jahren die Erfahrung gemacht, daß sie mit der Zeit
schnell an Güte abnahmen. In den Ölgemälden entstanden Blasen,
Holzarbeiten wurden rissig und die Kunstgegenstände, die sich in
Europa Jahrhunderte hindurch in schönstem Zustande erhalten
hatten, verdarben hier, so daß sie bald ihren Kunstwert verloren.
Die Architekten und die Direktion des Museums waren sich dessen
bewußt und es wurde dem projektierenden Ingenieur Herrn W o l f f
die Aufgabe gestellt, Luftverhältnisse zu schaffen, durch welche die
Kunstgegenstände in durchaus gutem Zustande erhalten bleiben.
Da die Sammlungen in diesem Gebäude besonders wertvoll sind —
sie sollen geradezu unersetzlich sein —, so wurde dem Herrn Wolff
der weiteste Spielraum gelassen, nicht nur in pekuniärer sondern auch
in baulicher Beziehung, damit er das Beste schaffe.

Hier in Amerika hatte man den atmosphärischen Verhältnissen
in Museen noch keine besondere Beachtung geschenkt. Erkundi-
gungen in Europa ergaben zwar, daß dort viele Museen auch mit
vollständigen Luftbefeuchtungsanlagen versehen sind, aber es waren
kaum genügende Daten vorhanden, nach denen man hier solche
Anlagen ausarbeiten konnte. Gute Grundlagen zu Vergleichen fand
man aber merkwürdigerweise in unseren großen Möbelfabriken. Hier
hält man es für nötig, in allen Räumen, in denen Möbel fabriziert
werden, das ganze Jahr hindurch dieselbe relative Luftfeuchtigkeit
zu haben, da andernfalls die verschiedenen Stücke sich nicht leicht
zusammenfügen lassen. Man hat die Erfahrung gemacht, daß Holz
bis zu gewissem Grade nicht durch Temperaturveränderungen beeinflußt wird, auch dann nicht, wenn die Temperaturen zwischen 15^0
und 30^0 C schwanken, daß aber eine Änderung um 30% bis 50%
der relativen Luftfeuchtigkeit, wie sie in Räumen ohne künstliche
Befeuchtung leicht vorkommen kann, das Holz sehr beeinflußt. Wenn
Möbelteile in verschiedenen Räumen nach Schablonen zugeschnitten

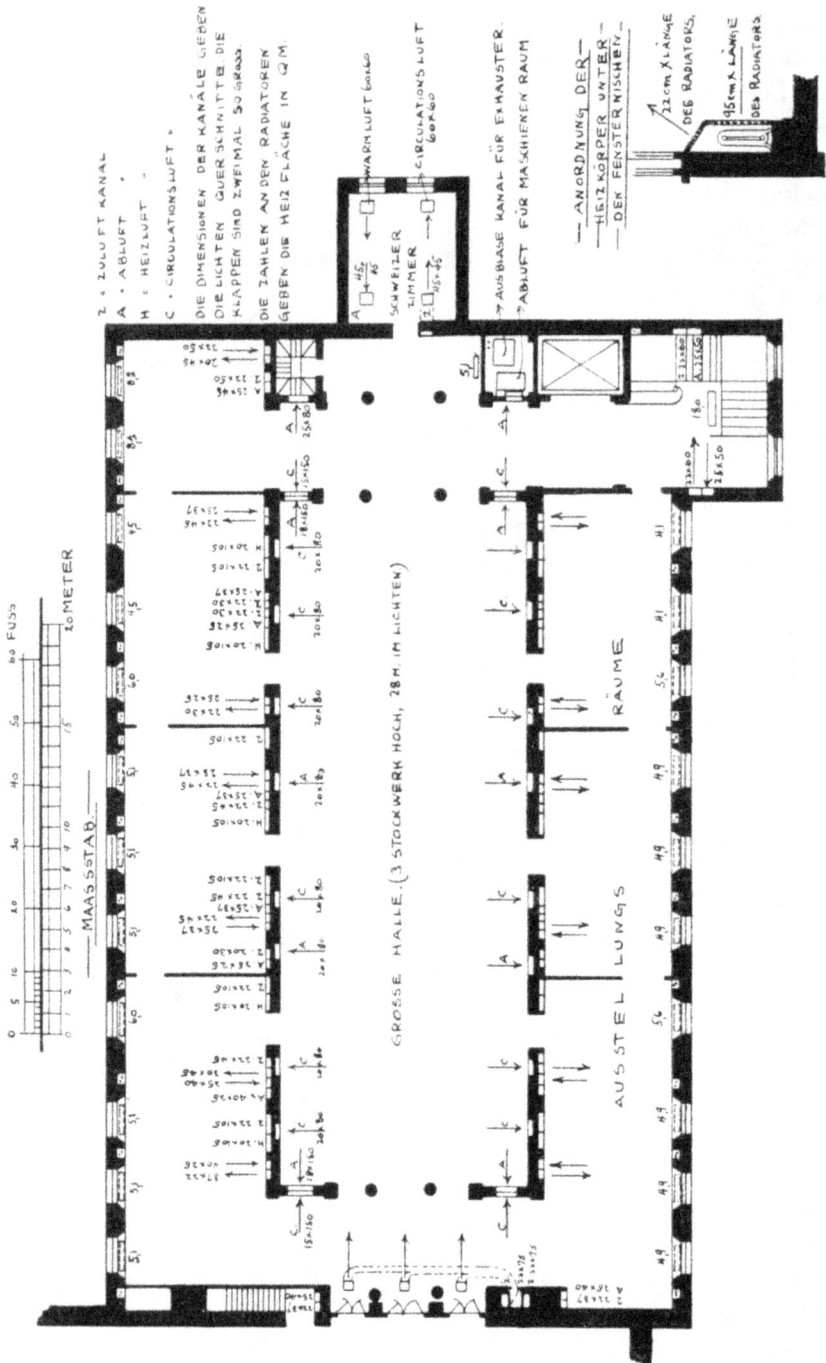

Fig. 58. Flügel F des Metropolitan-Kunst-Museums in New York City. Grundriß des I. Stockwerks.

werden, so werden sich beim Zusammenfügen auch Änderungen der
Maße um nur 1 mm schon sehr unangenehm bemerkbar machen.
Viele Möbelfabriken halten daher in allen Arbeitsräumen und in den
Lager- und Trockenräumen stets dieselbe relative Luftfeuchtigkeit.

Aus diesen Gründen wurde auch bei der Projektierung der Anlage
für das Museum besonders Wert darauf gelegt, die relative Feuchtigkeit das ganze Jahr hindurch möglichst gleichmäßig zu haben.

Die Anlagen, die man hier für das sehr veränderliche, bald feuchte,
bald trockene, bald warme und feuchte, bald kalte, bald windige,
bald windstille Klima in New York für nötig hielt, sind sehr umfang-
reich und für alle Möglichkeiten berechnet; in der Tat betrachtete
man das ganze Gebäude gewissermaßen als eine Versuchsanstalt, allerdings im großen Maßstabe, um für alle Zeiten Normen für die besten
atmosphärischen Zustände für Kunstsammlungsräume zu finden.
Einige Beobachtungen im New Yorker Wetterbureau zeigten, daß
hier im Freien die vorgekommene feuchteste Luft 28½mal soviel
Wasser enthielt wie die vorgekommene trockenste Luft.

Erschwert wurde die Anlage durch die Bedingung, eine gute Lüftung in Verbindung mit einem gleichmäßigen Feuchtigkeitsgrad zu
haben. Gute Lüftungsanlagen sind in unseren Museen durchaus nötig,
denn namentlich Sonntags versammeln sich häufig große Menschen-
mengen in den Sälen. Der zahlreichste Besuch des Museums an einem Tage
war z. B. 14000 Personen, und in diesem Flügel F ist die durchschnittliche Frequenz am Sonntag während der 6 Besuchsstunden ungefähr
600 Personen. Besonders nötig ist eine gute künstliche Lüftung noch
wegen der vorhandenen Doppelfenster, welche so dicht wie möglich
gemacht worden sind, um eine natürliche Lüftung und damit eine
Austrocknung des Gebäudes und seines Inhaltes während der übrigen
18 Tages- und Nachtstunden möglichst zu vermeiden. Die Fenster
werden in diesem Flügel nie geöffnet, ausgenommen, wenn sie geputzt
werden sollen. Die sonach unerläßliche gute Lüftungsanlage war
deshalb auch im Bauprogramm gefordert.

Bei der Projektierung der Anlage war man sich vollkommen
darüber im klaren, daß man die jeweils erforderliche Befeuchtung
oder Entfeuchtung des Gebäudes am leichtesten und sichersten unter
Kontrolle hat, wenn die Lüftung dabei auf ein Minimum beschränkt
wird. Am leichtesten hätte man das durch örtliche Befeuchtung erzielen können, aber das Aufstellen von Wasserschalen in den Zimmern
wurde nicht gestattet. Die Befeuchtung und etwa nötige Entfeuchtung
mußte daher mit Hilfe von feuchter oder relativ trockener Luft ge-

schehen; um aber in der Zeit, in welcher keine Ventilation nötig ist, ein beständiges großes Zusetzen von Wasser zu vermeiden, richtete man die Anlage für Zirkulation ein, d. h. die Luft kann durch den Exhaustor aus den Zimmern abgesaugt und, nachdem sie je nach Bedarf befeuchtet oder entfeuchtet, durch die Luftkammer und Zuluftkanäle wieder in die Zimmer zurückgeblasen werden. Das ließ

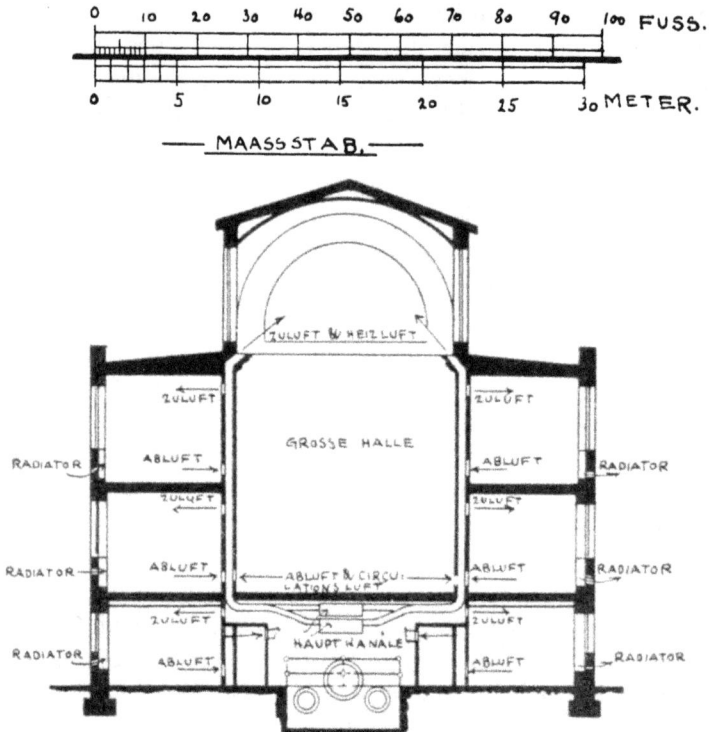

Fig. 59. Flügel F des Metropolitan-Kunst-Museums in New York City.
Querschnitt durch das Gebäude.

sich in recht einfacher Weise erzielen, da vollständige Zuluft- und Abluftkanalsysteme vorhanden sind und die Zuluft- und Abluftgebläse im Kellergeschoß dicht nebeneinander liegen.

In Anbetracht der geschlossenen Fenster, und um im Sommer bei sehr feuchtem Wetter die Luft auch entfeuchten zu können, damit die relative Feuchtigkeit das ganze Jahr hindurch möglichst gleichmäßig bleibt, kann die Frischluft oder Zirkulationsluft auch noch durch Wasserrohrschlangen bis unter ihren Taupunkt gekühlt werden.

Die Befeuchtung der Luft geschieht durch zentrale Vorbefeuchtung und lokale Nachbefeuchtung. In der Luftkammer sind drei große mit Hochdruckdampf beheizte Wasserschalen zur Vorbefeuchtung, und für jedes Zimmer sind in den Zuluftkanalverbindungen, zwischen Hauptkanal und dem zu dem Zimmer führenden vertikalen Kanal kleine, mit Warmwasser-Heizschlangen beheizte Wasserbecken aufgestellt.

Das Hauptgebäude des Museums ist durchweg mit Niederdruckdampf beheizt, aber für diesen Flügel F ist eine Abdampf-Warmwasserheizung vorgesehen, da man mit dieser über Nacht auch dann noch eine gleichmäßigere Temperatur im Gebäude erhält, wenn der Nachtbetrieb, so wie es z. B. im Hauptgebäude der Fall ist, schwächer sein sollte als der Tagesbetrieb.

Diesem Flügel wird der nötige Abdampf für die Warmwasserapparate der Heizungsanlage und für die Luftvorwärmeschlangen von der Kraftzentrale her durch eine 12zöllige Leitung und der nötige Hochdruckdampf für die Vorbefeuchtung und die kleinen Kondenswasserpumpen durch eine 4zöllige Leitung zugeführt.

Alle Frischluft wird im Winter zuerst vorgefiltert, dann vorgewärmt, dann vorbefeuchtet, dann nachgefiltert und geht schließlich durch das Zuluftgebläse und die Kanäle in die Zimmer, nachdem sie, wenn nötig, durch die Wasserbecken am Fuße eines jeden vertikalen Kanales noch nachbefeuchtet ist. Die Dampfheizschlangen in den Vorbefeuchtungsschalen werden automatisch durch einen Humidostaten vom Hauptzuluftkanal aus und die Warmwasserheizschlangen in den Nachbefeuchtungsschalen automatisch durch Humidostaten, welche in den Zimmern angebracht sind, reguliert. Im Sommer wird die frische Luft, wie schon erwähnt, anstatt durch die Vorwärmeschlangen zwischen Wasserrohrschlangen hindurch geführt, an denen sie bis unter ihren Taupunkt abgekühlt, also entfeuchtet wird. Um je nach Bedarf die Vorwärmeschlangen oder die Kühlschlangen ganz aus dem Wege der Luft ausschalten zu können, hat man große Rollklappen angebracht. Ein Zentrifugalexhaustor fördert die aus den Zimmern abgesaugte Luft je nach der Stellung anderer Klappen entweder ins Freie oder zurück in die Luftkammer.

Wo immer möglich, wurde automatische Regulierung vorgesehen, da man dadurch in einer derartigen Anlage bedeutend leichter gute Durchschnitts-Betriebsergebnisse erhält, als wenn z. B. Tages- und Nachtbedienung von Hand vorgesehen wäre. Ein Maschinist übersieht z. B. die Anlage täglich in weniger als 2 Stunden, und trotzdem wird die Temperatur im ganzen Gebäude durchaus gleichmäßig im Winter auf 64⁰ F = 17,7⁰ C und der Feuchtigkeitsgehalt der Luft auf 60 bis 65% gehalten. Thermometer und Hygrometer sind in jedem Saale und werden regelmäßig abgelesen. Im Sommer ist die Temperatur in den Sälen zwar höher als im Winter, aber der Feuchtigkeitsgehalt ist auch dann nur ungefähr 60%.

Die Details der ganzen Anlage sind sehr sorgfältig und gut ausgeführt, so sind z. B. die Wände der Luftkammer mit weiß glasierten Kacheln verkleidet. Weder in der Luftkammer noch in irgendeinem Luftkanale sind Röhren anderer Einrichtungen untergebracht; alle Ventile sind außerhalb der Kammer angeordnet und sind von außen zugänglich und zu handhaben.

Die Warmwasserheizung ist in gewöhnlicher Weise mit Verteilung von unten her ausgeführt. Die Zuleitungen laufen an jeder Seite des Hauptluftkanales, die Hauptrücklaufleitungen in Fußbodenkanälen an den Außenwänden entlang. Die Beheizung der großen Halle mit den großen halbkreisförmigen Oberlichtfenstern von 7,2 m Breite und 5,5 m Scheitelhöhe ist insofern erwähnenswert, als sie durch Heizflächen erfolgt, die im Kellergeschoß liegen. Diese Heizflächen sind mit Eisenblech ummantelt, wie in Fig. 42 bis 44 dargestellt ist, und entnehmen die Luft nahe dem Fußboden der Halle. Heizkanäle führen die erwärmte Luft unter die Oberlichtfenster. Die Heizflächen sind in ein Drittel und zwei Drittel eingeteilt. Das eine Drittel ist immer angestellt, wenn die Außentemperatur unter + 6⁰ C ist; die übrigen zwei Drittel der Heizflächen werden durch Thermostaten von der Halle aus reguliert. Man hat diese Anordnung der indirekten Heizung getroffen, da Heizflächen unter den Fenstern nicht zugänglich wären und man keine Heizkörper oberhalb der kostbaren, in der großen Halle aufgehängten Ausstellungsgegenstände haben wollte.

Einige der wichtigeren Teile der Anlage seien hier noch kurz beschrieben:

Dampf-Warmwasserapparate für die Heizanlage.

Zur Heizung des Gebäudes genügt einer dieser Apparate, der andere ist nur zur Reserve vorgesehen. Die Apparate sind ebenso konstruiert wie gewöhnliche Speisewasservorwärmer, nur sind die Anschlußstutzen so groß, wie es zum Anschluß der 9 zölligen Warmwasserleitungen erforderlich ist. Das Wasser fließt durch 126 gerade Messingröhren von 1¼″ äußerem Durchmesser. Diese Röhren sind mittels Dichtmaschine in die gußeisernen Sammelstücke eingerollt und sind von einem gußeisernen Zylinder umgeben, in welchem sich der Niederdruckdampf befindet. Von den Apparaten aus strömt das Wasser zu dem großen Sammelgefäß von 1,2 m Durchmesser und 6,2 m Länge und von hier aus in die Verteilungsleitungen. Die jeweils gewünschte Temperatur des Heizwassers, welche in dieser Anlage nicht nur von der Außentemperatur sondern auch von der Trockenheit der Luft abhängt, wird vom Sammelgefässe her durch automatisches Öffnen und Schließen der Dampfventile an den Generatoren erzielt. Zur Beheizung des Gebäudes sind 485 qm Radiatorenheizfläche und 300 qm Rippenheizfläche angebracht, deren Wärmeabgabe durchweg automatisch nach dem Johnson-System reguliert wird.

Vorbefeuchtungsschalen.

Diese befinden sich in der Luftkammer zwischen den Vorwärmeschlangen und den Nachfiltern. Sie sind in Fig. 60 im Querschnitt gezeichnet und bestehen aus starkem Kupferblech. Jede Schale enthält 4,2 qm Messingrohr-Heizfläche. Jede der drei Schalen ist mit Dampf- und Wasserventilen versehen, damit Dampf und Wasser ganz abgestellt werden können. Ein besonderes Reduzierventil dient dazu, den Dampfdruck in den Messingröhren nach Belieben zwischen 0,25 und 2,5 Atm. Überdruck zu halten. Der Dampfdruck wird je nach der Trockenheit der Außenluft verändert und so eine generelle Regulierung erzielt. Die Heizflächen und die Oberfläche des Wassers sind so berechnet, daß 75% der Befeuchtung in den Vorbefeuchtungsschalen geleistet werden können.

Nachbefeuchtungsschalen.

Die am Fuße eines jeden Zuluftkanales angeordneten Nachbefeuchtungsschalen sind in den Fig. 66 u. 67 dargestellt. Die Wasserbecken stehen alle in gleicher Höhe und der Wasserspiegel wird in allen Becken automatisch durch ein Schwimmerventil gehalten. Die Entleerungsleitungen aller Becken sind zu einer 2½zölligen Hauptentleerungsleitung zusammengeführt, welche mit einem Hauptventil versehen ist und in die Kanalisation führt. Durch das Öffnen des einen Ventiles können daher alle Becken zwecks Reinigung entleert werden, denn die Einzelventile an den Becken können immer offen gehalten werden. Das Wasser wird durch die Warmwasserheizschlangen

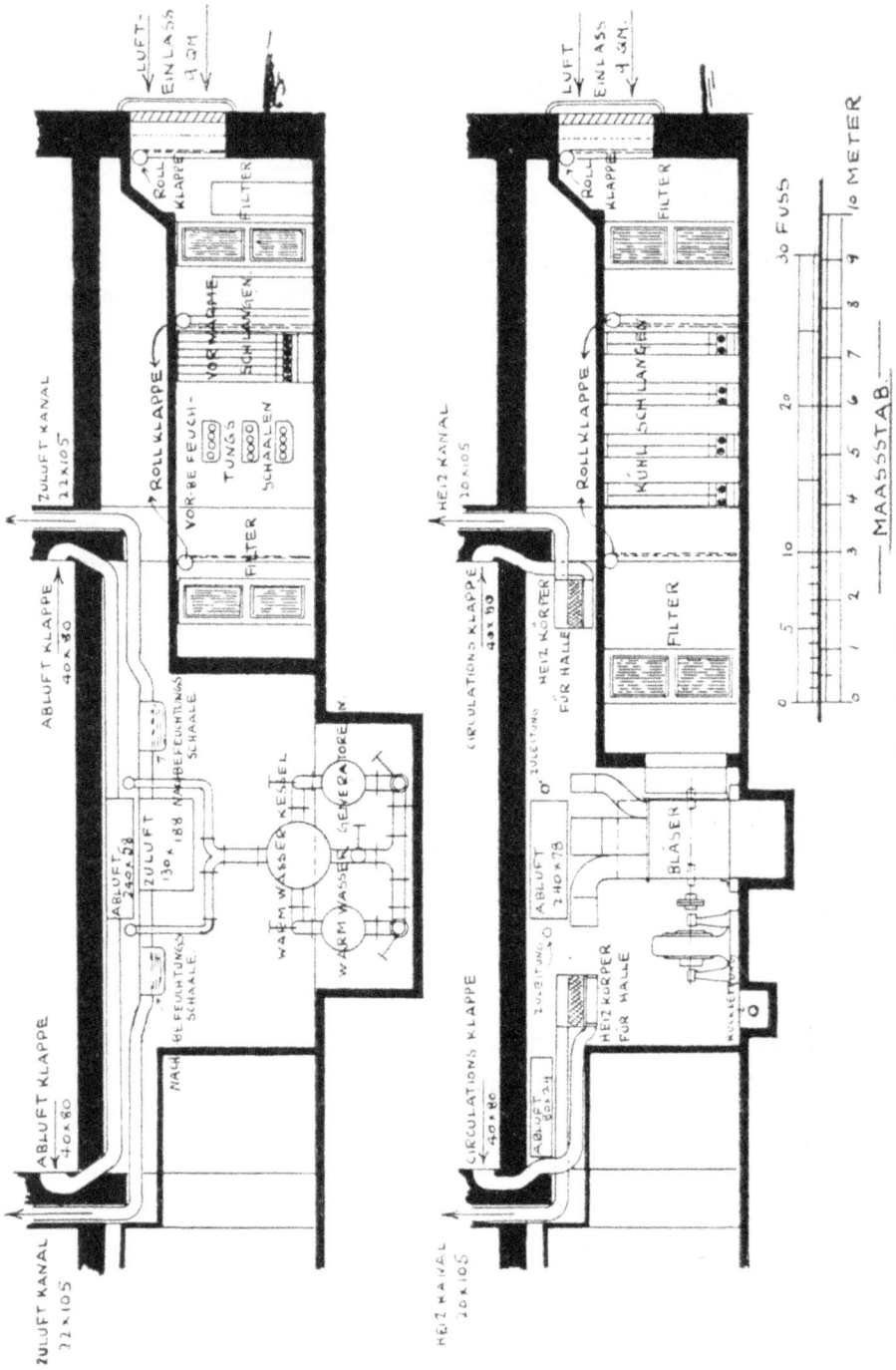

Fig. 60 und 61.

Flügel F des Metropolitan-Kunst-Museums in New York City.   Schnitte durch die Vorwärme- und Kühlschlangen, Filter, Vorbefeuchtungsschalen usw.

erwärmt. Man kann deutlich den Wrasen von der Wasseroberfläche aufsteigen sehen.

Die Wasseroberfläche und die Warmwasserheizschlangen sind so bemessen, daß sie 25% der Befeuchtung leisten können. Die Schalen und die Zuluftkanäle von den Schalen zu den Klappen sind aus Kupferblech angefertigt; alle Nähte sind gelötet.

Vorwärmeschlangen.

Die Vorwärmeschlangen sind in die Luftkammern eingebaut und ihre Konstruktion ist in den Fig. 64 u. 65 veranschaulicht. Die Sammelstücke sind aus Gußeisen, die Röhren aus Schmiedeeisen. Die vertikalen Sammelstücke stehen auf schmiedeeisernem Sockel, das horizontale Sammelstück auf Kugellagern, damit die Röhren sich ungehindert ausdehnen können. Die Schlangen werden automatisch reguliert.

Kühlschlangen.

Die Konstruktion der Kühlschlangen ist aus den Fig. 62 u. 63 zu ersehen, ihre Anordnung aus Fig. 57 und diejenige der Wasserleitungen aus Fig. 69. Das Gegenstromprinzip ist bei diesen Kühlschlangen wohl in der bestmöglichen Weise berücksichtigt worden. Das kalte Wasser strömt erst durch die Sektion I, wo die kälteste Luft ist, wird durch die Rohranschlüsse zum Sammelstück zurückgeleitet, geht dann durch die Sektion II, kommt wieder zum Sammelstück, durchstreicht alle übrigen Sektionen in derselben Weise und fließt dann in die Kanalisation. Man beachte besonders die Ventilanordnung. Alle Ventile in dem horizontalen Rohre zwischen den Kreuzstücken sind geschlossen, und das Kühlwasser ist gezwungen, eine Sektion nach der anderen zu durchströmen. Sollte eine Sektion reparaturbedürftig sein, so öffnet man das entsprechende Ventil in der horizontalen Reihe und schließt die Ventile in den Zu- und Rückleitungen, so daß das Wasser die Sektion umgeht.

Da jede Sektion aus vier 1zölligen Röhren besteht, so muß die Luft im Zickzackwege über $8 \cdot 4 = 32$ gegeneinander versetzt angeordnete 1zöllige Röhren hinwegstreichen. Zwischen den Sektionen sind Türen, die eine Besichtigung und Reinigung der Röhren ermöglichen. Die Kühlschlangen enthalten über 6000 lfd. m 1zöllige galvanisierte Röhren. Die Sammelstücke sind auch galvanisiert.

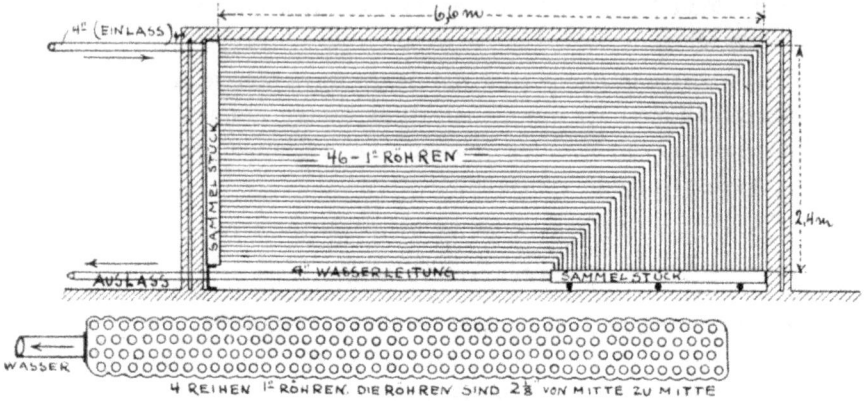

Fig. 62. Aufriß der Kühlschlangen.
Fig. 63. Sammelstück der Kühlschlangen (im größeren Maßstabe).

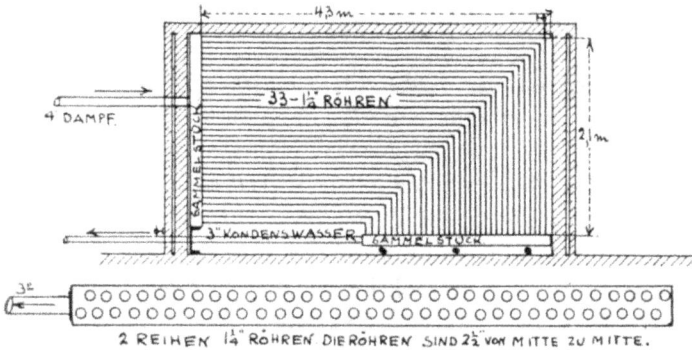

Fig. 64. Aufriß der Kühlschlangen.
Fig. 65. Sammelstück der Vorwärmeschlangen (im größeren Maßstabe).

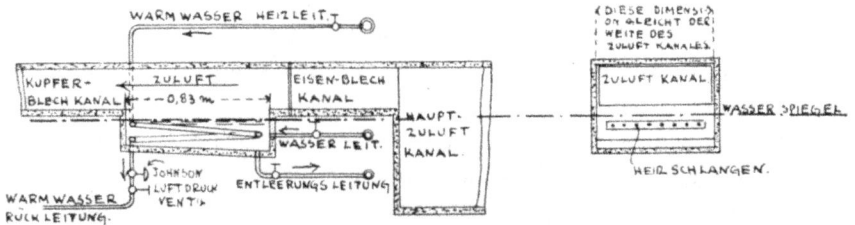

Fig. 66 und 67. Längsschnitt und Querschnitt der Nachbefeuchtungsschalen.

Zuluftgebläse und Exhaustor.

Gewöhnliche Sturtevant - Zentrifugalventilatoren, wie in den Fig. 68 u. 69 dargestellt, sind angewandt. Das Zuluftgebläse hat ein Flügelrad von 3,05 m Durchmesser und 1,52 m Breite und wird durch einen Elektromotor von 28 PS angetrieben. Der Exhaustor hat ein Flügelrad von 2,44 m Durchmesser und 1,22 m Breite und wird durch einen Elektromotor von 14 PS angetrieben. Er hat zwei Auslässe, einen zum Ausblasen ins Freie, wenn Ventilation verlangt wird, den anderen zum Zurückführen der Luft in die Luftkammer, wenn sie durch das Gebäude zirkulieren soll.

Einige Betriebsergebnisse und Untersuchungen.

Über die Betriebsergebnisse kann zwar wegen des kurzen zweijährigen Gebrauches noch nicht endgültig und erschöpfend berichtet werden, denn nur jahrelange Beobachtungen werden zeigen, inwieweit die Anlagen das Geforderte leisten werden. Die Anlage wird aber, soweit es sich bisher beurteilen läßt, als eine durchaus erfolgreiche betrachtet.

Mit Rücksicht auf die verschiedenen Kombinationen, welche sich mit diesen Gebläseanordnungen erzielen lassen, seien hier noch etliche genaue Anemometerablesungen mitgeteilt, da sie einen beachtenswerten Überblick darüber geben, wie die Luftmengen bei den verschiedenen Kombinationen schwanken.

1. Zuluftgebläse und Exhaustor zusammen, bei den größten Umdrehungszahlen, Zuluft von außen und durch die Heizschlangen angesaugt, Exhaustor treibt die Abluft über Dach. Zuluftgebläse lieferte stündlich 108 000 cbm, Exhaustor stündlich 103 000 cbm.

2. Zuluftgebläse allein, bei der größten Umdrehungszahl, Zuluft von außen und durch die Heizschlangen angesaugt, Abluft entweicht durch die Abluftkanäle und den Exhaustor über Dach, Exhaustor steht still. Zuluftgebläse lieferte stündlich 103 000 cbm.

3. Exhaustor allein, bei der größten Umdrehungszahl, Zuluft von außen und durch die Heizschlangen angesaugt, Zuluftgebläse steht still. Im Zuluftgebläse Einlaß nur stündlich 20 000 cbm; die andere Luft muß vom Hauptgebäude her und durch undichte Fenster hereingekommen sein.

4. Zuluftgebläse und Exhaustor zusammen, bei der größten Umdrehungszahl, Luft zirkuliert durch die Kühlschlangen, d. h. der Exhaustor treibt die Abluft zurück in die Luftkammer und daher keine Ventilation. Im Zuluftgebläse Einlaß stündlich 103 000 cbm.

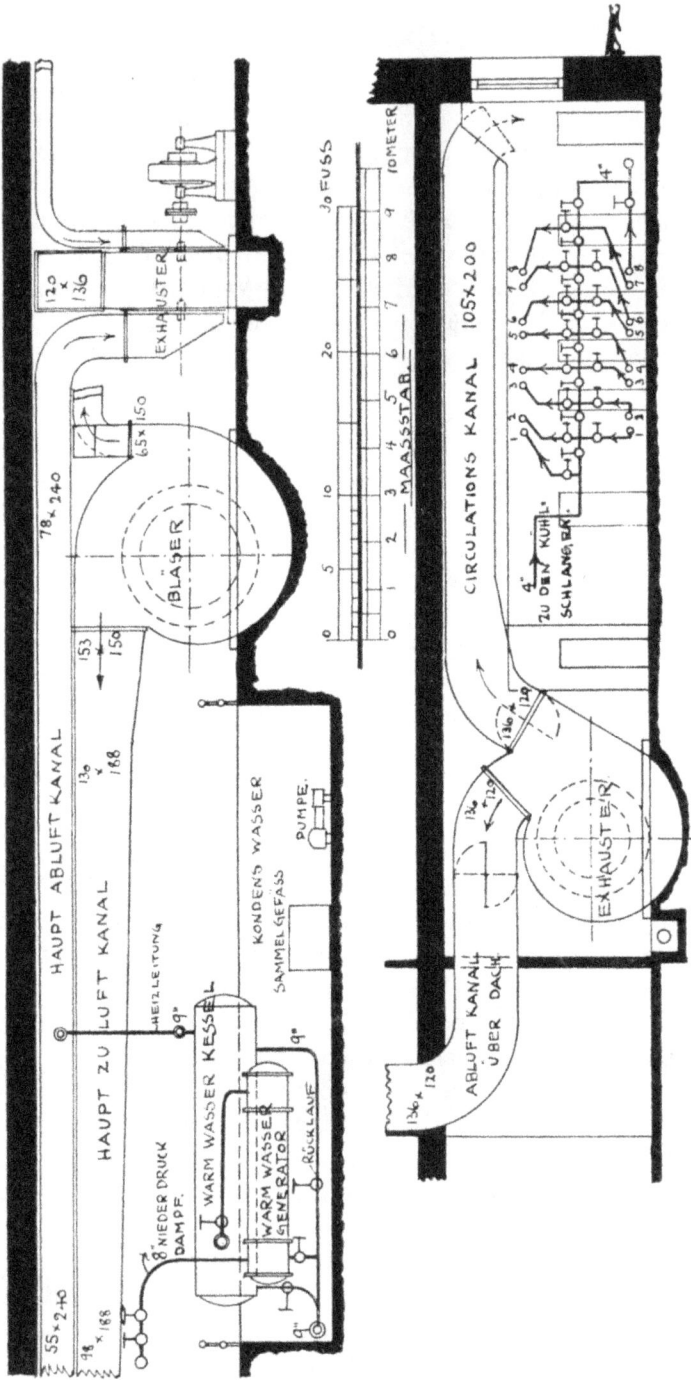

Fig. 68 und 69.

Flügel F des Metropolitan-Kunst-Museums in New York City.   Aufrisse der Bläser, Warmwasserkessel, Ventilanordnung der Kühlschlangen usw.

5. Zuluftgebläse allein, bei der größten Umdrehungszahl, Exhaustor steht still, Luft zirkuliert durch die Kühlschlangen, d. h. sie wird vom Gebäude her durch die Abluftkanäle und Exhaustor zurückgesaugt. Im Zuluftgebläse Einlaß stündlich 85 000 cbm.

6. Exhaustor allein, bei der größten Umdrehungszahl, Exhaustor treibt die Luft in die Luftkammer und die Luft geht durch die Zuluftkanäle wieder in das Gebäude. Luftkammer unter Druck. Im Zuluftgebläse Einlaß stündlich 52 000 cbm.

Die Gebläse laufen täglich von 7 Uhr morgens bis 5 Uhr nachmittags. Die Besuchsstunden sind von 10 Uhr vormittags bis 4 Uhr nachmittags. Die Luft wird nur an besonders feuchten oder besonders trockenen Tagen in Zirkulation gebracht, denn es wird gesagt, daß auch der Laie es sofort an der Beschaffenheit der Luft in den Sälen merke, wenn nicht mit Frischluftzuführung gearbeitet wird, sondern die Luft nur zirkuliert. Man gibt daher dem Frischluftbetriebe den Vorzug, wenn er auch bedeutend teurer ist.

Die Kühlschlangen werden vorläufig mit Leitungswasser gespeist, dessen Temperatur aber sehr von den Jahreszeiten abhängt und zwischen 2^0 und $22\frac{1}{2}^0$ schwankt. Brunnenwasser mit einer Temperatur von 12^0 bis 13^0 gibt es zwar auch in New York, ist aber sehr schwer zu finden. In Anbetracht der Verwendung des Leitungswassers ist der Wert der Kühlschlangen vorläufig kaum zu beurteilen; der beobachtete beste Kühleffekt bei der größten Umdrehungszahl des Gebläses war wie folgt: Außenluft $+ 27,8^0$ C, Temperatur der gekühlten Luft $+ 21,4^0$ C, Leitungswassertemperatur $+ 17,8^0$ C.

Zum Schluß sei noch erwähnt, daß der Kellerplan nicht das Gewirr aller in Wirklichkeit vorhandenen kleinen Kanäle enthält, sondern nur die Hauptteile der Anlage. Im übrigen geben die vielen Schnitte und Details einen genügenden Überblick über die Anlage.

M c K i m , M e a d & W h i t e waren die Architekten für das Gebäude und B l a k e & W i l l i a m s die ausführende Heizungsfirma.

X. Die Heizungs- und Ventilationsanlagen des Gebäudes für die Staatsbibliothek und für den höchsten Gerichtshof des Staates Connecticut in Hartford (Conn.)

Die Heizungs- und Ventilationsanlagen dieses Gebäudes gehören zu den letzten, unter der Direktion des Herrn Wolff ausgearbeiteten Projekten und stellen technisch und hygienisch recht vollkommene Anlagen dar; zu gleicher Zeit illustrieren sie, wie Behörden auch mit solchen Anlagen hier vorangehen.

Das Gebäude dient im besonderen drei Zwecken: 1. als Staatsbibliothek des Staates Connecticut, 2. als Gedächtnishalle für berühmte Staatsmänner des Staates Connecticut und 3. als Sitz des höchsten Tribunals des·Staates Connecticut.

In der Mitte des Gebäudes (s. Fig. 70) ist die große Eingangshalle, der linke Flügel enthält das große Lesezimmer, den Bücherraum usw., der rechte Flügel einen großen Gerichtssaal, Zimmer der Richter, Anwälte usw. und der hintere Flügel die mit Gemälden gefüllte Gedächtnishalle. Das Untergeschoß dient für die Räume der Bedienung, Pack- und Vorratsräume u. dgl. Der kleine Keller (s. Fig. 71) enthält die Maschinenanlagen, und für die Unterbringung der Verteilungsleitungen der Heizung und der Blechkanäle für die Ventilation sind Tunnels von niedriger Höhe an den Innen- und Außenwänden vorgesehen. Der lichte Inhalt des Gebäudes ist ungefähr 42 000 cbm.

Heizung.

Das Gebäude hat eine Vakuumdampfheizung, welche auch in diesem Falle durchweg nach dem Johnson-System automatisch reguliert wird. Die Dampfkesselanlage, untergebracht in einem ca. 50 m vom Hauptgebäude entfernten alten Gebäude, besteht aus drei Siederohrkesseln von 1,52 m Durchmesser und 4,85 m Länge, mit je 64 3½zölligen Röhren. Diese Kessel arbeiten mit 2,5 Atm. Überdruck,

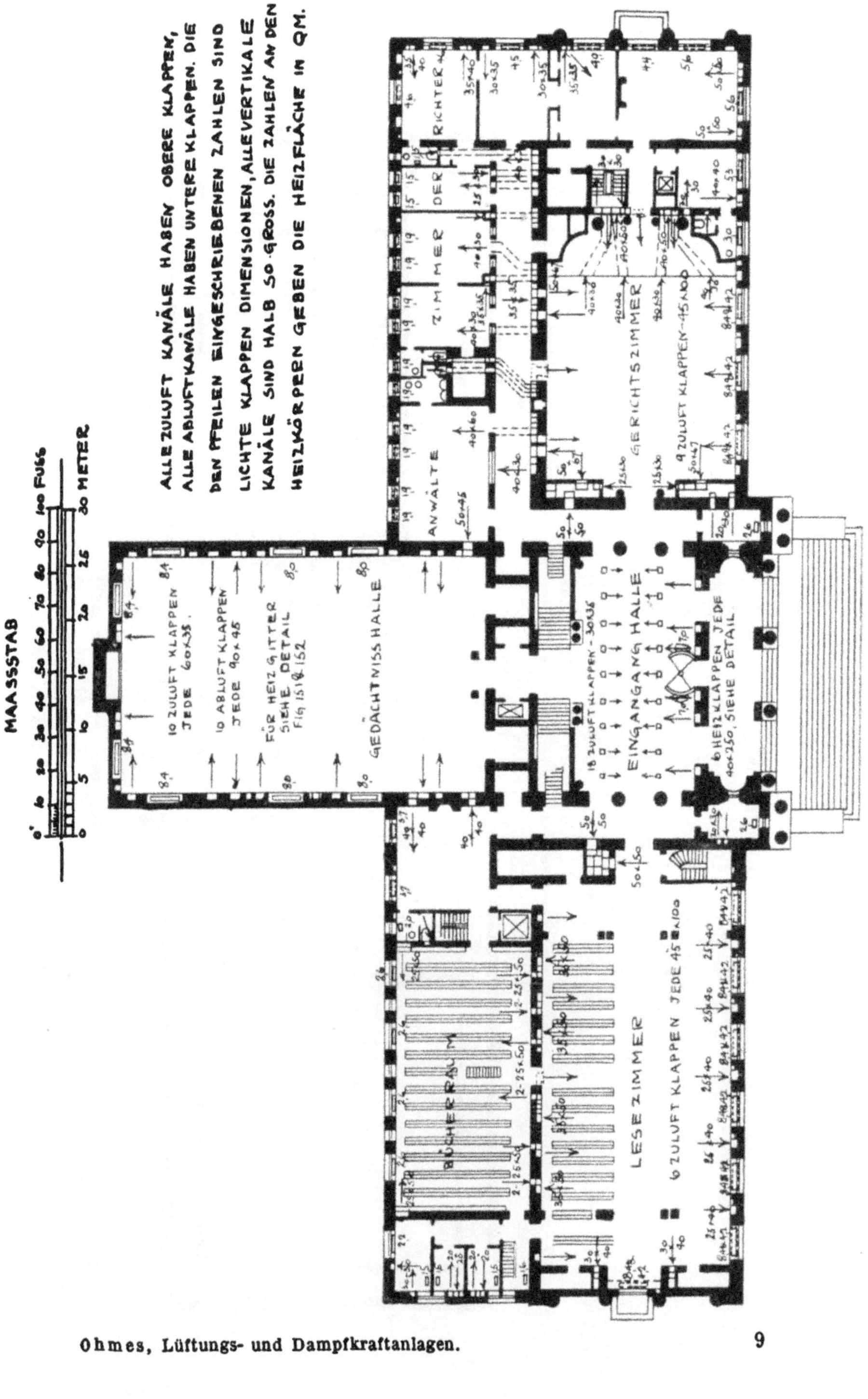

Fig. 70. Gebäude für die Staatsbibliothek und den höchsten Gerichtshof des Staates Connecticut.   Grundriß des Hauptgeschosses.

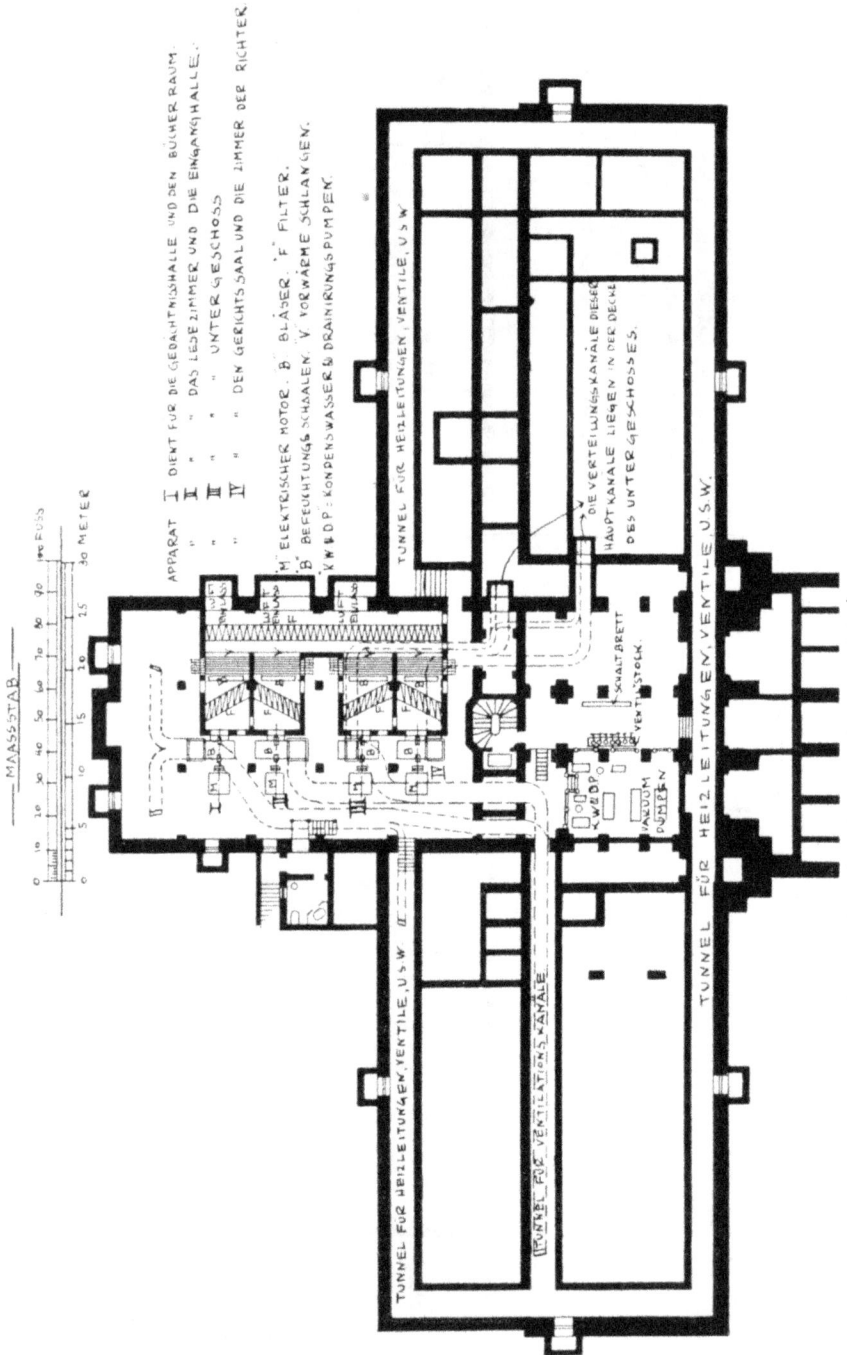

APPARAT I DIENT FÜR DIE GEDÄCHTNISSHALLE UND DEN BÜCHER RAUM.
         II   "   "   DAS LESE ZIMMER UND DIE EINGANGHALLE.
         III   "   "   " UNTERGESCHOSS.
         IV   "   "   DEN GERICHTSSAAL UND DIE ZIMMER DER RICHTER.

M ELEKTRISCHER MOTOR. B BLÄSER. 'F' FILTER.
B BEFEUCHTUNGS SCHAALEN. V VORWÄRME SCHLANGEN.
K.W.&D.P.-KONDENSWASSER & DRAINIRUNGS PUMPEN.

TUNNEL FÜR HEIZLEITUNGEN, VENTILE, U.S.W.

DIE VERTEILUNGS KANÄLE DIESER HAUPTKANÄLE LIEGEN IN DER DECKE DES UNTERGESCHOSSES.

TUNNEL FÜR HEIZLEITUNGEN, VENTILE, U.S.W.

MAASSSTAB

30 METER

100 FUSS

TUNNEL FÜR HEIZLEITUNGEN, VENTILE, U.S.W.

TUNNEL FÜR VENTILATIONS KANÄLE

TUNNEL FÜR HEIZLEITUNGEN, VENTILE, U.S.W.

Fig. 71. Gebäude für die Staatsbibliothek und den höchsten Gerichtshof des Staates Connecticut. Grundriß des Kellers.

und der Dampf wird unter diesem Drucke dem Gebäude durch eine 5zöllige Leitung zugeführt. Für Heizungs-, Luftvorwärmungs- und Heißwasserbereitungszwecke wird der Dampf im Gebäude auf ungefähr $1/_{10}$ Atm. reduziert. Die Vakuumpumpen und Kondenswasserpumpen für die Entwässerung der Hochdruckdampfleitungen stehen im Gebäude, und diese Pumpen sowohl als auch die Kesselspeisepumpen im Kesselhause arbeiten mit 2,5 Atm. Druck. Der Abdampf wird nach Entölung direkt in die Heizleitungen geführt. Da das Kondenswasser immer mit 90° C zurückkommt, ist kein Speisewasservorwärmer vorgesehen. Das aus den Heizungs-Kondenswasserleitungen mittels der Vakuumpumpen angesaugte Wasser und die angesaugte Luft werden in ein im Keller hochliegendes Gefäß gefördert, und das Wasser fließt von diesem aus direkt zur Kesselhaussohle zurück und wird dort durch kleine Speisepumpen automatisch in die Kessel zurückgedrückt.

Die Beheizung des Gebäudes erfolgt durch Radiatoren und Rohrschlangen und ist ganz und gar unabhängig von der Lüftung. Alle Heizflächen in den besseren Räumen sind ummantelt, und soweit dies nicht in den Details besonders angegeben ist, geschah es in der landläufigen, aber besseren Weise: Man bedeckt erst alle kalten Wände der Nischen mit 1zölligen Asbestplatten und auf diesen wird Kupferblech befestigt. Alle hölzernen Teile werden mit ½zölligen Asbestplatten belegt und diese Platten werden mit dünnem Kupferblech beschlagen. Die hölzernen Deckel der Ummantelungen haben Scharniere und die Vorderwandung ist so in Nuten angeordnet, daß sie zur Reinigung oder zur Handhabung oder Reparatur der Ventile leicht herausgehoben werden kann. Die Gitter für die Luftzirkulation sind in den besseren Zimmern aus Bronze.

Die Ummantelung der Heizflächen und ihre Anordnung zur Zugverhütung bei den hohen Fenstern im Lesezimmer und im Gerichtssaal ist aus Fig. 72 zu ersehen, welche ohne Zweifel eine recht vollkommene Lösung darstellt. Fig. 73 und 74 zeigen die Anordnung der Heizkörper in der Gedächtnishalle. Diese Art der Anordnung ist die für die Gemäldegallerien bekannte. Fig. 75 und 76 veranschaulichen die Details der Zirkulationsheizung der großen Eingangshalle, in der große Radiatoren wegen architektonischer Verhältnisse nicht gewünscht wurden. Mit dieser Anordnung ist es möglich, auch durch kleine Gitter sehr große Wärmemengen in die Räume zu bringen. In diesem Falle sind aber die Gitter wegen der architektonischen Verhältnisse reichlich groß ausgeführt worden.

SCHNITT

20 x 120

35
120

EISEN BLECH
KANÄLE BEDECKT

MIT 1" ASBEST-
PLATTEN.

45x210

ANSICHT

120 x 35

120 x 20

210 x 45

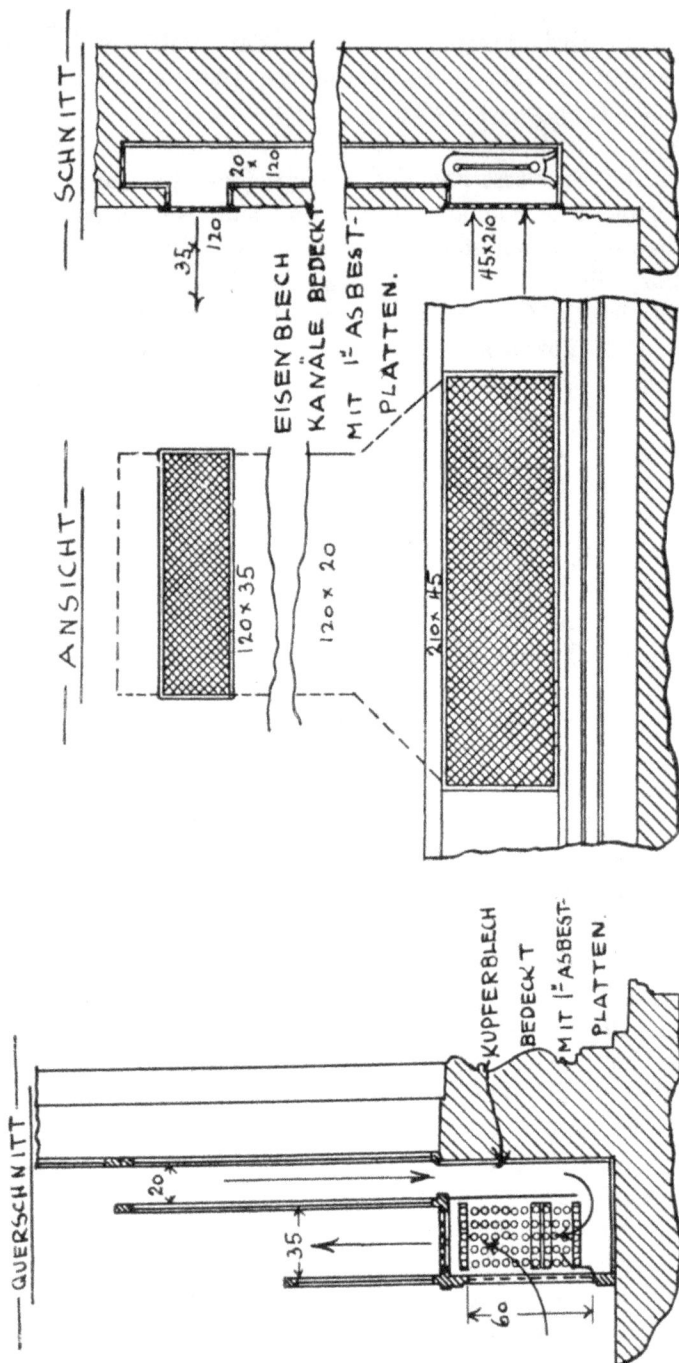

Fig. 73 und 74. Anordnung der Heizkörper in der Gedächtnishalle.

QUERSCHNITT

20

35

60

KUPFERBLECH
BEDECKT

MIT 1" ASBEST-
PLATTEN.

Fig. 72. Schnitt durch die hohen Fenster
des Lesezimmers.

Fig. 72 bis 76. Gebäude für die Staatsbibliothek und

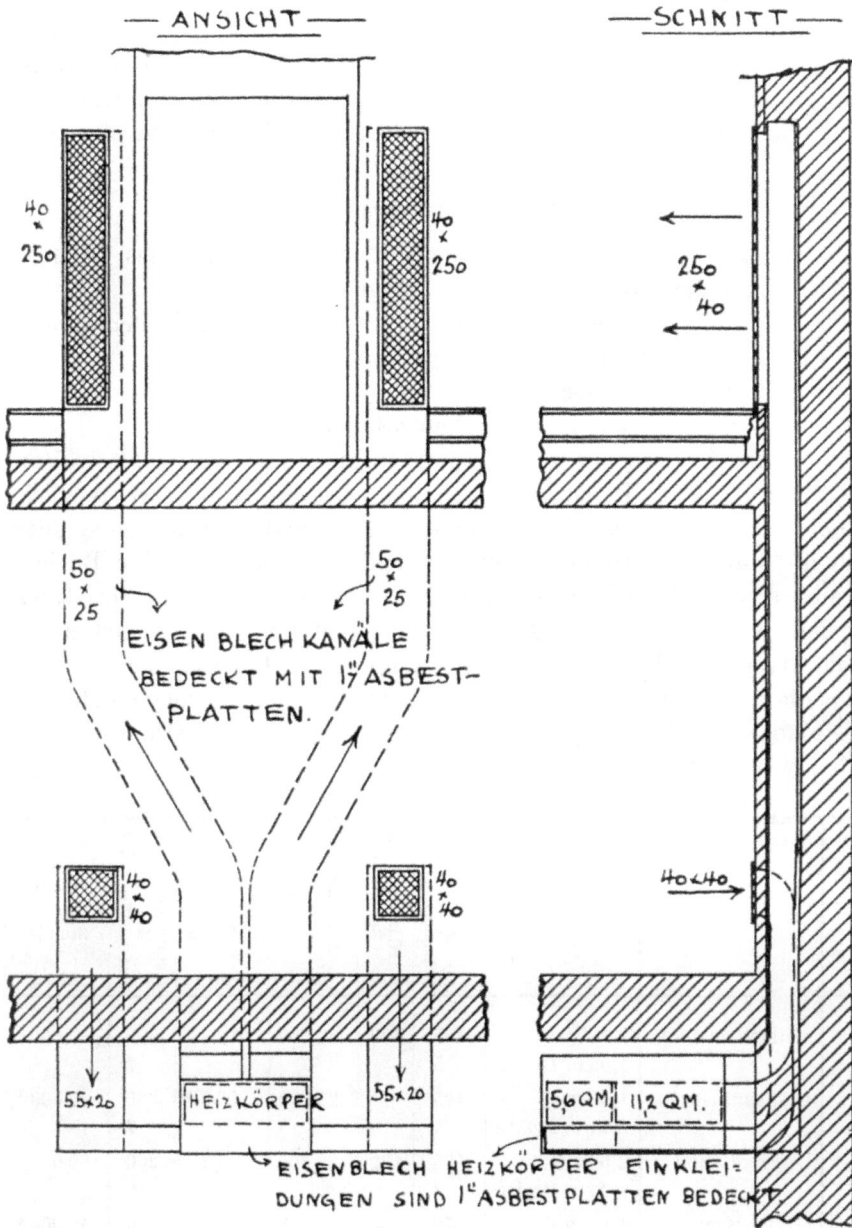

Fig. 75 und 76. Zirkulationsheizung der Eingangshalle.

den höchsten Gerichtshof des Staates Connecticut.

Die Heizflächen unter den hohen Fenstern im Lesezimmer und im Gerichtssaal sowohl als auch die im Keller liegenden Heizkörper der Eingangshalle sind in ⅓ und ⅔ geteilt, und in bekannter Weise wird das ⅓ automatisch, der Außentemperatur entsprechend, und das ⅔ automatisch von dem zu beheizenden Raume aus reguliert.

Ventilationsanlagen.

In Anbetracht der verschiedenen Zwecke, denen dieses Gebäude dient, sind die folgenden Systeme vorgesehen:

1. Gedächtnishalle und Bücherraum mit den Nebenräumen.
2. Lesezimmer und Eingangshalle.
3. Das Untergeschoß.
4. Gerichtssaal mit den Nebenräumen.

Jedes System hat sein eigenes Zuluft- und Abluftgebläse, Vorwärmeschlangen, Befeuchtungsschalen usw. Es ist daher möglich, die Luft mit verschiedenen Temperaturen und Feuchtigkeitsgraden in die Räume zu treiben. Für die Gedächtnishalle und den Bücherraum sind niedrige Temperaturen und ein etwas hoher Feuchtigkeitsgehalt wünschenswert, und für die anderen Räume sind die Zeiten und die Dauer der Benutzung sehr verschieden, daher weichen auch die an die Ventilation zu stellenden Anforderungen sehr voneinander ab. Die folgende Tabelle gibt eine Übersicht über die Verhältnisse bei den vier Systemen:

System Nr.	dient für	Zuluftgebläse hat ein Flügelrad von	Umdrehungen pro Minute. Betriebskraft PS	Heizfläche der Schlangen qm	Zuluftgebläse leistet pro Stunde cbm	Blackman-Exhaustor hat einen Durchmesser von m	Umdrehungen pro Minute. Betriebskraft PS	Exhaustor leistet pro Stunde cbm
1	Gedächtnishalle	1,83 m ⌀ 1,05 m Breite	185 5	102	32 000	1,51	300 7	37 000 *)
2	Lesezimmer . .	1,66 m ⌀ 0,91 m Breite	195 4	74	25 000	1,51	300 7	37 000 *)
3	Untergeschoß .	2,0 m ⌀ 1,05 m Breite	185 8	102	37 000	1,82	260 10	60 000
4	Gerichtssaal . .	1,83 m ⌀ 0,91 m Breite	170 5	83	29 000	1,67	280 8	49 000 *)
					zusammen 123 000			zusammen 185 000

*) Einschließlich der Exhaustorsommerventilation.

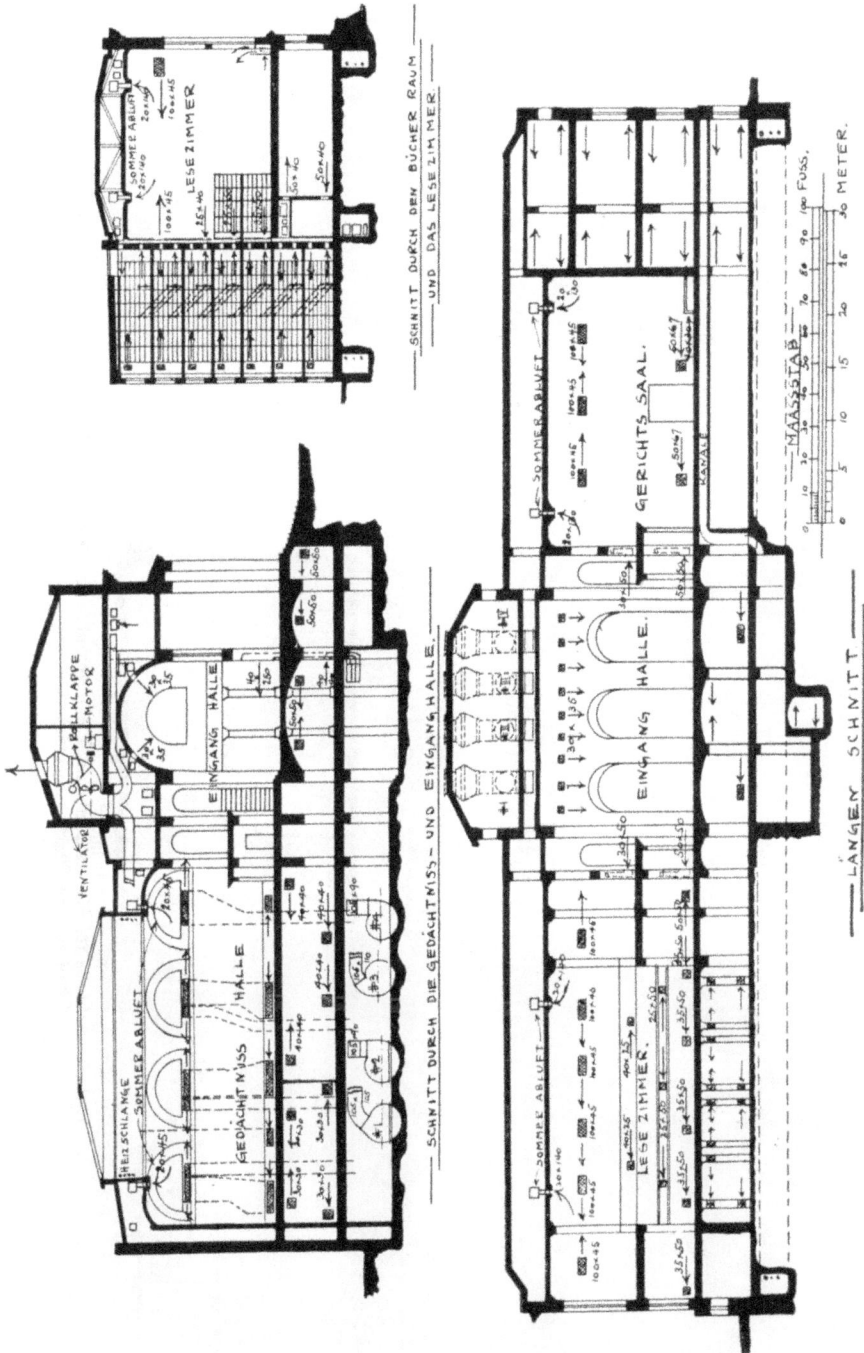

Fig. 77 bis 79. Gebäude für die Staatsbibliothek und den höchsten Gerichtshof des Staates Connecticut.

MAASSTAB

EXHAUSTER I DIENT FÜR DIE GEDÄCHTNISSHALLE UND DEN BÜCHERRAUM.

„   II   „   „ DAS LESEZIMMER UND DIE EINGANGHALLE.

„   III   „   „ UNTERGESCHOSS.

„   IV   „   „ DEN GERICHTSSAAL UND DIE ZIMMER DER RICHTER.

24 DECKEN ABLUFT KLAPPEN, JEDE 20·45 IN DER GEDÄCHTNISSHALLE

10 DECKEN ABLUFT KLAPPEN, JEDE 20·130, IN DEM GROSSEN GERICHTSSAAL

HAUPT ABLUFTKANÄLE

10 DECKEN ABLUFTKLAPPEN, JEDE 20·140, IM LESEZIMMER

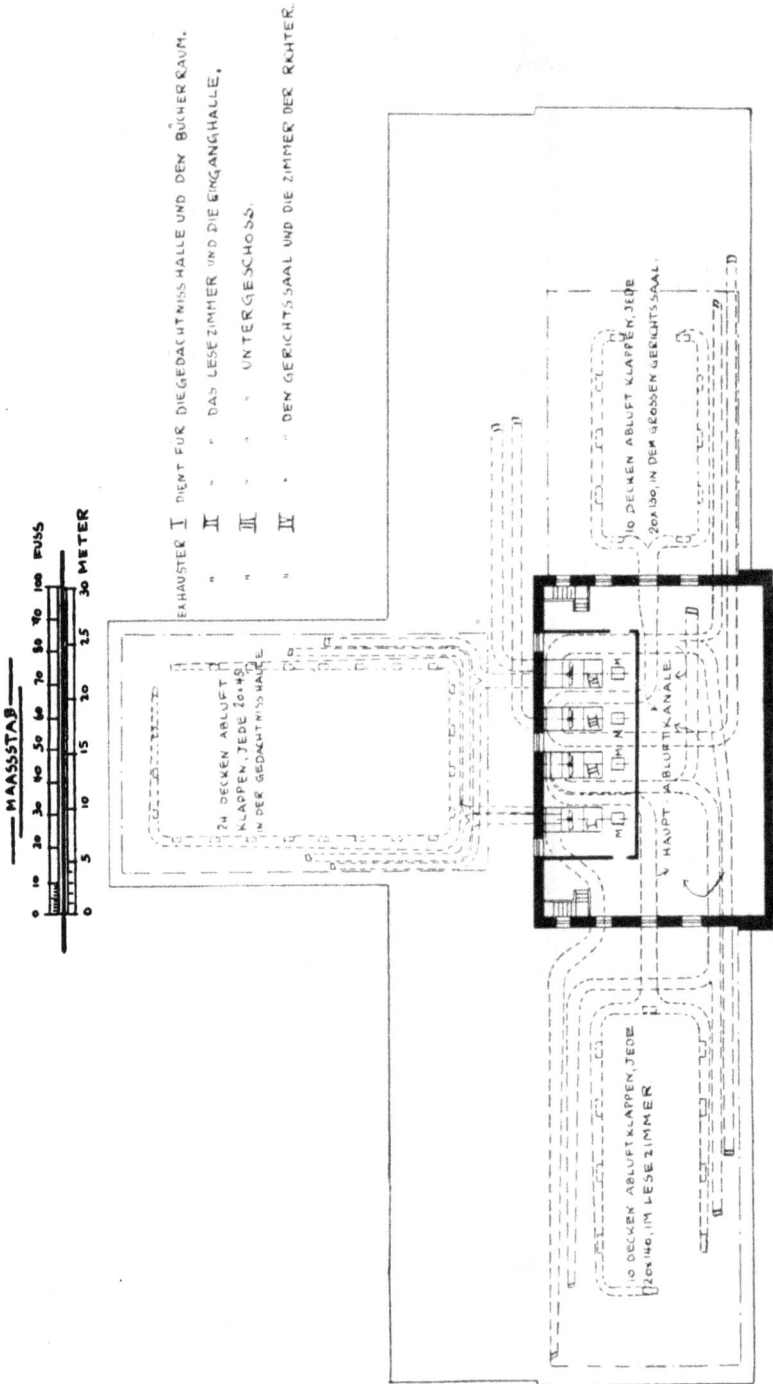

Fig. 80. Gebäude für die Staatsbibliothek und den höchsten Gerichtshof des Staates Connecticut. Grundriß des Dachgeschosses und Anordnung der Hauptabluftkanäle.

32 000 cbm Inhalt sind ventiliert, und im Durchschnitt kann bei
voller Umdrehungszahl ein 3,85 facher Zuluftwechsel und 5,7 facher
Abluftwechsel erzielt werden. Für einige der wichtigeren Räume
ist stündlicher Luftwechsel von folgenden Verhältnissen vorgesehen:

Eingangshalle . . 3 fache Zuluft und 2 fache Abluft
Lesezimmer . . . 4 »   »   » 3 »   »
Gerichtssaal . . . 5 »   »   » 4 »   »
Gedächtnishalle . 3 »   »   » 2½ »   »
Bücherraum . . . 6 »   »   » 5 »   »
Untergeschoß . . 5 »   »   » 4 »   » (durchschnittl.).

Der Gerichtssaal, das Lesezimmer und die Gedächtnishalle liegen
entweder direkt unter Dach oder haben Oberlichter, und es wurde
für diese Räume noch besondere Sommerventilation, d. h. Abluft-
öffnungen durch die Decken, angebracht. Diese Deckenöffnungen
sind durch besondere, mit Abstellklappen versehene Kanäle mit den
Exhaustoren verbunden, und im Sommer kann ungefähr zweimal
soviel Abluft erzielt werden wie im Winter.

Der große Bücherraum besteht aus sieben ungefähr 2 m hohen
Stockwerken (Fig. 78) mit Glasfußböden. Die nicht abschließbaren
Treppen und Öffnungen an den Fensternischen machen zwar aus den
sieben Stockwerken einen in sich in offenem Zusammenhange stehen-
den Raum, aber soweit die Heizungs- und Ventilationsanlagen in
Betracht kommen, ist doch jedes Stockwerk als ein in sich geschlos-
sener Raum behandelt worden. Es sind darum in jedem Stockwerke
Radiatoren vorhanden, die durch besondere Thermostaten in jedem
Stockwerke reguliert werden, und jedes Stockwerk hat obere Zuluft-
klappen, sowie Abluftklappen, die so eingebaut sind, daß die Luft nach
Möglichkeit durch die tiefen Bücherreihen hindurch abgeführt wird.

Die dieser Beschreibung beigegebenen Pläne und Schnitte Fig. 70
bis 80 sind vollständig und geben einen genügenden Überblick über
die elegante Anlage. Anderseits habe ich aber darauf verzichtet, die
einfachen Pläne des Untergeschosses und der Zwischengeschosse
wiederzugeben. Bemerkt sei noch, daß die Anordnung der Vorwärmeschlangen, Luftfilter, Befeuchtungsschalen, Bläser und Lufteinlässe
fast genau so ist, wie es Fig. 60 zeigt. Auch habe ich das Gewirr
von kleinen Zweigkanälen im Keller und im Dachgeschosse zwecks
besserer Verdeutlichung der Hauptzüge der Anlage im großen und
ganzen in den Plänen weggelassen.

Der Architekt für das Gebäude war D o u n B a r b e r in New
York. Die ausführende Heizungsfirma: M e r r i l l & C o. in Boston.

XI. Die Heizungs-, Ventilations- und Maschinenanlagen des University-Klubhauses in New York City.

Das elegante Gebäude des University-Klubs an der 5. Avenue und 54. Straße, gegenüber dem Hotel St. Regis, enthält, obgleich nun schon seit 10 Jahren bezogen, von allen großen Klubgebäuden in New York City wohl auch jetzt noch die interessantesten und größten maschinellen Anlagen. Das Gebäude ist eigentümlicher Bauart, wie aus dem beigegebenen kleinen Schnitte Fig. 81 zu ersehen ist. Von der Straße her macht es den Eindruck eines fünfstöckigen Gebäudes, aber in den hinteren Teilen hat es einschließlich des Kellergeschosses zwölf Stockwerke. Die Außenwände nach der Straße hin bestehen aus Granit mit Backsteinhintermauerung, die Außenwände nach den Höfen nur aus Backsteinmauerwerk. Die inneren Teile des Gebäudes sind in landesüblicher Weise als Stahlfachwerkkonstruktion ausgeführt. Dieser Beschreibung sind nur die Pläne der wichtigsten Stockwerke beigegeben (Keller, 1., 4., 7., 9. und 10. Obergeschoß, siehe Fig. 82 bis 88), denn die Schlafzimmergeschosse und die kleinen Zwischengeschosse sind nicht besonders bemerkenswert. Der lichte Inhalt des Gebäudes ist ungefähr 45 000 cbm.

Ein derartiges Klubhaus, welches jedes Mitglied mehr oder weniger als sein Heim betrachtet, enthält die verschiedenartigsten Räume. Diese und die Beschaffenheit der Luft in ihnen sollen den Anforderungen möglichst aller Mitglieder entsprechen, eine gewiß nur schwer zu erfüllende Bedingung in Anbetracht dessen, daß der Klub 3000 Mitglieder hat. Einige der wichtigsten Räume sind die folgenden: Café, Restaurant, Speisezimmer, Kartenspiel- und Billardzimmer, Unterhaltungsräume, Bibliothek und Lesezimmer, Barbierstube, Badeanstalt mit Schwimmbassin, kleine Privatspeisezimmer, Schlafzimmer für Mitglieder, Geschäftsräume, Küchen, Speisekammern, Wäscherei usw.

Diese verschiedenen Zimmer mit den jeweiligen Anforderungen machen eine Beschreibung dieser, wenn auch nach unseren Begriffen schon etwas veralteten Anlagen immerhin interessant; es sind aber

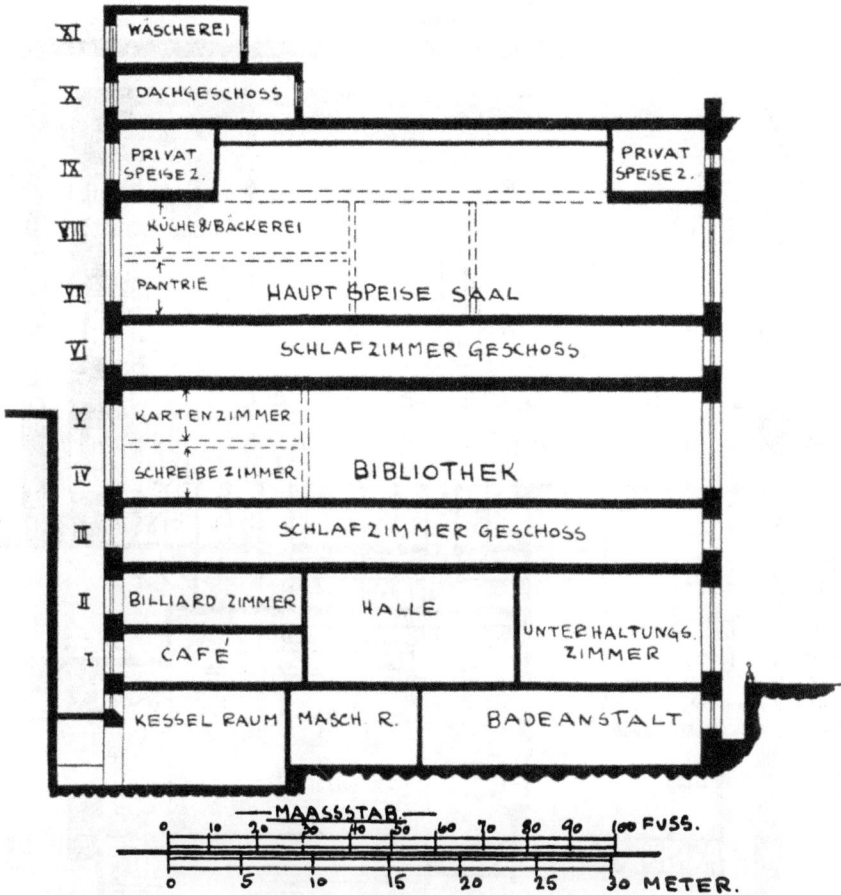

Fig. 81. University-Klubhaus in New York City. Schnitt durch das Gebäude.

in den letzten Jahren kleine Veränderungen und Verbesserungen vorgenommen, welche bei dieser Beschreibung schon mit inbegriffen sind.

Maschinelle Anlagen.

Das Gebäude hat seine eigene Kraftanlage, welche sich in diesem Falle, da für die Küche, Wäscherei und Badeanstalt fast ununter-

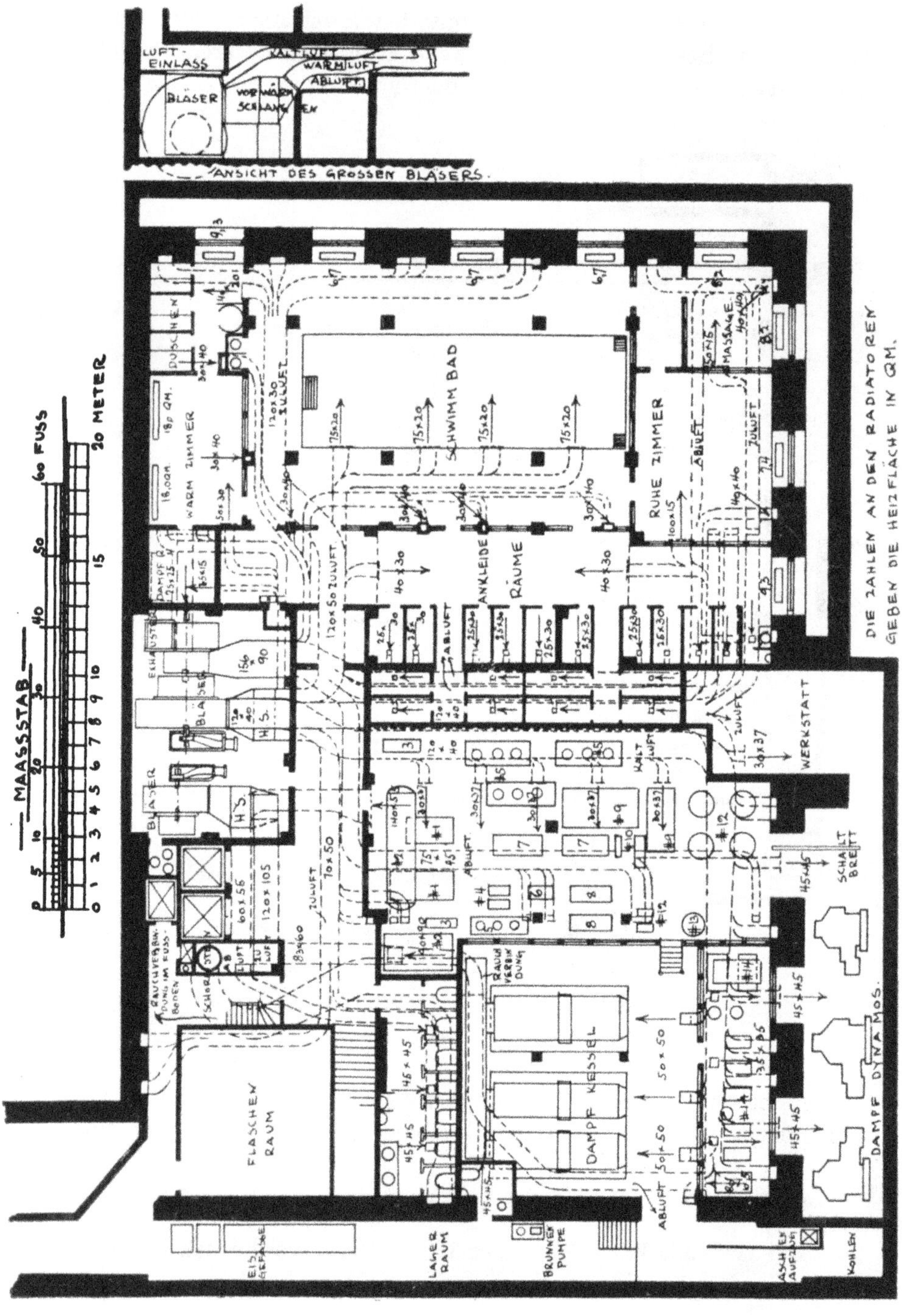

Fig. 82 und 83. University-Klubhaus in New York City. Grundriß des Kellers.

brochen Hochdruckdampf nötig ist, auch im Sommer gut rentiert.
Die in sich geschlossenen Anlagen sind die folgenden:

1. Die elektrische Licht- und Kraftanlage für 3000 Kerzenstärken
und eine Anzahl Motoren. Die Dynamos für 75 KW, 50 KW und
25 KW werden durch schnellaufende Dampfmaschinen angetrieben.

2. Eine Worthington-Verbunddampfpumpe (350 · 500 · 250 ·
375 mm) und eine einfache Worthington-Dampfpumpe (425 · 250 ·
375 mm) liefern das Druckwasser für zwei Personenaufzüge, einen
Frachtaufzug, einen Speiseaufzug und zwei Straßenaufzüge.

3. Zwei Hochdruckdampf-Absorptionskältemaschinen von je
36 000 WE stündlicher Leistung dienen für eine große Anzahl von
Kühlschränken für Fleisch, Fische, Austern, Gemüse, Getränke usw.
und zur Herstellung von ungefähr 2000 kg Eis pro Tag.

4. Die gesundheitstechnischen Anlagen sind wegen der Badeanstalt und des hohen Gebäudes ziemlich kompliziert. Zwei
300 · 175 · 250 mm Worthington-Dampfpumpen dienen für Feuerlöschzwecke und zur Förderung des städtischen Wassers in die oberen
Stockwerke. Dieses Wasser wird in vier großen Filtern gereinigt.
Bei der Warmwasserversorgung wird auch dieses Wasser benutzt.
Für das Schwimmbassin und als Kühlwasser für die Kondensatoren
der Kältemaschinen wird Brunnenwasser verwendet. Dieses aus
75 m tiefen Brunnen gepumpte Wasser wird zunächst durch komprimierte Luft gereinigt und dann gefiltert. Für die Drainierung des
Schwimmbassins dient noch eine andere Pumpe.

5. Drei Babcock & Wilcox-Kessel von zusammen 450 qm Heizfläche, mit 7 Atm. Druck arbeitend, erzeugen sowohl den Dampf für
die obigen Maschinen und Pumpen und für die kleinen Kesselspeise-
und Kondenswasserpumpen als auch den Hochdruckdampf für die
Küche, Wäscherei und Badeanstalt. Der Dampfdruck für die drei
letzten Zwecke wird durch ein Reduzierventil auf ungefähr 3 Atm.
vermindert. Der für die maschinellen Anlagen zur Verfügung gestellte
Platz ist sehr gering; sie sind deshalb außerordentlich zusammengedrängt.

Heizung.

Zum Betriebe der Heizung dient natürlich der Abdampf von der
Masehinenanlage, und wenn nötig, wird reduzierter Hochdruckdampf
zugemischt. Es sind ungefähr 1000 qm Heizfläche in Radiatoren
und Rohrschlangen vorhanden. In den besseren Räumen sind sie
mit Holz- oder Marmorummantelungen mit Gittern versehen. Alle

ummantelten Heizkörper sowohl als auch eine große Anzahl der freistehenden Heizkörper in den Klubräumen werden automatisch nach dem Johnson-System reguliert. Alle Heizungs- und sonstigen Leitungen liegen über den Baderäumen in hohlen Decken; nirgends sind Leitungen oder Kanäle zu sehen; eine zwar nicht gewünschte, aber aus architektonischen Rücksichten nötig gemachte Anordnung.

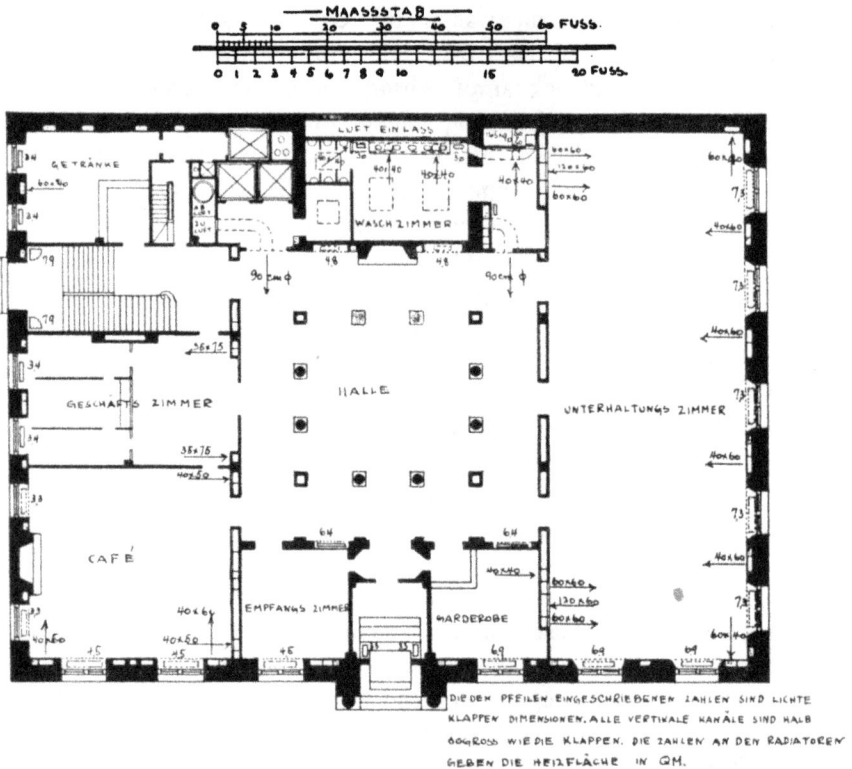

Fig. 84. University-Klubhaus in New York City. Grundriß des I. Stockwerks.

Die Hauptkondenswasserleitungen liegen hinter Marmorverkleidungen am Fußboden der Badeanstalt und sind zwecks Dauerhaftigkeit aus Messing hergestellt.

Für das Schwimmbad, das Duschbad, die Ruhezimmer, Ankleideräume und Massagezimmer im Keller ist eine Temperatur von 38° C angenommen, aber 35° bis 36° genügen gewöhnlich. Die Heizkörper dieser Räume sind direkt an die Hauptheizungsleitungen des oberen Teiles des Gebäudes angeschlossen, d. h. außerhalb der Ventile der vertikalen Heizstränge. Zu den Jahreszeiten, in denen keine Heizung in den oberen Stockwerken gewünscht wird, schließt man die Ventile der vertikalen Heizstränge. Die Hauptdampf- und Kondenswasserleitungen versorgen dann nur die Heizkörper in den Baderäumen.

Das Heißluftbadezimmer der Badeanstalt wird durch zwei große Hochdruckdampfschlangen auf 71° C erwärmt.

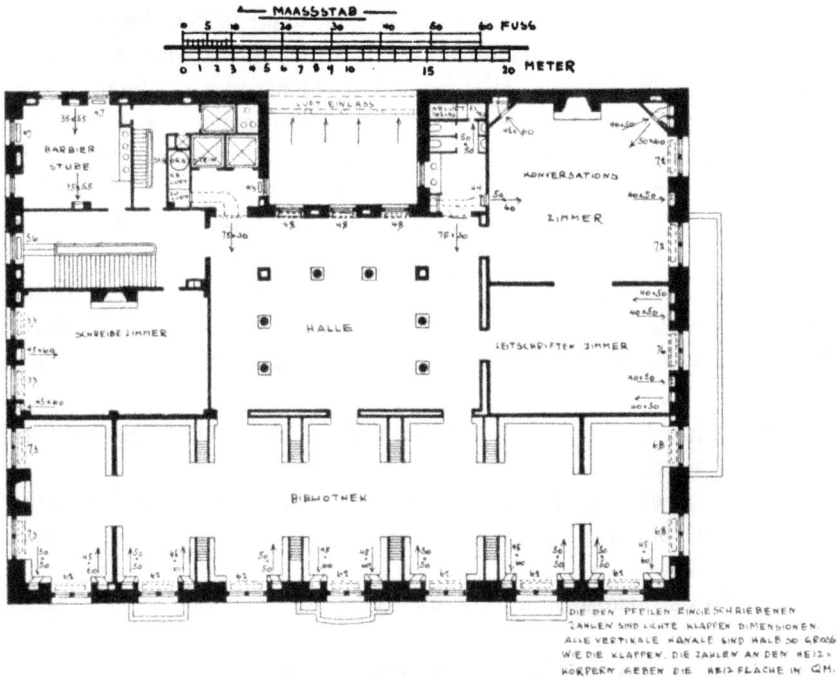

Fig. 85. University-Klubhaus in New York City. Grundriß des IV. Stockwerks.

Das Dampfbadezimmer wird auf ungefähr 38° C gehalten, und zwar wird entölter Abdampf in die Luft des Zimmers eingeführt. Der unter 1,15 Atm. absolutem Druck stehende Abdampf strömt aus einem perforierten Rohr durch Wasser in einem kupfernen Becken aus, und das kleine Zimmer füllt sich schnell mit Dampfwolken. Man versuchte zuerst, reduzierten Hochdruckdampf hierzu zu verwenden, aber bei 1 bis 2 Atm. Überdruck verursachte die Ausströmung des Dampfes zuviel störendes Geräusch. Nachdem man vergeblich versucht hatte, dieses durch eine Anzahl sog. Schalldämpfer zu verhüten, entschloß man sich, die Abdampfeinführung anzuwenden. Das Wasser, durch welches der Abdampf strömt, reinigt ihn auch nochmals.

Ventilationsanlagen.

Die Ausführung einer Ventilationsanlage für ein derartig großes Klubgebäude mit so verschiedenartigen Räumen ist immer recht schwierig. Fast jeder Raum sollte eigentlich wegen der verschiedenen Benutzung anders behandelt werden, was doch aber wegen allzu hoher Kosten und konstruktiver Schwierigkeiten unmöglich ist. Die schon beschriebene Bauart des Hauses machte auch die Ausführung der Ventilationsanlage besonders schwierig, denn in den Außenwänden durften nur kleine Mauerschlitze für Röhren und Kanäle angebracht werden und die inneren Wände stehen nicht übereinander. Durch Anwendung großer Schächte, teilweise Herunterziehung der Abluftkanäle und durch sonstige kleine Hilfsanordnungen, die am besten aus den Fig. 82 bis 88 zu entnehmen sind, ließen sich Platzverhältnisse erzielen, welche die umfangreichen Ventilationsanlagen möglich machten.

Soweit wie möglich sind die Anlagen der Benutzung der Räume entsprechend ausgeführt, und mit Rücksicht auf die konstruktiven Schwierigkeiten, Kosten, usw. sind die folgenden Systeme vorgesehen:

1. Kalte (nicht vorgewärmte) Zuluft für die Maschinen- und Kesselräume.
2. Vorgewärmte Zuluft für die Badeanstalt im Kellergeschoß und für Klub- und Bibliothekräume des 1., 2., 4. und 5. Stockwerkes.
3. Vorgewärmte Zuluft für die Speisezimmer des 7. und 9. Stockwerkes.
4. Abluft für die Maschinen- und Kesselräume.
5. Abluft für die Badeanstalt im Kellergeschoß und die Klubräume des 1. und 2. Stockwerkes.
6. Abluft für die Bibliothekzimmer des 4. und 5. Stockwerkes und einige Zimmer des 1. und 2. Stockwerkes. Natürlicher Auftrieb der Luft.
7. Abluft für die Speisezimmer, Küche und Speisekammern des 7., 8. und 9. Stockwerkes.
8. Abluft für alle Aborte und inneren Badezimmer der Schlafzimmergeschosse des ganzen Gebäudes.

Für die Systeme 1 und 2 dient ein Zentrifugalgebläse mit einem Flügelrade von 2,7 m Durchmesser und 1,2 m Breite. Das Gebläse hat eine Leistung von stündlich ungefähr 80 000 cbm und ist kon-

struiert wie in Fig. 83 im Schnitt dargestellt. 18 000 cbm ungewärmte Luft strömen stündlich in die Maschinen- und Kesselräume,
62 000 cbm Luft werden durch 152 qm Rohrschlangen vorgewärmt
und strömen in die Räume des Systems 2. Diese früher so beliebte
Anordnung wird aber jetzt nur noch selten angewendet (nur wegen
der Platz- und Kostenverhältnisse mußte sie hier angewendet werden),
denn es fehlt eine innige Mischung der vorgewärmten Luft. Man

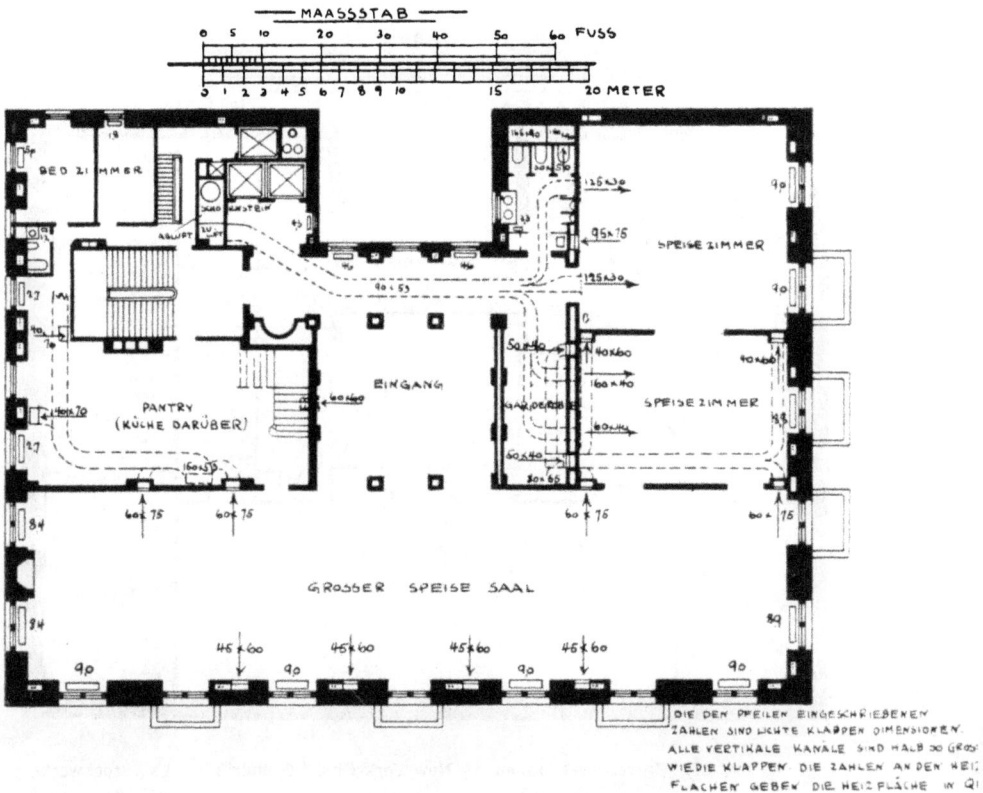

Fig. 86. University-Klubhaus in New York City. Grundriß des VII. Stockwerks.

würde jetzt wohl kleine Ventilatoren für die Maschinenräume anwenden
und die Vorwärmeschlangen vor den Gebläsen anordnen. Dieses
Gebläse sowohl als auch der Zentrifugalexhaustor des Systems 5
mit einer stündlichen Leistung von 38 000 cbm und einem Flügelrade von 2,1 m Durchmesser und 1,05 m Breite sitzen auf einer Welle
und werden gemeinsam von einer Dampfmaschine (mit 280 mm
lichtem Zylinderdurchmesser und 390 mm Hub) angetrieben.

Für System 3 dient ein Zentrifugalgebläse mit einem Flügelrade von 2,1 m Durchmesser und 1,05 m Breite, das auch durch eine Dampfmaschine (mit einem Zylinder von 228 mm lichtem Durchmesser und 305 mm Hub) angetrieben wird. Dieses Gebläse leistet stündlich 40 000 cbm.

Für System 4 dient ein Blackman-Ventilator von 1,35 m Durchmesser (angetrieben durch einen Elektromotor) mit einer stündlichen Leistung von 28 000 cbm. Dieser Ventilator wird aber nur im Sommer

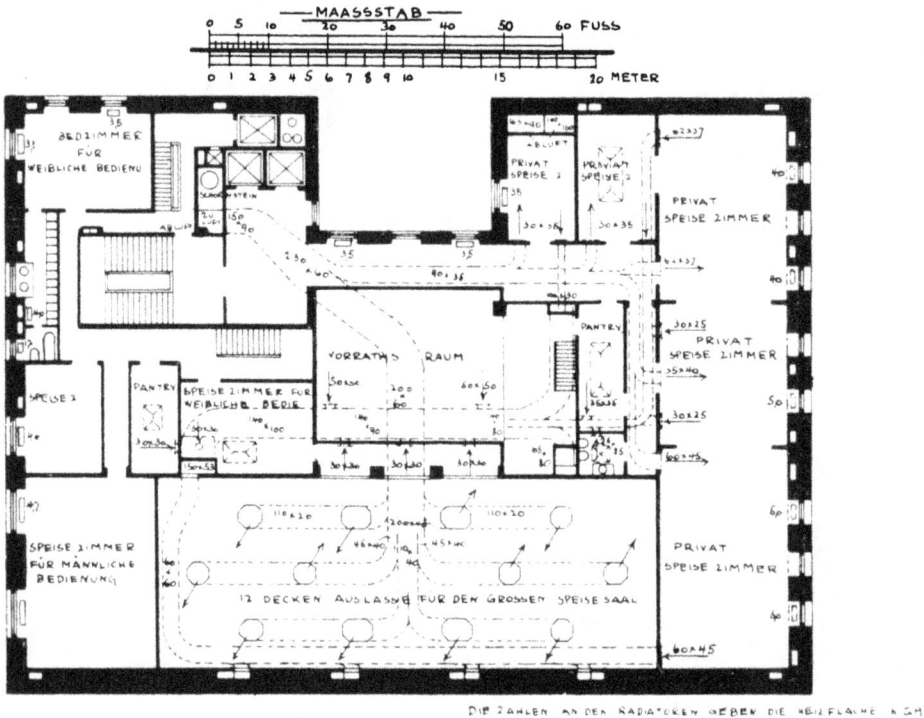

Fig. 87. University-Klubhaus in New York City. Grundriß des IX. Stockwerks.

betrieben, denn in den kälteren Jahreszeiten genügt der Auftrieb der Luft in dem vertikalen Hauptabluftschachte, welche durch den in diesem Schachte befindlichen Schornstein erwärmt wird. Dieser Auftrieb ist im Winter häufig so stark, daß er den Ventilator selbst in Umdrehung versetzt.

Für System 6, welches alle Räume umfaßt, in denen die Ventilationsanforderungen nicht besonders stark sind, wurden, wo immer möglich, die Schlitze der vertikalen Heizstränge vergrößert und dann als Abluftkanäle verwendet. Die Schlitze werden zu dem Zwecke erst an den Seiten und der Rückseite mit Eisenblech ausgefüttert, dann werden die Röhren hineingelegt, und nachdem diese unter Wasserdruck auf Dichtigkeit probiert sind, werden sie umhüllt und dann wird die Vorderseite aus Eisenblech darüber gesetzt. Das Eisenblech wird mit Hohlsteinen bedeckt und die Wand wird verputzt. Es braucht wohl kaum erwähnt zu werden, daß in diesen Abluftkanälen, von

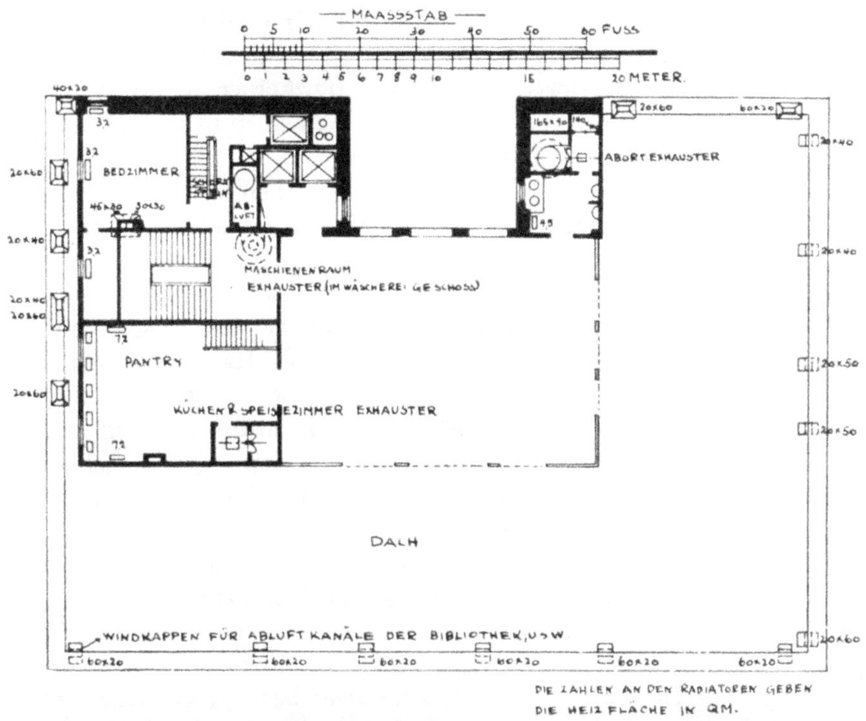

Fig. 88. University-Klubhaus in New York City. Grundriß des X. Stockwerks.

denen manche sehr hoch sind, ein recht kräftiger Auftrieb vorhanden ist, sobald die Heizung im Betriebe ist.

Für System 7 dient ein Blackmann-Ventilator von 1,5 m Durchmesser mit einer stündlichen Leistung von 43 000 cbm und für System 8 ein Blackman-Ventilator von 1,2 m Durchmesser und 19 000 cbm stündlicher Leistung; beide werden durch Elektromotoren angetrieben.

Der Dampfmaschinenbetrieb der Gebläse im Keller wurde namentlich wegen der Platzverhältnisse angewendet; auch war seinerzeit bei Projektierung der Anlage diese Art des Betriebes noch moderner

als jetzt. Die große Dampfmaschine arbeitet nun schon seit Jahren
absolut ununterbrochen, denn sie geht zwar je nach den Jahreszeiten
und nach der Besetzung des Gebäudes schneller oder langsamer, aber
sie ist 24 Stunden am Tage und jeden Tag im Jahr im Betriebe. Ganz
ähnlich verhält es sich mit dem elektrisch betriebenen Ventilator
des Systems 7, der auch immer absolut ununterbrochen läuft. Der
Abortexhaustor wird gewöhnlich 18 Stunden am Tage betrieben.

Die Zuluft für System 2 wird je nach den Verhältnissen bis auf
20° C erwärmt, und für die Dampfbad- und Heißluftbadezimmer sind
zur weiteren Nachwärmung der Luft kleine mit Hochdruckdampf
beheizte Heizkörper vorgesehen. Diese Heizkörper sind jetzt außer
Betrieb, und die Luft wird diesen warmen Räumen in kleinen Mengen
ohne weitere Vorwärmung zugeführt.

Der außerordentlich wirkungsvolle Betrieb der Ventilationsanlagen dieses Gebäudes wird wohl auffallen, um so mehr, als doch
überall große Fenster vorhanden sind, die z. B. in den warmen Jahreszeiten doch bei schwacher Besetzung für die Ventilation genügen sollten.
In einem Klubgebäude hat man aber, wie erwähnt, eigentümliche
Verhältnisse; jedes Mitglied betrachtet sich als Hausherrn und fühlt
sich berechtigt, nicht bloß seine Meinung auszusprechen, sondern auch
Anordnungen zu treffen. Hierbei kommt es natürlich häufig zu einander widersprechenden Anordnungen. Der eine findet sich ohne
offene Fenster nicht ventiliert, der andere erkältet sich schon beim
bloßen Anblick eines offenen Fensters. Das Resultat ist, daß die Ventilation immer geht und die Fenster im Sommer nur teilweise offen
und im Winter fast immer geschlossen sind. Die Fenster in der Badeanstalt werden aus verschiedenen Rücksichten nie geöffnet. Daher
der ununterbrochene Betrieb fast aller Ventilationssysteme.

Mit der Heizung ist es noch schlimmer bestellt, denn eine Temperatur von 20° C ist dem einen zu warm und dem anderen zu kalt
und Änderungen werden immer gewünscht. Nur die Anwendung
automatischer Temperaturregelung, die eine beständige Veränderung
der Temperaturen äußerst schwierig macht, ergibt unter solchen
Verhältnissen eine richtige, dem Bedürfnisse der Mehrzahl der Mitglieder angepaßte Temperatur.

Die Architekten für das Gebäude waren Mc Kim, Mead &
White in New York. Die ausführende Heizungsfirma war G. A.
Suter & Co. in New York.

XII. Die Heizungs- und Ventilationsanlagen des Hauses der verbündeten Ingenieurvereine (United Engineering Societies Building) in New York City.

Mit besonderem Interesse dürfte wohl jeder Ingenieur eine kurze Beschreibung und einige Pläne der Heizungs- und Ventilationsanlagen dieses großartigen Vereinsgebäudes durchsehen. Bekanntlich wurde die Erbauung des Hauses durch die Freigebigkeit des Herrn Carnegie möglich gemacht. Das Gebäude dient zu den Versammlungen, Vorlesungen, gesellschaftlichen Veranstaltungen und enthält die Geschäftsstellen und Bibliotheken einer großen Anzahl von Ingenieurvereinen. Es enthält deshalb eine Anzahl größerer Säle und Zimmer, deren Heizungs- und Lüftungseinrichtungen beachtenswert sind. Die Heizungs- und Ventilationsanlagen sind in diesem Gebäude immer unter den kritischen Augen von Ingenieuren, die allen Fachrichtungen, einschließlich derjenigen der Heizungs- und Ventilationsingenieure, angehören, und es ist wohl kaum nötig, zu erwähnen, daß erfolgreiche Anlagen und erfolgreicher Betrieb durchaus nötig sind.

Einen Überblick über die Verhältnisse des Gebäudes bietet der Schnitt Fig. 89. Zur weiteren Erklärung sei noch bemerkt, daß das erste Stockwerk namentlich eine große Empfangshalle enthält, das niedrige zweite Stockwerk Garderoben-, Abort- und Vorratsräume, das 3., 4., 5. und 6. Stockwerk enthält die Säle und Zimmer, in denen namentlich Versammlungen stattfinden und wissenschaftliche Vorträge gehalten werden. Das 7. und 8. Stockwerk dient kleineren Vereinen und Vereinigungen, das 9. Stockwerk gehört den »Mining Engineers«, das 10. den »Electrical Engineers«, das 11. den »Mechanical Engineers«, das 12. enthält Büchervorratsräume und ein Museum, und im 13. Stockwerk ist die Bibliothek, die in besonderen Alkoven die Bücher der verschiedenen Vereine enthält. Dann sind noch einige kleine Räume im Dachgeschosse, welche die Abluftventilatoren, Hauswassergefäße und Aufzugapparate enthalten. Aus dieser kurzen Beschreibung wird man ersehen, daß das Gebäude in seiner Art wohl einzig dasteht.

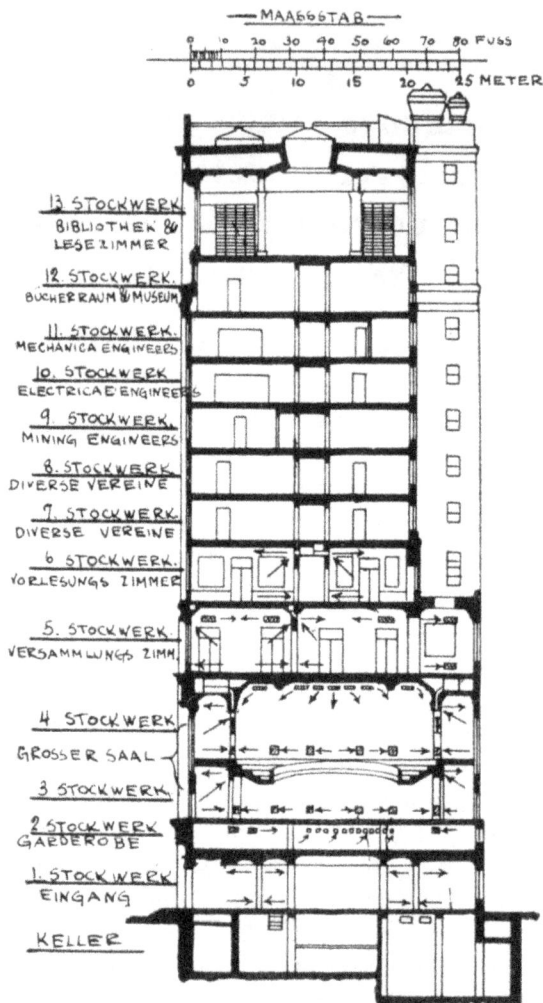

Fig. 89. United Engineering Societies Building. Schnitt durch das Gebäude.

In einem derartigen hohen Gebäude werden denn auch künstliche Ventilationsanlagen wegen der Platzerfordernisse, der Kosten und der konstruktiven Schwierigkeiten auf das Mindeste beschränkt. Wegen bedeutender Menschenansammlungen mußten jedoch das

—AUFRISS DER BLÄSER—

—MASSSTAB—

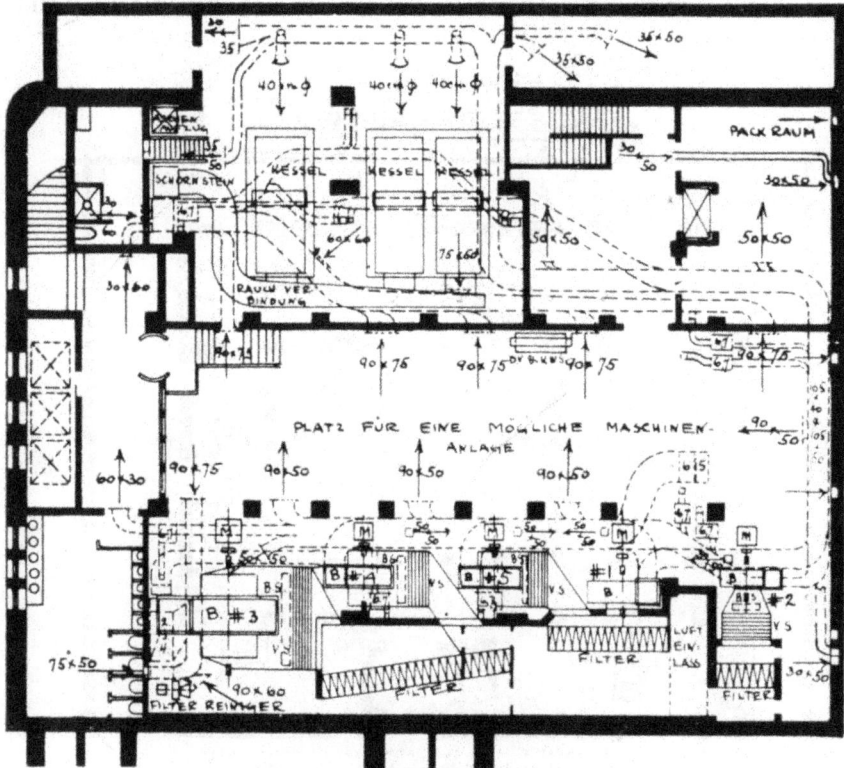

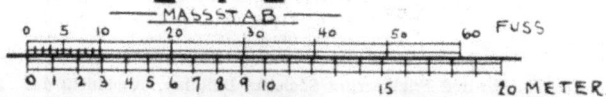

Fig. 90 und 91. United Engineering Societies Building. Grundriß des Kellers.

B = Bläser. M = Motor. VS = Vorwärmeschlangen. BS = Befeuchtungsschalen.
DV = Dampfverteiler. KWS = Kondenswassersammler.

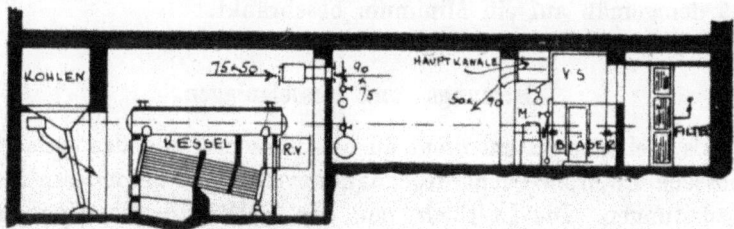

Fig. 92. United Engineering Societies Building.

1. bis 6. Stockwerk äußerst wirksam ventiliert werden, und sie sind auch demgemäß so behandelt worden; in den oberen Stockwerken (7. bis 13.) sind aber keine künstlichen Ventilationsanlagen vorhanden (ausgenommen Abluft für die Aborte), denn hier sind mit Ausnahme der Bibliothek und des Museums nur Geschäftsräume. Das Gebäude

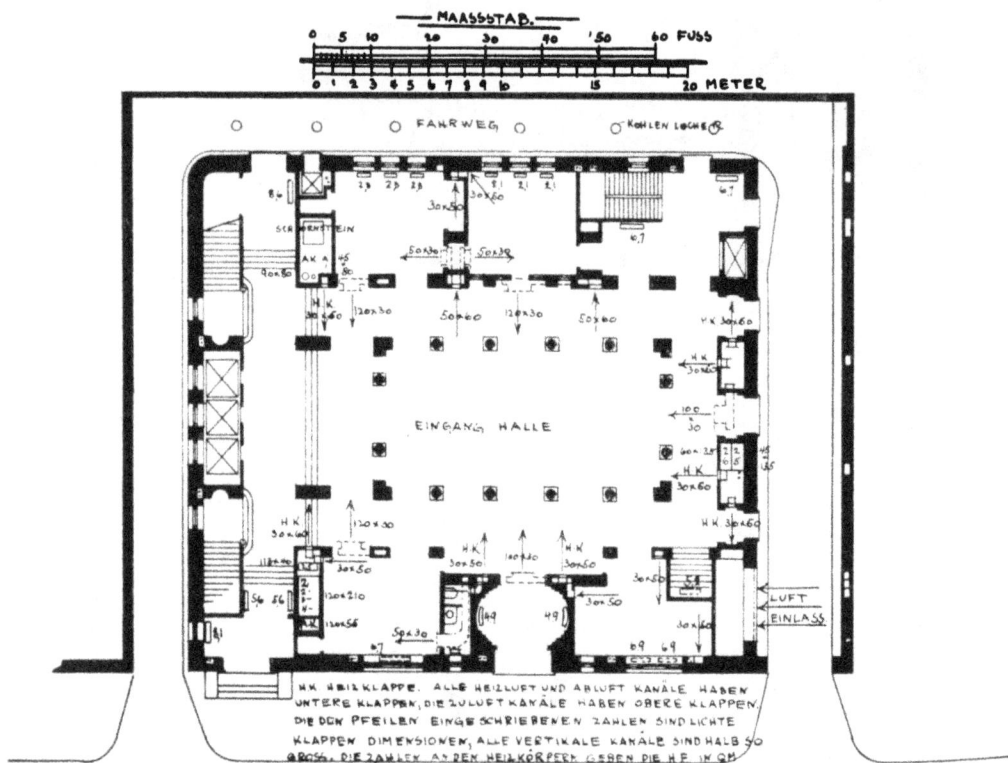

Fig. 93. United Engineering Societies Building. Grundriß des I. Stockwerks.

hat ungefähr 58 000 cbm lichten Inhalt. Ich habe auch diese Beschreibung sehr reichlich mit Plänen ausgestattet, und erläuternden Text demgemäß auf ein Minimum beschränkt.

Heizungs- und Kesselanlagen.

Als Heizungssystem dient auch in diesem Falle das einfache geschlossene Zweirohr-Niederdruckdampfsystem mit besonderen Entlüftungsleitungen. Die Luft wird aus den Entlüftungsleitungen mittels kleiner, elektrisch betriebener Pumpen (Paul-System) abgesaugt. Der Dampf kann daher in der Heizungsanlage auch mit Unterdruck zirkulieren. Die Heizkörper des ganzen Gebäudes, mit Ausnahme einzelner unwichtiger Vorratsräume, werden automatisch (nach dem Johnson-System) reguliert. Die Druckluft für die selbsttätige Temperaturregulierung wird in kleinen, elektrisch angetriebenen Kompressoren erzeugt.

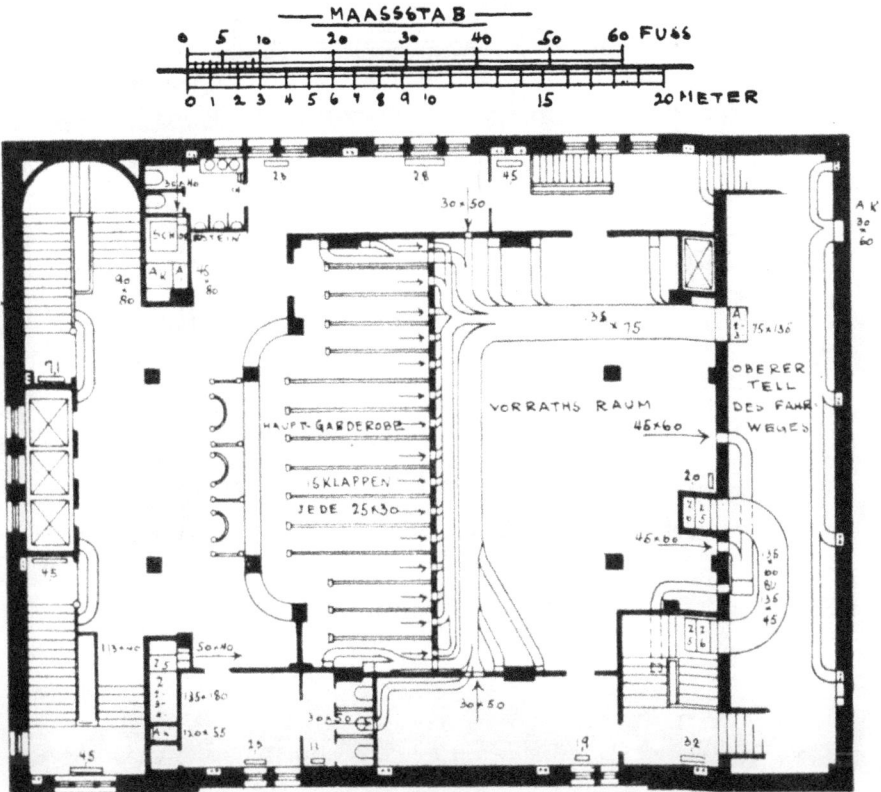

Fig. 94. United Engineering Societies Building. Grundriß des II. Stockwerks.

Niederdruckdampf für Heizung, Luftvorwärmung und Warmwasserbereitung wird in drei Babcock & Wilcox-Kesseln von 483 qm Heizfläche und 12 qm Rostfläche erzeugt. Alles Kondenswasser fließt in ein Sammelgefäß von 0,6 m Durchmesser und 2,4 m Länge und von hier aus in die Kessel; der Vorgang ist dem in Fig. 34 dargestellten ähnlich. Für die Heizung sind 1400 qm Radiatoren und Heizrohrschlangen vorhanden. Diese Hochdruckdampfkessel wurden nament-

lich deshalb angewendet, weil sie, wenn nötig, auch für eine etwaige
spätere elektrische Licht- und Kraftanlage dienen können. In dem
Kellerplane ist deutlich der für die Kraftanlage zur Verfügung ge-
haltene Platz zu erkennen, und man bemerke, daß auch die Kanäle
mit Rücksicht auf diese Anlage eingebaut sind. Weitere noch für die
Kraftanlage vorgesehene Maßnahmen bestehen in einem 12 zölligen

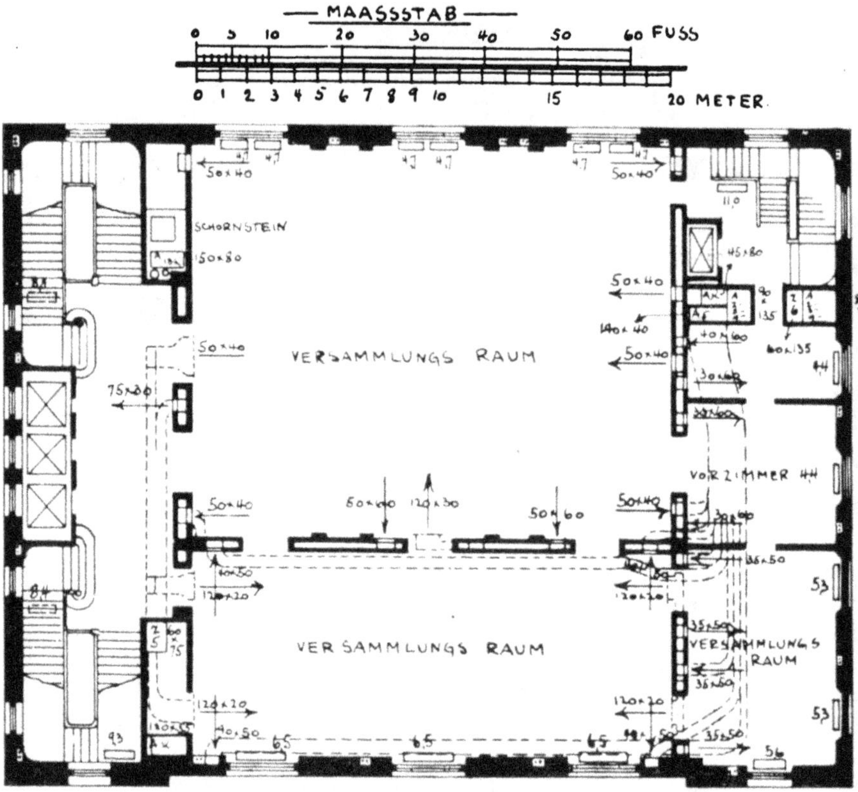

Fig. 95. United Engineering Societies Building. Grundriß des III. Stockwerks.

Auspuffrohr, einem Dunstrohr, einem Kesselwasser-Drainierungs-
gefäß mit elektrischer Pumpe usw.

Der Kesselraum ist im hinteren Teile des Gebäudes und die
Kohlen werden auf dem um das Gebäude laufenden Fahrweg direkt
in die Kohlenbunker gebracht. Über dem Heiz- und Feuerraum ist
ein kleiner niedriger Kohlenraum, von dem aus die Kohlen direkt
vor die Kessel fallen, so daß kein nochmaliges Umschaufeln nötig ist.

Als Brennmaterial dient wie gewöhnlich eine feinkörnige und billige Anthrazitkohle.

Die Anordnung der Heizkörper selbst ist gewöhnlicher Art; erwähnenswert ist wohl nur die Heizung der großen Eingangshalle. Hier sind viele Türen, die eine große Anzahl von Heizkörpern erforderlich machten, deren Unterbringung schwierig war. Man entschloß

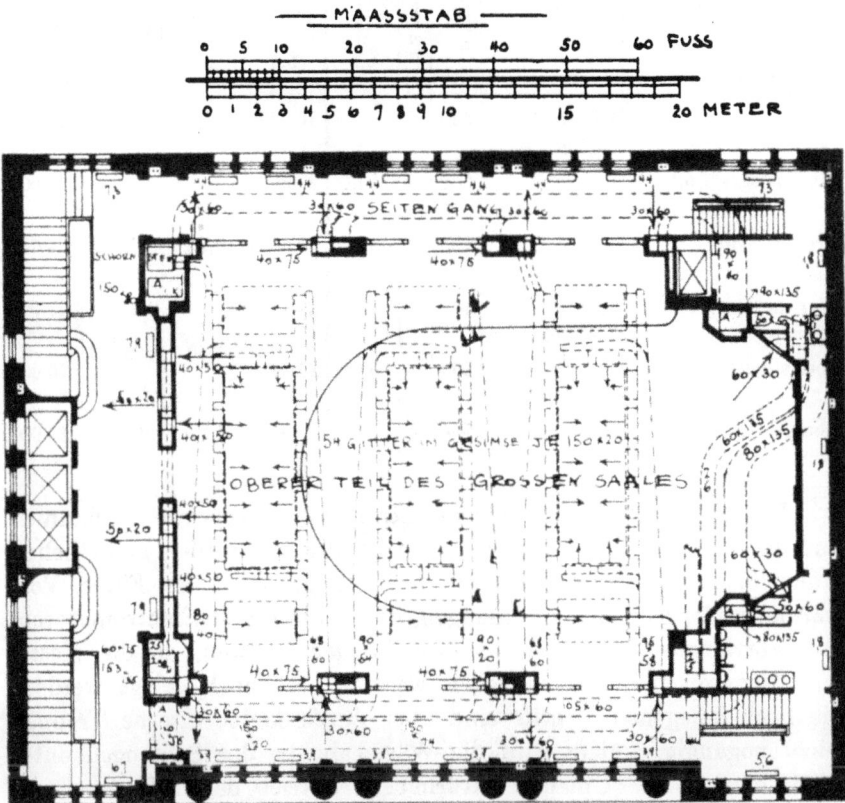

Fig. 96. United Engineering Societies Building. Grundriß des IV. Stockwerks.

sich, die Eingangshalle teilweise mit warmer Luft zu beheizen. Es sind demgemäß acht mit Eisenblech ummantelte Heizkörper im Keller angebracht und die frische Luft wird durch diese kleinen Heizkammern hindurchgeblasen. Wenn das Gebläse nicht im Betriebe ist, genügt für die Heizung der natürliche Auftrieb von den Heizflächen im Keller.

Lüftungsanlagen.

An Ventilationsanlagen sind die in der folgenden Tabelle gegebenen vorhanden.

System dient für	Zuluftgebläse hat ein Flügelrad von	Umdrehungen pro Minute	PS des Motors	Heizfläche der Vorwärme-schlangen qm	Zuluftgebläse leistet pro Stunde cbm	Blackman-Exhaustor hat einen Durch-messer von m	Umdrehungen pro Minute	PS des Motors	Exhaustor leistet pro Stunde cbm
Keller	1,83 m ⌀ 1,05 m Breite	220	13	—	38 000	2,13	200	12	45 000
Eingangsgeschoß .	1,52 m ⌀ 0,81 m Breite	200	4	58,0	23 000				15 000
Großer Saal . . .	2,75 m ⌀ 1,52 m Breite	120	14	167,0	60 000	2,13	200	12	54 000
Versammlungsräume	1,68 m ⌀ 0,91 m Breite	190	5	49,0	24 000	1,52	275	4	20 000
Vorlesungszimmer .	1,52 m ⌀ 0,6 m Breite	200	4	58,0	17 000				16 000
Aborte	—	—	—	—	—	1,07	300	2	12 000

Die frische Luft wird nahe der Straße vom Fahrwege entnommen
und wird durch einen großen Schacht der im Keller befindlichen
Hauptluftkammer zugeführt. Im Keller liegen auch die Filter, Vor-
wärme- und Befeuchtungsschlangen, die Gebläse und Elektromotoren.
Die Vorwärme- und Befeuchtungsschlangen mußten, da die Kessel
mit Niederdruckdampf betrieben werden, sehr hoch gelegt werden;
die hoch gelegenen Ventile sind aber durch kleine eiserne Treppen
leicht zugängig, zudem wird die Wärmeabgabe der Schlangen automatisch reguliert. Um den natürlichen Auftrieb der Luft durch die
Ventilationssysteme zu verhüten und damit eine Ersparung von Brennmaterial bei kaltem Wetter während der Nichtbenutzung der Räume
zu erzielen, hat man alle Vorwärmeschlangen mit dichten eisernen
Rollklappen versehen. Zum gleichen Zwecke sind auch große Ab-
schlußklappen in den Hauben der Abluftschächte angebracht; denn
der Auftrieb der Luft in den Hauptabluftkanälen ist bei kaltem Wetter
in einem solch hohen Gebäude ja immerhin so groß, daß er gewöhnlich die Ventilatoren (Schraubenventilatoren) in Umdrehung versetzt.
Die Luftfilter, ähnlich wie in Fig. 15 und 16 dargestellt, haben 340 qm

Tuchfläche und zu deren Reinigung ist ein Apparat vorgesehen, welcher dem in Fig. 17 bis 19 dargestellten sehr ähnlich ist.

Die Luftmengen sind im allgemeinen auf 51 cbm pro Stunde und Sitz berechnet, wobei sich je nach besonderen Verhältnissen 6,7- bis 10,7 facher Luftwechsel pro Stunde ergab. Bei so hohem

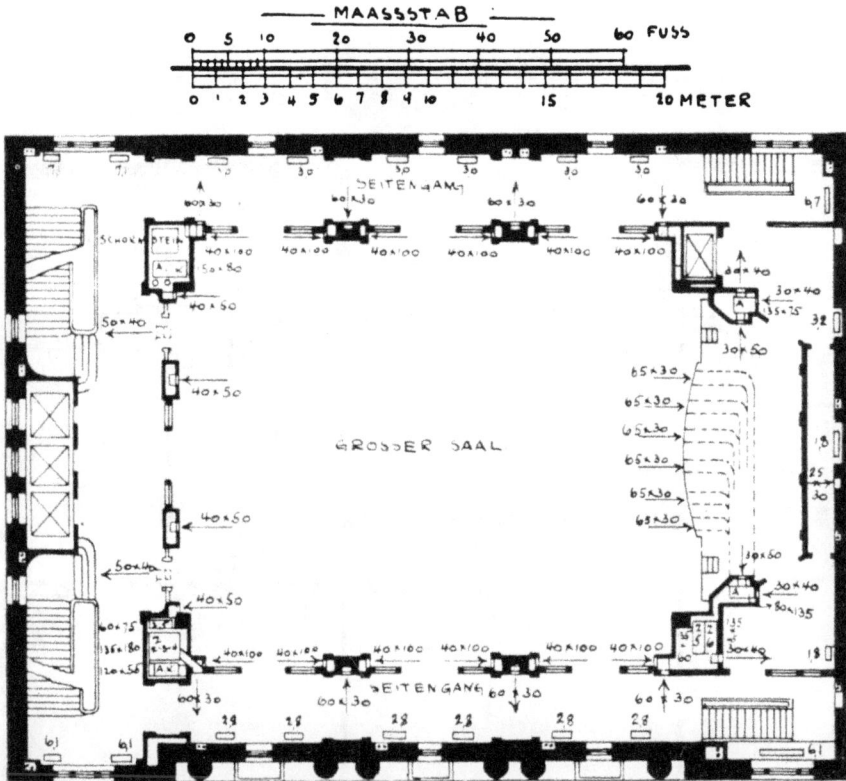

Fig. 97. United Engineering Societies Building. Grundriß des V. Stockwerks.

Luftwechsel war eine ausgezeichnete Luftverteilung nötig, und sie ist, wie aus den verschiedenen Plänen ersichtlich, auch erzielt worden.

Die in den Fig. 93 bis 98 dargestellten Kanalsysteme sind recht interessant, und eine eingehende Betrachtung wird sich lohnen; auch diese Anlage zeigt so recht, daß bei Anwendung von Blechkanälen umfangreiche Lüftungsanlagen eingebaut werden können, ohne daß dabei große bauliche Schwierigkeiten entstehen. Eine kurze Beschreibung der Kanalsysteme für die oberen Stockwerke ist folgende:

An der Kellerdecke liegen die Hauptzuluftkanäle für die kalte Kellerzuluft und für die vorgewärmte Zuluft des 1. und des 2. Stockwerkes. Die drei Gebläse für das 3. bis 7. Stockwerk haben nur kurze Verbindungen mit den Hauptkanälen, und die Zuluftverteilungs-

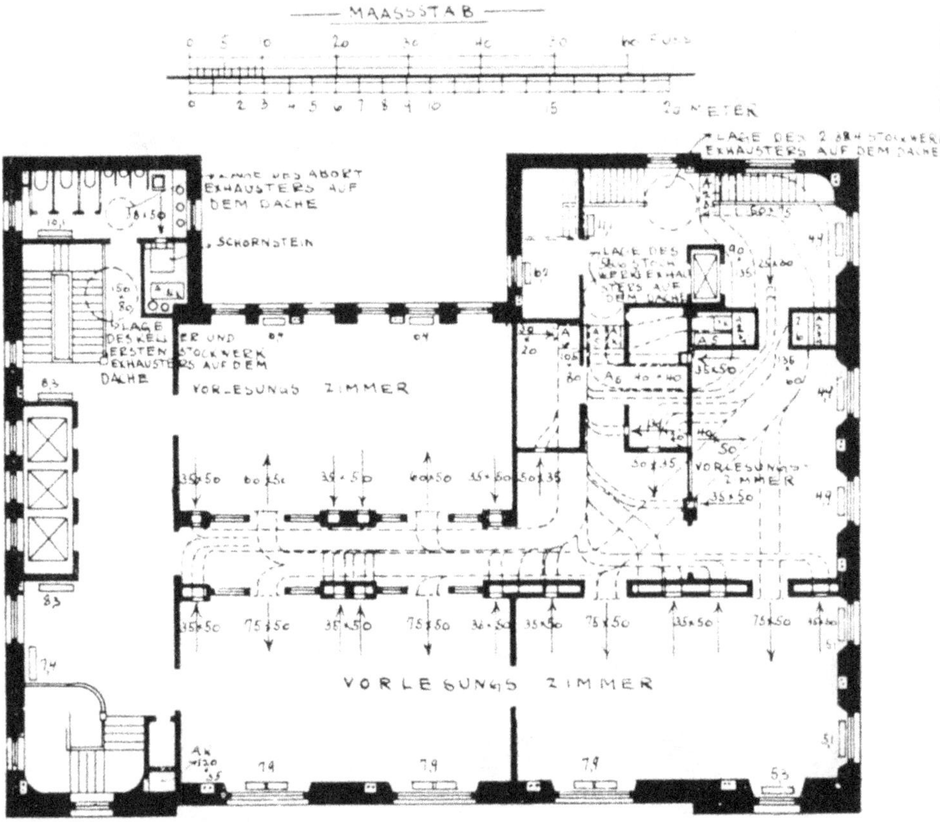

Fig. 98. United Engineering Societies Building. Grundriß des VI. Stockwerks.

kanäle liegen in den hohlen Deckenräumen des 4., 5., 6. und 7. Stockwerkes. Die Hauptsammelkanäle für die Abluft vom Keller und vom 1. Stockwerk liegen zum größten Teile an der Kellerdecke. Die Abluft vom 2. bis 7. Stockwerke wird durch verschiedene Hauptsammelkanäle in den hohlen Deckenräumen zu den vertikalen Hauptschächten geführt, und letztere steigen dann durch das 7. bis 13. Stockwerk gerade in die Höhe. Die hohlen Deckenräume sind selbstverständlich vom architektonischen Standpunkte aus nicht zu beanstanden; gewöhnlich versucht man größere Kanäle in Räumen mit dem geringsten Flächeninhalte zu sammeln, denn hier lassen sich leichter etwas größere Hohlräume erzielen.

Die Blackman-Abluftventilatoren sind direkt in die Hauptabluftschächte verlegt und sie werden durch stehende Elektromotoren angetrieben. Die Anordnung der Ventilatoren und Motoren ist der in der Tafel VII dargestellten Art ganz gleich. Deshalb habe ich weitere Zeichnungen darüber hier weggelassen.

Im 5. und im 6. Stockwerke und in den Seitengängen der großen Halle sind bei allen Abluftkanälen zur besseren Abführung von überschüssiger Wärme und zur Abführung etwaigen Tabakrauches außer den unteren auch obere Abluftklappen angebracht.

Die Architekten für das Gebäude waren H a l e & R o g e r s in New York.. Die ausführende Heizungsfirma war G. A. S u t e r & C o. in New York.

XIII. Die Heizungs- und Ventilationsanlagen der St. Patricks-Kathedrale in New York City.

Die Anforderungen, die unser Publikum an die atmosphärischen Zustände in Kirchen stellt, bilden ohne Zweifel den triftigen Grund zu der Ausführung von Ventilationsanlagen, welche den Unterschied zwischen der amerikanischen und europäischen Heizungs- und Lüftungstechnik so recht zum Ausdruck bringen. Während man in Europa noch häufig die Frage bespricht, ob in einer alten Kirche eine Zentralheizung eingerichtet werden soll, würde man hier die Frage höchstens besprechen, ob eine Kirche eine Ventilationsanlage erhalten sollte, denn eine Zentralheizung setzt man hier als ganz selbstverständlich voraus. Es gibt daher hier eine ganze Anzahl von Kirchen, die vollständige, mechanisch betriebene Zuluft- und Abluftventilationsanlagen besitzen, die sich gut bewährt haben und auch immer während des Gottesdienstes gebraucht werden.

Auch in dieser vielleicht bestbekannten und schönsten Kirche in den Vereinigten Staaten erkannte man die Notwendigkeit einer Ventilationsanlage an, wenn auch erst nach jahrelanger Benutzung. Die Kirche hat eine Besetzung von 2500 Personen (aber bei gewissen militärischen Gottesdiensten, wenn auch die Gänge und Stehplätze voller Menschen sind, noch bedeutend mehr), und da die Gottesdienste an Sonn- und Festtagen kurz aufeinander folgen, so ist diese Menschenmenge häufig die durchschnittliche Besetzung. An kälteren Tagen können wegen unausstehlicher Zugbelästigungen die Fenster zwecks Erreichung von Ventilation nicht geöffnet werden. Es waren daher Luftverhältnisse in der Kirche, die dringend eine Verbesserung erforderten. Der Hauptteil der Kirche ist schon vor vielen Jahren erbaut worden. Beim späteren Anbau des Teiles, der die Kapelle und Sakristei enthält, entschloß man sich nach jahrelanger Erwägung, eine erhebliche Summe für eine Ventilationsanlage aufzuwenden. Diese Ventilationsanlage ist nun schon seit 5 Jahren im Betriebe, und die Luftverhältnisse sind nun derart, daß die Gebläse zum wenigsten einmal wöchentlich laufen müssen, während an den Wochentagen die Zuluftmenge genügt, welche der natürliche Auftrieb der Luft durch die niedrig gelegenen Vorwärmeschlangen bringt.

Bauliche Schwierigkeiten und ein eingehendes Studium der zu überwindenden Schwierigkeiten wiesen den Weg zur besten Luft-einführung, und dieser war, die frische und vorgewärmte Luft an den Enden der Kirchenbänke in die Gänge zu blasen. Nahe den Altären war es möglich, obere Luftklappen anzubringen. Es war ein ca. 1 m hoher Hohlraum unter dem Kirchenfußboden vorhanden, und die eiser-nen Zuluftkanäle ließen sich in recht einfacher und billiger Weise aus-führen. Öffnungen im oberen Teile der Kirche, nach Türmen hin ausmündend, dienen für die Abluft, wenn eine Wärmeabführung gewünscht wird. Für eine innige oder wenigstens genügende Luft-verteilung sorgt die Mischung der von den Kirchenbesuchern aus auf-steigenden wärmeren Luftströme mit der Zuluft. Die Einführung der Luft von unten hat sich sehr gut bewährt, so daß man auch jetzt dieser Art der Einführung den Vorzug geben würde.

Die Temperatur der Zuluft ist gewöhnlich 17 bis 20° C, ausge-nommen jedoch in der Kapelle und in der unter der Kapelle liegenden Sakristei, denn hier sind die Heizungs- und Ventilationsanlagen als Dampfluftheizung ausgeführt, und die Zuluft- oder Heizlufttempera-turen entsprechen dem Wärmebedürfnisse. Die Zuluft strömt in diese Räume in den hohen Fensterbrüstungen ein.

Die Beheizung der Kirche auf ungefähr 18° C erfolgt durch eine große Anzahl von Radiatoren, wie im Plane des Hauptstockwerkes angedeutet ist, und durch eine große Anzahl von Heizrohrschlangen (in den Plänen nicht angedeutet) in den oberen Fenstern und Teilen der Kirche.

Die Heizungs- und Ventilationsanlagen sind, soweit es der Rahmen dieses Buches gestattet, vollständig in den Fig. 99 bis 100 darge-stellt. Als Heizungssystem dient das einfache geschlossene Nieder-druckdampf-Zweirohrsystem, und alle Radiatoren im unteren Teile der Kirche werden automatisch (nach dem Johnson-System) reguliert. Auch die Dampfluftheizung der Kapelle und Sakristei wird auto-matisch durch Thermostaten reguliert, und zwar wird die vorgewärmte Frischluft durch die im Keller liegenden Heizkörper geleitet, wenn Wärme erforderlich ist, dagegen um die Heizkörper herum, wenn keine Heizung nötig ist.

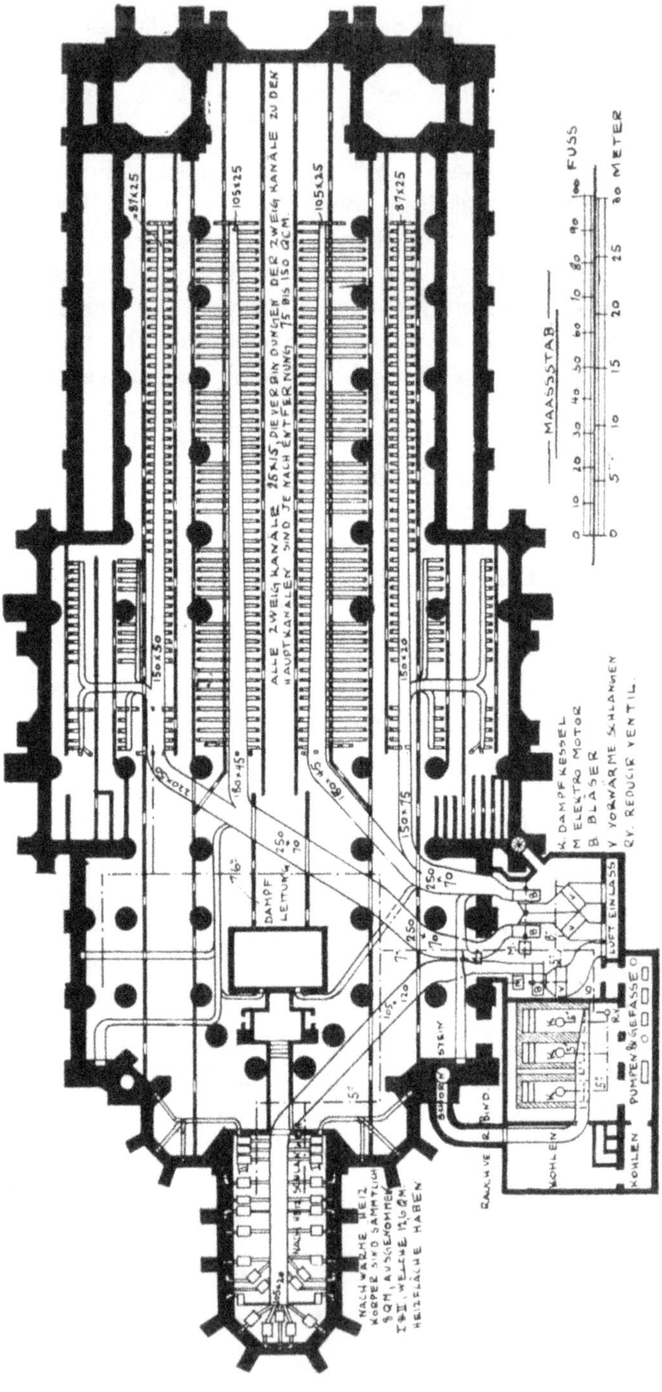

Fig. 99. St. Patricks-Kathedrale in New York City. Grundriß des Kellers.

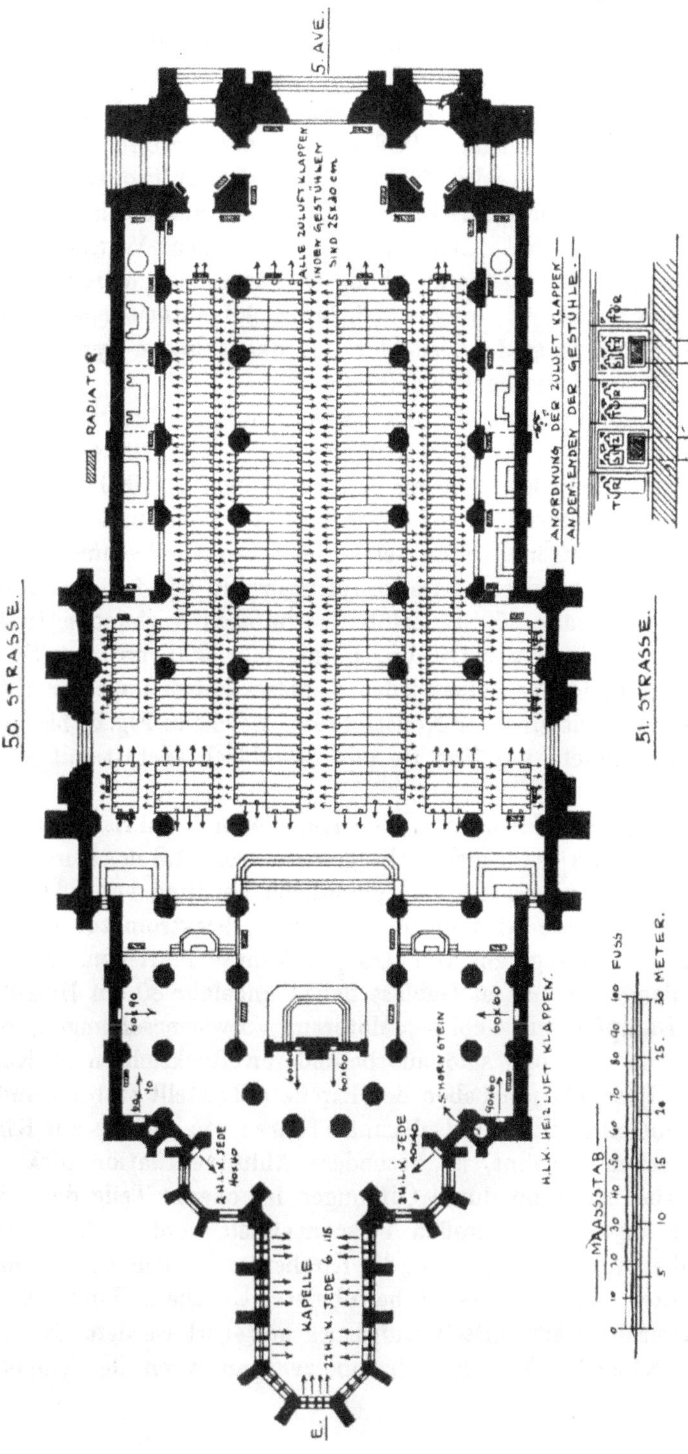

Fig. 100. St. Patricks-Kathedrale in New York City. Grundriß der Kirche.

11*

In drei Siederohrkesseln von je 1,54 m Durchmesser und 5,4 m Länge, die 96 Röhren von 3½″ l. W. enthalten, wird Dampf von 1 bis 2 Atm. Druck erzeugt. Die Kessel liefern auch noch Dampf für die nahe der Kapelle liegenden Wohnhäuser des Erzbischofs und des Rektors. Der Dampf wird für Heizung und Luftvorwärmung auf 0,1 bis 0,2 Atm. Druck reduziert. Bauliche Verhältnisse machten ein Rückpumpen des Kondenswassers von den Wärmeschlangen nötig, und man wählte hierzu kleine Dampfpumpen, deren Abdampf nach Entölung direkt in die Niederdruckdampfleitungen geführt wird. Zur Erzeugung der Druckluft für das Johnson-System dienen kleine elektrisch betriebene Kompressoren.

Für die Zuluftventilation der Kirche sind zwei Zentrifugalgebläse mit Flügelrädern von 2,4 m Durchmesser und 1,2 m Breite vorhanden, welche eine stündliche Leistung von zusammen 140 000 cbm haben. Die Flügelräder sitzen auf einer gemeinsamen Welle und werden von einem 30 PS-Elektromotor mit einer höchsten Umdrehungszahl von 175 pro Minute betrieben. Da zur Einführung der frischen Luft in die Kirche ungefähr 470 Lufteintrittsöffnungen vorhanden sind, so entfallen auf jede dieser Öffnungen ungefähr 300 cbm pro Stunde. Die Vorwärmeschlangen eines jeden Gebläses haben ungefähr 150 qm Heizfläche, und sie sind der Konstruktion, welche in Fig. 64 bis 65 dargestellt ist, ähnlich; nur sind sie mit Eisenblech anstatt mit Mauern ummantelt.

Für die Dampfluftheizung der Kapelle und Sakristei dient ein Zentrifugalgebläse mit einem Flügelrade von 1,8 m Durchmesser und 1,05 m Breite, welches eine stündliche Leistung von 28 000 cbm hat. Dieses Gebläse wird durch einen 8 PS-Elektromotor mit einer höchsten Umdrehungszahl von 225 pro Minute betrieben. Die Vorwärmeschlangen für dieses Gebläse haben ungefähr 80 qm Heizfläche.

Die Dampfkessel, Gebläse, Motoren, Vorwärmeschlangen, Kompressoren und Pumpen sind aus besonderen Rücksichten in Kellern unter den Rasenplätzen neben der Kirche aufgestellt worden und die Hauptleitungen und großen Luftkanäle führen von hier aus zur Kirche.

Wie schon erwähnt, ist besondere Abluftventilation nicht vorgesehen, aber sie kann durch Öffnungen im oberen Teile der Kirche und Türen in den zwei großen Türmen erzielt werden. Diese Türen werden aber nur geöffnet, wenn die Kirchentemperatur bei wärmerem Winterwetter eine gewisse Höhe übersteigt. Diese Türen können vom Kesselraume aus mittels Luftdruck gesteuert werden. Ein automatisches Klingelwerk im Kesselraume zeigt an, wenn die Temperatur in der Kirche zu hoch ist, und je nach den Jahreszeiten reduziert man dann entweder die Zulufttemperatur oder öffnet die Abluftklappen vom Kesselraume aus.

Es sei hier auch noch bemerkt, daß sich, wie ja vorauszusehen ist, beim Öffnen der Türen im oberen Teile der Kirche ein starker Luftunterdruck in Fußbodenhöhe der Kirche einstellt, und daß dadurch eine ganz gewaltige Luftmenge durch die Gebläse, Vorwärmeschlangen und kleinen Zuluftkanäle hindurch in die Kirche eingesaugt wird, man behauptet beinahe so viel (bei niedriger Außentemperatur), wie die Gebläse in die Kirche eintreiben können, wenn die Klappen geschlossen sind. Unter solchen Umständen stellen sich aber bald unausstehliche Zugbelästigungen ein.

Die ausführende Heizungsfirma war G i l l i s & G e o h a g e n in New York City.

XIV. Einiges über Heizung und Ventilation von Krankenhäusern in Nord-Amerika.

In nachfolgenden Zeilen möchte ich kurz über Erfahrungen berichten, welche Krankenhausheizung und -lüftung betreffen und in einer Anzahl der wichtigsten und größten amerikanischen Krankenhäuser gesammelt worden sind, mit besonderer Berücksichtigung von New York City. Daß sich hier das Krankenhausbauwesen in etwas anderen Bahnen bewegt wie in Europa, kommt namentlich in New York City, der rastlosen Weltstadt, so recht zur Erscheinung. Es wird hier von berufener Seite für nötig gehalten, die Krankenhäuser möglichst in den dicht bevölkerten Teilen der Stadt zu haben, damit sie möglichst der großen Menge und damit auch der nicht bestbemittelten Bevölkerung bequem zur Hand sind. Da aber in den dicht bevölkerten Stadtteilen natürlich die Bauplätze bedeutend teurer sind wie in den Vororten, bemißt man den zur Verfügung zu stellenden Bauplatz immer auf das geringste, und um trotzdem ausreichenden Platz für den Bau selbst zu bekommen, baut man die Krankenhäuser von Jahr zu Jahr höher.

Wenn man z. B. vor 30 Jahren ein fünfstöckiges Krankenhaus für hoch ansah, so ist das jetzt schon weniger als die gewöhnliche Höhe, und ein soeben in der Ausführung begriffener Krankenhausneubau hat ausschließlich des Kellergeschosses zwölf Stockwerke. Derartige »Wolkenkratzer-Krankenhäuser« würde man in Europa mindestens außerordentlich finden; aber in Anbetracht vieler anderer riesig hoher Gebäude in New York City, welche bis zu 55 Stockwerke gehen, erscheint uns hier ein Krankenhaus von zwölf Stockwerken nicht als besonders hoch. Natürlich werden derartige hohe Gebäude mit reichlichen Personen-, Fracht- und Speiseaufzügen versehen.

Es ist leicht begreiflich, daß die Ausführung von Heizungs- und Ventilationsanlagen um so schwieriger ist, je höher das Gebäude ist. Die vertikalen Rohrstränge und Radiatorverbindungen müssen wegen

der Ausdehnung besonders vorsichtig verlegt werden; die Anzahl
der Ventilationskanäle wird so groß, daß sie sich sehr schwer unterbringen lassen — in der Tat, es wird dem Heizungstechniker manchmal
im Scherz gesagt, es komme dahin, daß das Gebäude speziell für die
Ventilationsanlage gebaut werde und nicht für die Krankenhaus-
zwecke. Es ist eine bedauernswerte Tatsache, daß viele der besten
Ärzte und Architekten sich lediglich mit Rücksicht allein auf die baulichen Schwierigkeiten schon durchaus nicht mehr scheuen, künstliche Ventilationsanlagen für die Krankensäle und Krankenzimmer
ganz wegzulassen. Operationssäle, Sterilisier- und Chloroformzimmer,
alle Räume, in denen Gerüche erzeugt werden, wie Aborte, Küchen,
Wäschereien usw., werden jedoch stets auf das beste ventiliert. Man
hat hier viele einander widersprechende Ansichten von Ärzten über
die Frage, wie Krankensäle am besten zu ventilieren sind, zu bekämpfen.
Oft findet man, daß die vorhandenen Ventilationsanlagen für solche
Räume außer Betrieb sind. Alle diese Verhältnisse erleichtern be-
greiflicherweise nicht selten den Entschluß, Ventilationsanlagen für
Krankensäle und Krankenzimmer einfach wegzulassen. Viele Ärzte
behaupten, daß Krankensäle und Krankenzimmer durch das vor-
sichtige Öffnen der Fenster genügend ventiliert werden können;
andere behaupten, daß die Fensterventilation die einzig richtige sei.
Man hält dem Lüftungstechniker entgegen, daß wir uns doch in den
meisten Fällen und unter kaum so günstigen Bedingungen, wie sie
in Krankenhäusern bestehen, in unseren Wohnräumen auf Fensterventilation verlassen. Man behauptet, daß bei richtiger Anzahl und
Anordnung der Fenster und der Heizkörper die eintretende kalte
Luft durch warme Luftströme unschädlich gemacht werden könne.
Natürlich wird noch viel in dieser Richtung zu lernen sein. Auch der
Lüftungstechniker muß anerkennen und berücksichtigen, daß Krankensäle überall mit vielen Fenstern zur Schaffung von Durchzug versehen sind. Fast jeder Krankensaal ist so gebaut, daß er an drei
Seiten Außenwände hat und für natürliche Lüftung besser liegt, wie
Wohn- und Geschäftsräume zu liegen pflegen. Auch jedes Privatkrankenzimmer hat mindestens ein großes Fenster und ist wohl in
allen Fällen ebenso gut wie ein gewöhnliches Schlafzimmer; zudem
hält sich in jedem Privatkrankenzimmer nur eine Person auf. Geht
man von dem einzig richtigen Standpunkt aus, daß für Kranke in
jeder Hinsicht das Beste beschafft werden muß, nicht nur hinsichtlich
der Ernährung, Pflege, Kleidung, Licht, Heizung, Ruhe und Sanitätsanlagen, sondern auch hinsichtlich Ventilation, so kann man die

Weglassung von Ventilationsanlagen nicht verteidigen. Vom Standpunkt des Praktikers betrachtet, muß man aber zugeben, daß die Krankensäle doch lediglich die Wohn- und Schlafräume der Kranken sind, und daß in Anbetracht der so häufig zu beobachtenden Nichtbenutzung der für Krankensäle vorhandenen Ventilationsanlagen kaum ein größeres Bedürfnis an künstlichen Ventilationsanlagen für solche vorzuliegen scheint als für die Wohn- und Schlafzimmer gesunder Leute.

Die nachfolgende Tabelle gibt einen recht interessanten Überblick über die in guten Gebäuden verschiedener Arten hierzulande in der Regel pro Person zur Verfügung stehenden Fensterfläche und Lufträume. Beiläufig sei bemerkt, daß in vielen Fabriken, »Sweat shops« in New York City, billigen Miethäusern usw. die Verhältnisse in bezug auf Fensterfläche und Kubikinhalt bedeutend schlechter sind, und in diesen Räumen wären künstliche Ventilationsanlagen von größerem Nutzen als in einem modernen Krankenhause.

Art des Raumes	Fensterfläche pro Person in qm	Kubikinhalt der Säle oder Zimmer pro Person in cbm
Typischer Krankensaal	2,5	42
Bettzimmer im ländlichen Wohnhause im Durchschnitt	2,5	20[1]
Ein typischer Zeichensaal	1,2	23[1]
Feines Hotel-Bettzimmer im Durchschnitt . . .	0,8	20[1]
Ein Buchhaltersaal	0,6	13[2]
Theater im Durchschnitt	—	5,7[3]
Schulzimmer nach Gesetz	0,5 bis 0,9	5,7[3]

Diese Tabelle spricht für sich selbst, und man bemerke, daß der Krankensaal reichlichen Kubikinhalt und Fensterfläche hat, daß, wenn es überhaupt möglich ist, gute Luftverhältnisse durch das Öffnen der Fenster zu erzielen, es in einem Krankensaale am leichtesten möglich sein sollte. Der Hygieniker wird wohl die Fragen über ungesunde Ausdünstung, Abscheidungen usw. aufwerfen. Hat aber die Erfahrung gelehrt, daß, ausgenommen vielleicht hinsichtlich der Kinderkrankensäle, solche Fragen berechtigt sind? Viele Ärzte und Architekten werden es bestreiten. Zudem hört man jetzt soviel über wunder-

---

[1] Ventilationsanlagen kaum erforderlich. [2] Abluftventilationsanlagen mußten nach Besetzung installiert werden. [3] Ventilationsanlagen erforderlich.

bare Erfolge der Frischluft- oder Zugluftheilmethode. Luftzug, der so stark ist, daß er bei Gesunden vielleicht Erkältungen oder sogar Lungenentzündungen hervorrufen könnten, soll den in Betten unter wollenen Decken liegenden Kranken nicht schaden. Wie man aber auf Rekonvaleszente, die leicht bekleidet in den Sälen umhergehen, oder auf unruhige, im Fieber liegende Kranke Rücksicht nimmt, ist wohl eine noch nicht gelöste Frage. Äußert man Bedenken, daß die Krankenwärterinnen versäumen könnten, die Fenster zu öffnen, oder mit genügender Sorgfalt, den Windrichtungen entsprechend, zu schließen, so wird darauf gewöhnlich seitens der Ärzte erwidert: Krankenwärterinnen haben doch noch wichtigere Dienste zu besorgen, und wenn wir uns dabei auf sie verlassen können, warum können wir ihnen nicht auch das Öffnen und Schließen der Fenster anvertrauen.

Unzweifelhaft herrscht hierzulande durchweg ein einmütiges, großes Verlangen nach guten und reichlichen Ventilationsanlagen für fast alle Arten von Räumen, in denen sich Menschen aufzuhalten haben, ausgenommen für Krankensäle, und bei Durchsicht der obigen Tabelle wird man den Hauptgrund hierfür einsehen. Unter keinen Umständen aber sollten die Ansichten einiger Ärzte als Gesetz hingenommen werden; e s i s t z w e i f e l h a f t, ob hier die Mehrheit der Ärzte den »n e u e n I d e e n« über Fensterventilation mit großen Heizflächen in den Sälen zustimmen oder ob eine Mehrheit den k ü n s t-l i c h e n »o l d f a s h i o n e d« Ventilationsanlagen mit kleinen Heizflächen in den Sälen den Vorzug geben würde. Immerhin werden die »neuen Ideen« von so vielen Leuten vertreten, daß der Ventilationstechniker mehr und mehr Rücksicht auf sie nehmen muß, und es wird interessant sein, die Entwicklung der Krankensaalventilation in den nächsten Jahren zu beobachten. Fensterventilation aber sei hier vorläufig noch nicht besprochen, da es bis jetzt wohl noch keine erfolgreichen Beispiele dafür gibt; sie existiert vorläufig nur in Theorien.

Für künstliche Ventilationsanlagen findet man hier in Krankensälen beachtenswerte Beispiele, die aus dem Anfange der siebziger Jahre des vorigen Jahrhunderts stammen; das sind aber sämtlich, soweit mir bekannt, Dampfluftheizungen. Als ein vollkommenes Beispiel kann die Heizungs- und Ventilationsanlage des vor ungefähr 40 Jahren erbauten »New Yorker Hospitals« angesehen werden. Hier wird die Zuluft vom zweiten Stockwerke entnommen und durch ein großes, mit Dampfmaschine angetriebenes Gebläse in ein ausgedehntes Kanalnetz getrieben. Die Luft wird durch Dampfrohr-

schlangen vorgewärmt, am Fuße der vertikalen Kanäle durch Rippenheizkörper nachgewärmt und strömt dann durch lange schmale
Schlitze unter den Fenstern in die Krankensäle ein. Die vertikalen
Zuluftkanäle sind große gußeiserne Röhren, alle Abzweigungen sind
aus feinen modellierten, gußeisernen Fassonstücken hergestellt. Das
Hauptzuluftkanalsystem nimmt die ganze Höhe des Kellergeschosses
ein und enthält Röhren verschiedenster Art, eine unter allen Umständen
zu verwerfende Anordnung. Die Abluft wird aus den Krankensälen
über den Betten, unter den Betten und unten hinter den Betten
durch eine große Anzahl von Klappen entnommen, deren jede
10·15 cm groß ist. Die vertikalen Abluftkanäle sind in den Pfeilern
untergebracht, und die gußeisernen Zuluftkanäle liegen unmittelbar
in den gemauerten Abluftkanälen. Für die Absaugung der Abluft
dient ein im Dachgeschoß liegender
großer Exhaustor, welcher durch eine
große Anzahl runder galvanisierter
Eisenblechkanäle mit den gemauerten
vertikalen Abluftkanälen verbunden ist.

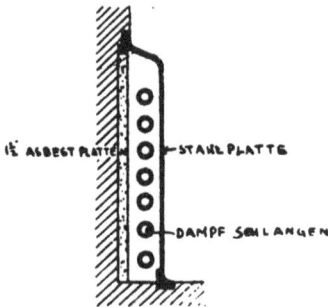

Fig. 101. Stahlplattenheizung für ein
Krankenhaus.

Dampfluftheizungen sind in vielen
Krankenhäusern vorhanden, und es
wurde in den älteren Krankenhäusern
wenig Rücksicht auf die Verschieden-
artigkeit der Räume genommen;
Krankensäle und Aborte wurden hinsichtlich der Ventilation in derselben
Weise behandelt. Es könnten hier
Krankenhäuser genannt werden, in welchen der Dampfluftheizung
durch in den Krankensälen aufgestellte Radiatoren nachgeholfen
wurde; in noch anderen Fällen ist die Dampfluftheizung nach und
nach ganz außer Betrieb gesetzt worden, und man heizt nur durch
Radiatoren. Dieses hatte zur Folge, daß man in den späteren Neu-
bauten die Heizungs- und Ventilationsanlagen trennte, ähnlich wie
hier weiter unten noch beschrieben werden soll.

Eine ganz neue Anordnung der Heizung wurde von dem Herrn
Alfred R. Wolff vor ca. 10 Jahren für das zehnstöckige New Yorker
Lying Hospital projektiert und ausgeführt. Es wurden Dampfschlangen
hinter Stahlplatten angeordnet, wie in Fig. 101 dargestellt ist; die
Stahlplatten beheizen nur die Zimmer der Kranken, denn in den
Administrationszimmern, Schlafzimmern für Ärzte, Krankenwär-
terinnen usw. sind gewöhnliche Radiatoren vorhanden. Die Stahl-

platten bieten eine Heizfläche, an welcher sich fast kein Staub ansetzt; diese glatte Heizfläche läßt sich leicht reinigen und hat den Vorzug milder Wärmeabgabe. Als Nachteil müssen die verhältnismäßig hohen Kosten der Ausführung angesehen werden, denn die Stahlplatten geben nicht mehr wie 400 WE/qm/Stunde ab, und um diese Wärmeabgabe zu erhalten, müssen die Heizschlangen hinter den Stahlplatten doppelt so groß sein, als wenn die Heizschlangen frei in den Zimmern wären.

Besonders dürfte wohl auffallen, daß nicht mehr Warmwasserheizungen in Krankenhäusern ausgeführt werden. Unter anderen Gründen ist dieses wohl namentlich der Höhe der Gebäude zuzuschreiben. Auch bei der durchschnittlichen Höhe von 6 Stockwerken, ergibt sich ein immerhin erheblicher Wasserdruck, und es scheint, daß unsere Heizungsfachmänner es bisher kaum für geraten hielten, die gewöhnlichen Leitungen, Radiatoren, Ventile usw. diesem Drucke zu unterwerfen, nur »um Warmwasserheizung zu haben«. Die bekannten hygienischen Vorteile, welche die Warmwasserheizung bietet, sind von berufener Seite noch nicht genügend gewürdigt worden, als daß man sich dazu entschlossen hätte, Radiatoren usw. zu konstruieren, welche mit Sicherheit hohen Drücken ausgesetzt werden können.

Aber als ein Beispiel, in welchen immerhin großzügigen Wegen trotz aller einander widersprechendern Ansichten der berufenen Stellen sich hier die Einrichtung von Krankenhausheizung und -lüftung bewegt, können die Einrichtungen des größten Krankenhauses in New York City, des »Neuen Bellevue-Hospitals«, gelten, über die hier einiges mitgeteilt werden soll. Dieses Krankenhaus befindet sich inmitten der ärmeren Ostseite von New York City, direkt am East River und wird, wenn vollendet, ungefähr 2500 Betten für Kranke enthalten. Die Anlagen in dieser großen Krankenanstalt sind auch eine der Arbeiten, aus denen Herr Wolff so jäh entrissen wurde; aber auch jetzt sind die Anlagen bei weitem noch nicht fertig. Das Gebäude wird auf dem erweiterten Bauplatze des alten Krankenhauses errichtet, und um den Betrieb des alten Krankenhauses für 1000 Betten nicht zu unterbrechen, wird der Neubau in Abschnitten nach und nach ausgeführt.

Fig. 102 zeigt einen allgemeinen Plan des Neuen Bellevue-Hospitals mit dem neuen Krankenwärterinnenheim und mit dem Gebäude für das »Department of Charities and Correction«, welche zusammen rund 700 000 cbm lichten Inhalt haben werden. Dieser Gebäudekomplex wird von einem Kesselhause aus (s. Fig. 103 bis 106) beheizt. Die Kesselanlage wird aus 12 Babcock & Wilcox-Kesseln mit ca. 4200 qm Heizfläche bestehen. Diese gewaltige Anlage gibt den Dampf für Heizung, Lüftung, Kochküchen, Wäscherei, Warmwasserbereitung, Sterilisation, Trockenräume, Bettzeugwärmer usw. Mit der Anwendung von Dampf ist man hier in fast allen Gebäuden verschwenderisch, so auch in Krankenhäusern; eine Vergleichung der Kesselanlagen in großen Krankenhäusern ergibt im Durchschnitt 2 qm Kesselheizfläche pro Bett, wobei alle obenerwähnten Verwendungszwecke des Dampfes einbegriffen sind; das scheint bedeutend mehr zu sein, als in Europa üblich ist.

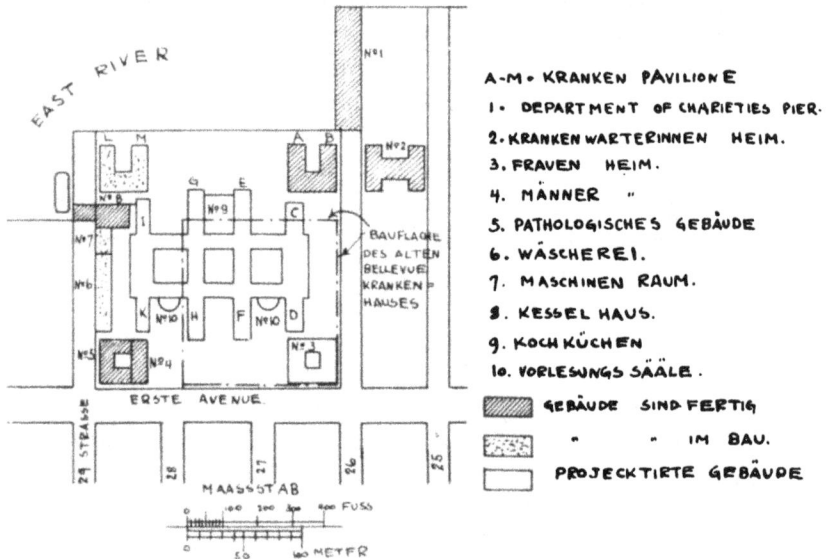

Fig. 102. Neues Bellevue-Hospital. Bauplan.

Das Kesselhaus ist denn auch in Anbetracht der Größe nach Art einer »Zentralstation« ausgeführt. Die Kohlen werden durch Schiffe direkt zur Ausladestelle an das Kesselhaus herangebracht, und ein mit Dampfkraft betriebenes Schöpfwerk hebt die Kohlen vom Schiffe in den Kohlenbunker Nr. 1. Von hier werden sie durch ein Hunts Becherwerk über die Kessel in den Bunker Nr. 3 gebracht. Kohlenbunker Nr. 2 dient als Reserve. Vom Bunker Nr. 3 werden die Kohlen durch die Kohlenablader entnommen. Hierzu werden die auf Schienen rollenden Kohlenablader direkt unter die Kohlenschüttrümpfe gerollt, und diese werden dann mittels einer Kette vom Kesselhausfußboden

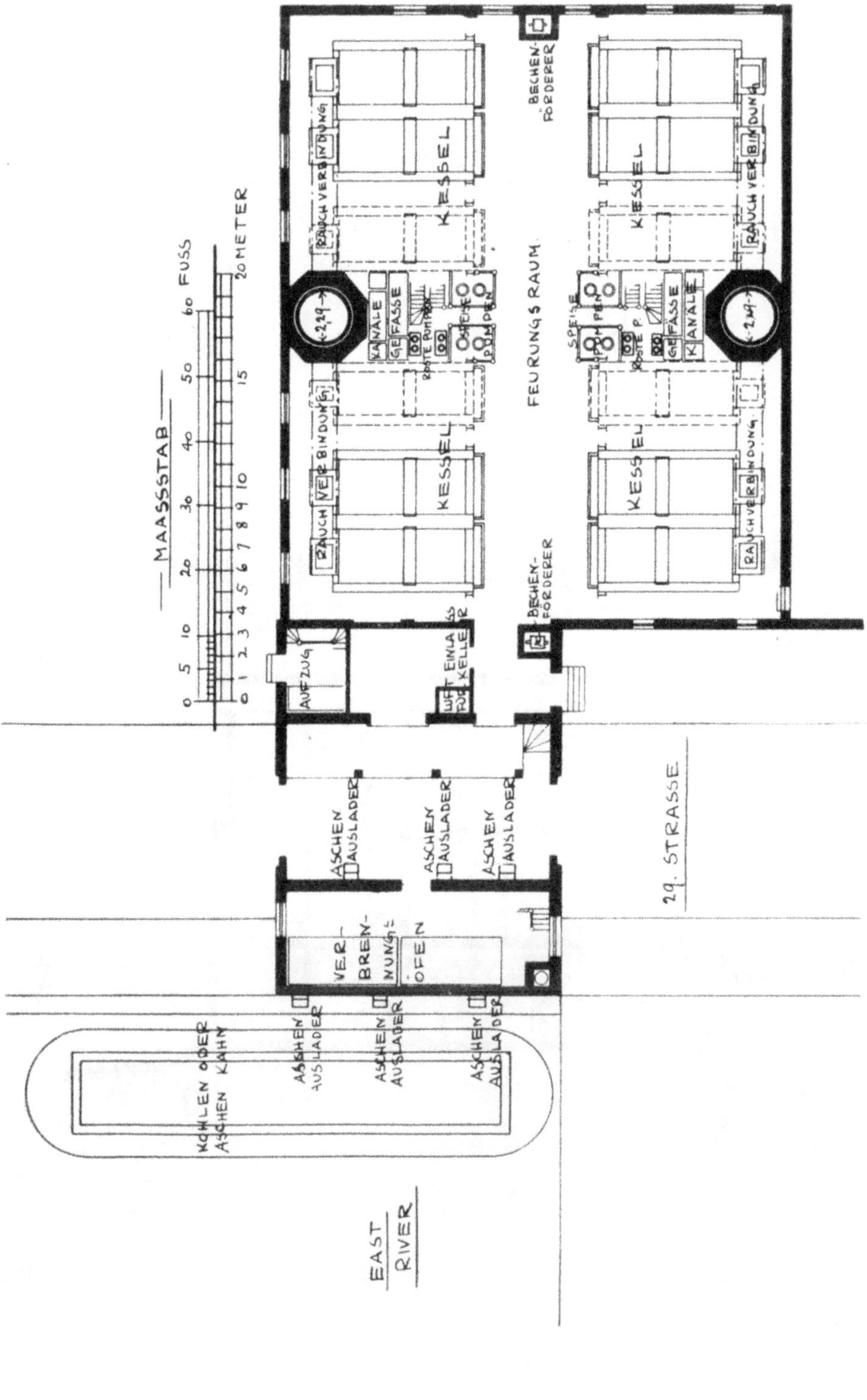

Fig. 103. Kesselhaus des Neuen Bellevue-Hospitals. Grundriß des Erdgeschosses.

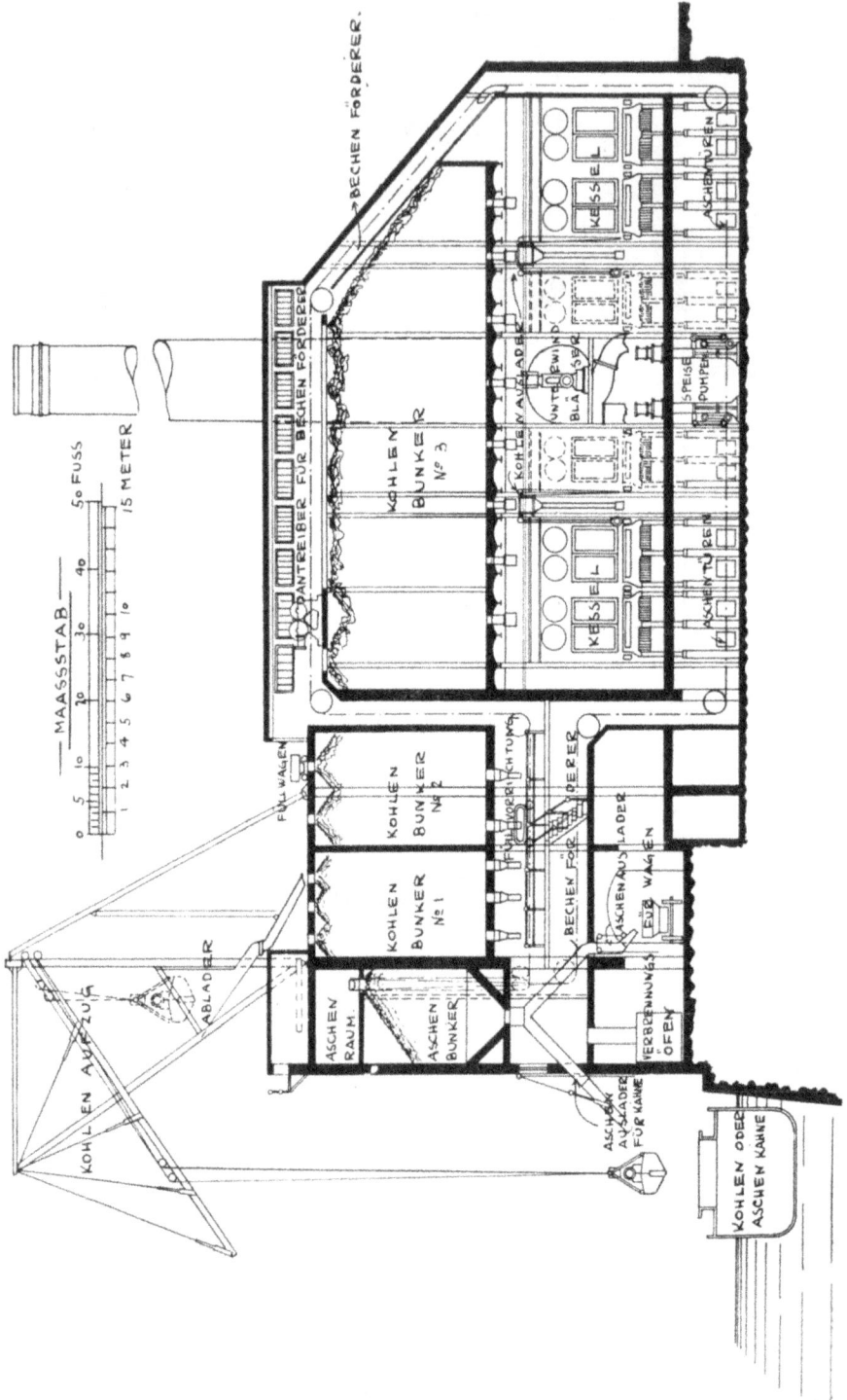

Fig. 104. Kesselhaus des Neuen Bellevue-Hospitals. Längenschnitt.

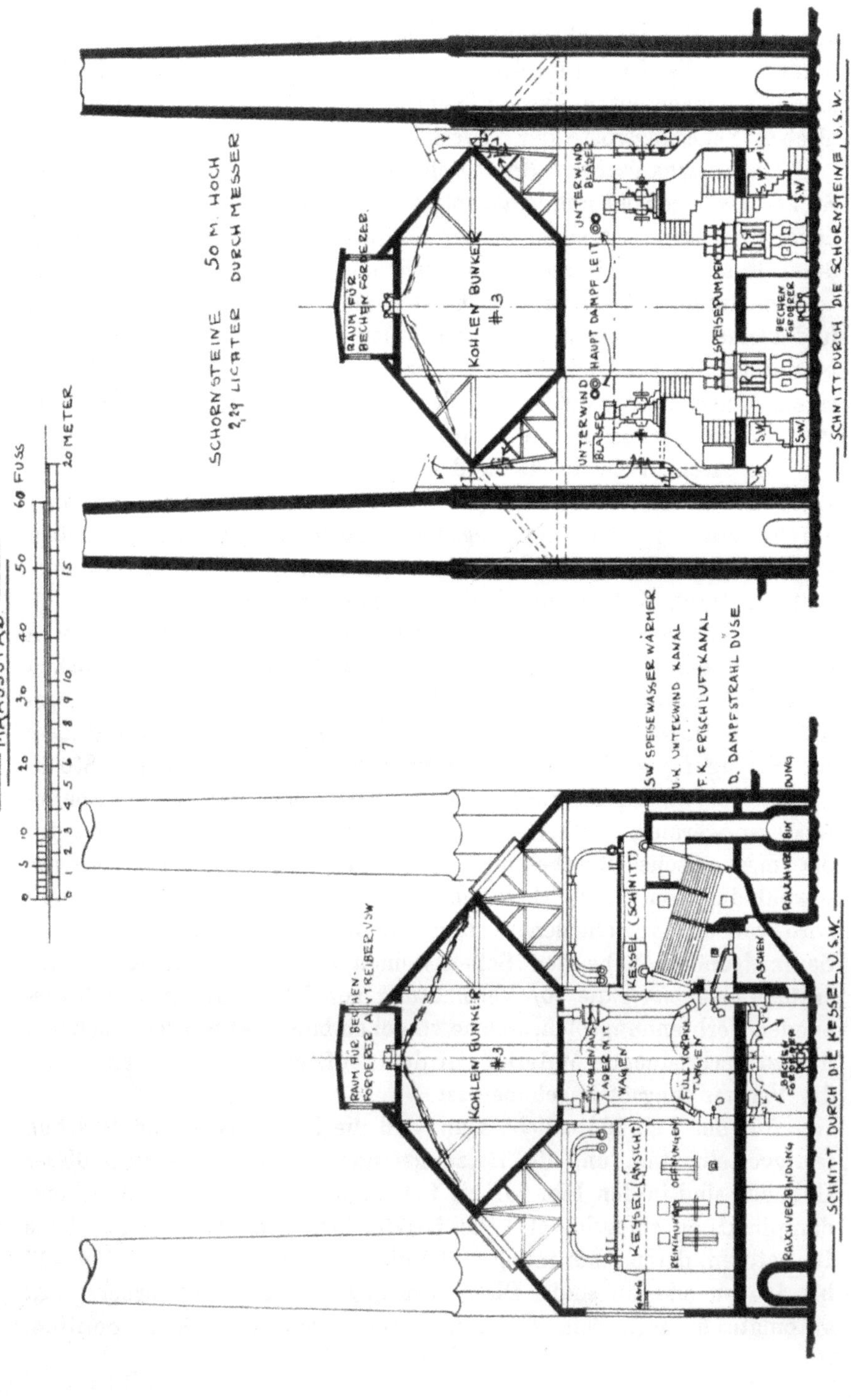

Fig. 105 und 106. Kesselhaus des Neuen Bellevue-Hospitals. Querschnitte.

aus geöffnet. Im Kohlenablader werden die Kohlen gewogen und dann fallen die Kohlen infolge des Öffnens des am Fuße jedes Kohlenabladers angebrachten Abschlußventiles in die Fülltrichter der mechanischen Feuerungsroste der Kessel.

Zur mechanischen Rostbeschickung dienen sog. »Wilkinson Stokers«, die sowohl mit feinkörniger Anthrazit- als auch mit gewöhnlicher Steinkohle betrieben werden können. Im wesentlichen bestehen diese Roste aus auf und nieder gehenden Treppenroststäben, angetrieben durch kleine hydraulische Motoren. Die Roststäbe sind hohl, und kleine Öffnungen in ihren vertikalen Flächen lassen die zur Verbrennung nötige Luft zu den Kohlen strömen. Diese Roste bedingen einen forcierten Zug, welcher durch zwei Unterwindgebläse und Dampfstrahldüsen erzeugt werden kann.

Die Asche fällt direkt in die Aschenräume unter den Kesseln, von wo aus sie im Kesselkeller in das Becherwerk geschaufelt und durch dieses in den hochgelegenen großen Aschenbunker gehoben wird. Vom Aschenbunker aus kann die Asche, wie in Fig. 104 dargestellt, durch Kähne oder Wagen weggeschafft werden.

Es sind zwei Schornsteine vorgesehen, damit Reparaturen an diesen vorgenommen werden können, ohne daß der Betrieb unterbrochen zu werden braucht. Die Schornsteine stehen an den beiden Längsseiten des Kesselhauses, und der infolgedessen inmitten des Hauses zur Verfügung gebliebene Raum wird in den verschiedenen Stockwerken für die Speisepumpen, Kondenswassersammelgefäße, Speisewasservorwärmer, Unterwindbläser, hydraulischen Pumpen und für die mechanische Rostbeschickung benutzt. Alles Kondenswasser, sowohl das vom Hochdruck- als auch das vom Niederdruckdampf, wird von den verschiedenen alten und neuen Gebäuden aus zu den Sammelgefäßen nahe den Schornsteinen gepumpt. Das Kesselhaus enthält auch noch die zur Vernichtung von Verbandzeug u. dgl. dienenden Verbrennungsöfen, welche von oben beschickt werden, nachdem das zu verbrennende Material auf dem Aufzuge zu dem Raume über die Verbrennungsöfen gehoben ist.

Aus der Fig. 102 ersieht man, daß die Pavillons A und B schon fertiggestellt sind, und die Heizungs- und Ventilationsanlagen dieser Gebäude sind in den Fig. 107 bis 111 dargestellt. Es ist Niederdruckdampfheizung eingerichtet. Die Heizflächen sind gewöhnliche glatte Radiatoren, deren Anordnung und Rohrverbindungen aus den Fig. 112 bis 114 zu ersehen sind. Die Wärmeabgabe jedes Heizkörpers wird automatisch (nach dem Johnson-System) reguliert. Die Disposition,

Größe und Anzahl der Heizkörper der sieben Krankensaalstockwerke ist in der Fig. 109 dargestellt.

Hochdruckdampf steht durch sechs vertikale Stränge in jedem Stockwerke für Kochzwecke in den Küchen, für Trockenräume und zur Sterilisation zur Verfügung.

Die Ventilationsanlagen sind für eine Höchstleistung von 170 cbm Frischluft pro Stunde und pro Bett ausgeführt. Jedes Gebläse hat ein

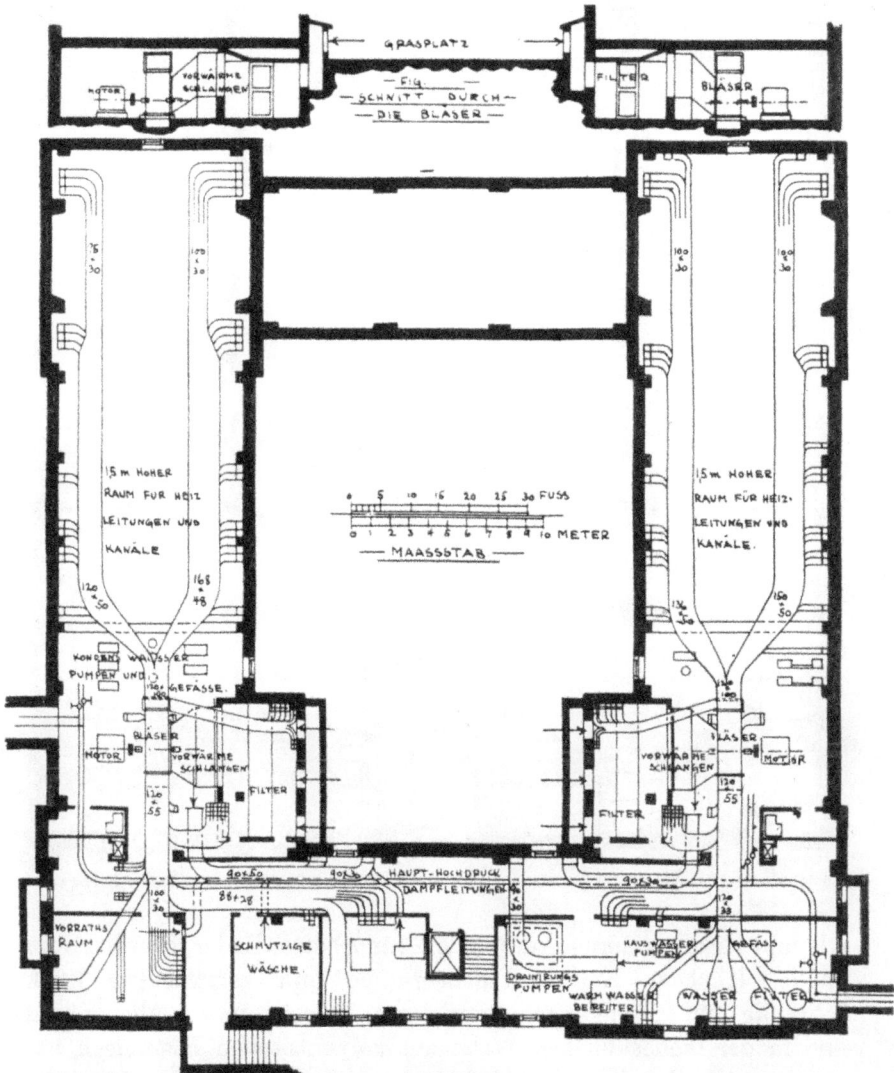

Fig. 107 und 108. Pavillon A und B des Neuen Bellevue-Hospitals. Grundriß des Kellers.

Ohmes, Lüftungs- und Dampfkraftanlagen. 12

Flügelrad von 2,4 m Durchmesser und 1,2 m Breite und wird durch
einen 16 PS-Elektromotor betrieben. Die Anordnung der Filter,
Vorwärmeschlangen, Gebläse, Motoren und Luftleitungskanäle ist
in den Fig. 107 bis 111 dargestellt. Für die Abluft dienen zwei Blackman-Ventilatoren von je 2,13 m Durchmesser; einer für die Kranken-

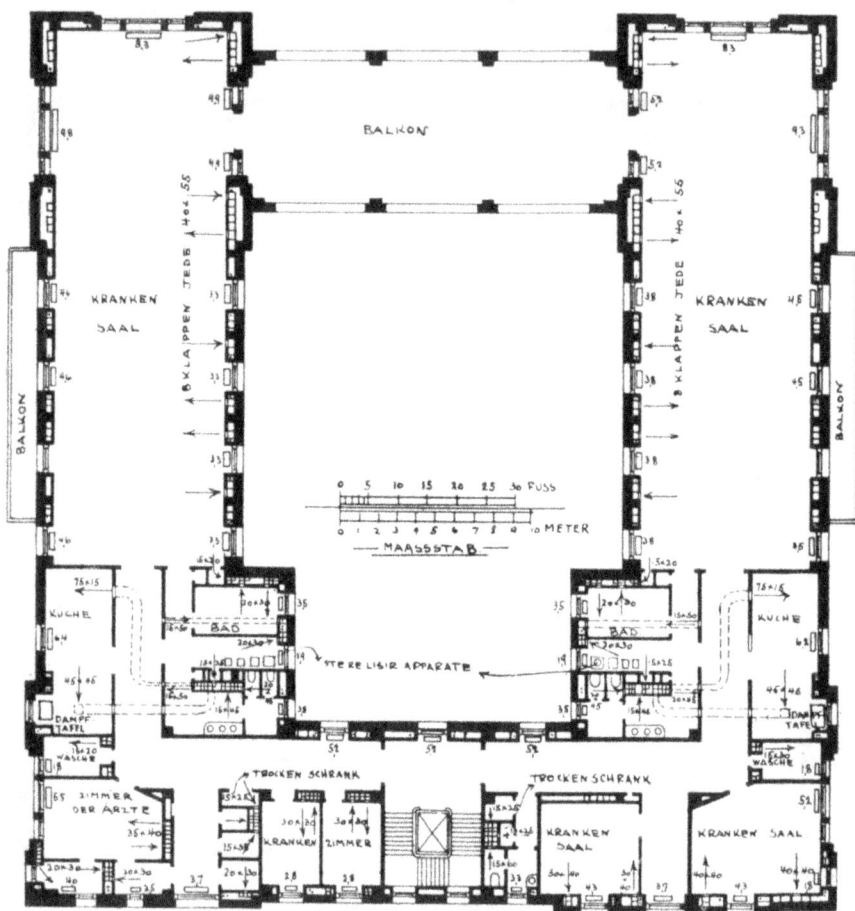

Fig. 109. Pavillon A und B des Neuen Bellevue-Hospitals. Grundriß der oberen Stockwerke.

säle und Krankenzimmer, der andere für Aborte, Bäder, Sterilisations-
räume, Küchen, Keller, Trockenräume und verschiedene kleine
Schränke für Stuhlgänge, schmutzige Wäsche usw. Alle Kanäle
sind in der landesüblichen Weise aus galvanisiertem Eisenblech hergestellt. Alle Zuluft- und Abluftklappen wurden besonders für dieses

Gebäude so hergestellt, wie es die Fig. 115 bis 117 zeigen. Die Klappen sind glatt, haben keine scharfen Ecken und können zwecks innerer

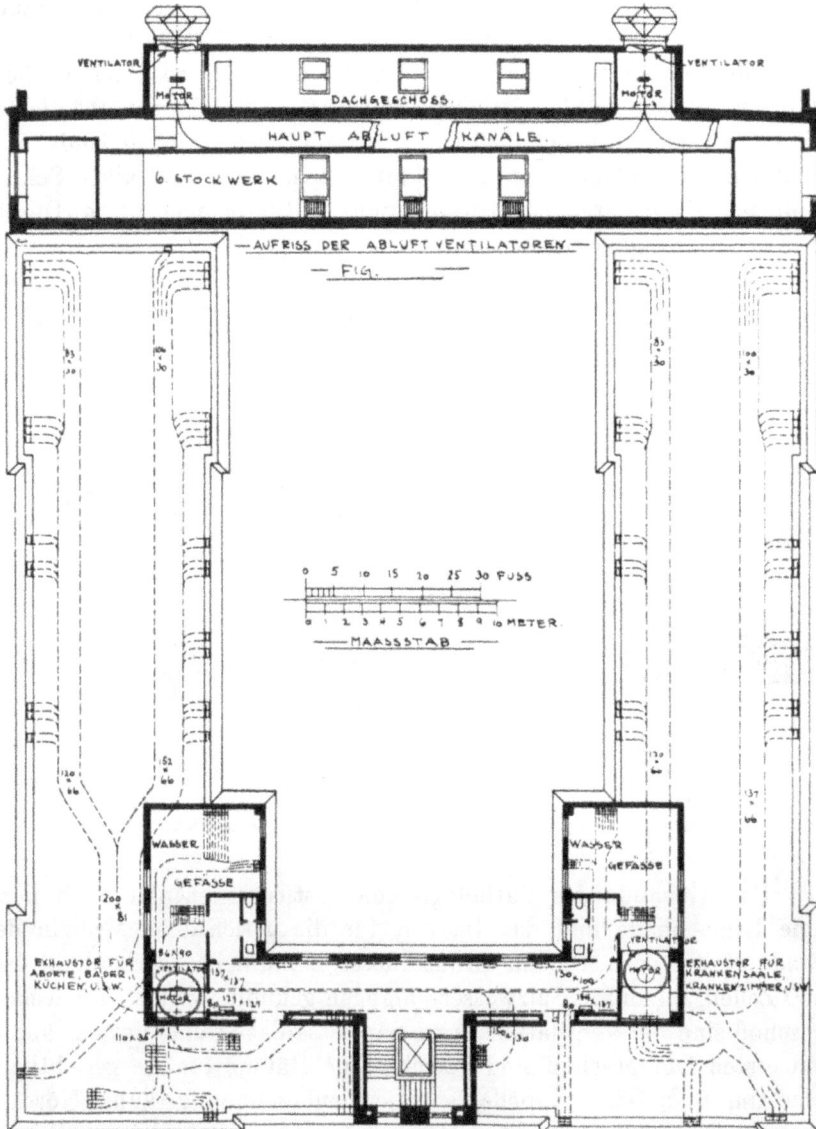

Fig. 110 und 111. Pavillon A und B des Neuen Bellevue-Hospitals. Grundriß des Dachgeschosses.

und äußerer Reinigung in der vertikalen Achse gedreht werden. Die Abluftventilatoren werden durch 15 PS-Elektromotoren mit 225 Umdrehungen pro Minute betrieben.

12*

Die Hauptzuluftkanäle liegen frei an der Kellerdecke, die Hauptabluftkanäle in der falschen Decke des sechsten Stockwerkes. Das
Gebäude ist vom Keller bis zum Dachgeschoß 40 m hoch, hat ungefähr
36 000 cbm lichten Inhalt und enthält ungefähr 400 Betten.

Aus dem allgemeinen Plan Fig. 102 ist auch noch zu ersehen,
daß der »Pathologische Pavillon« und das »Schlafzimmergebäude für
Männer«, beide für den Neubau bestimmt, schon fertig sind. Das
Schlafzimmergebäude hat ein Abluftsystem, und aus allen Schlafzimmern wird durch einen Blackman-Ventilator von 1,5 m Durchmesser Abluft abgesaugt.

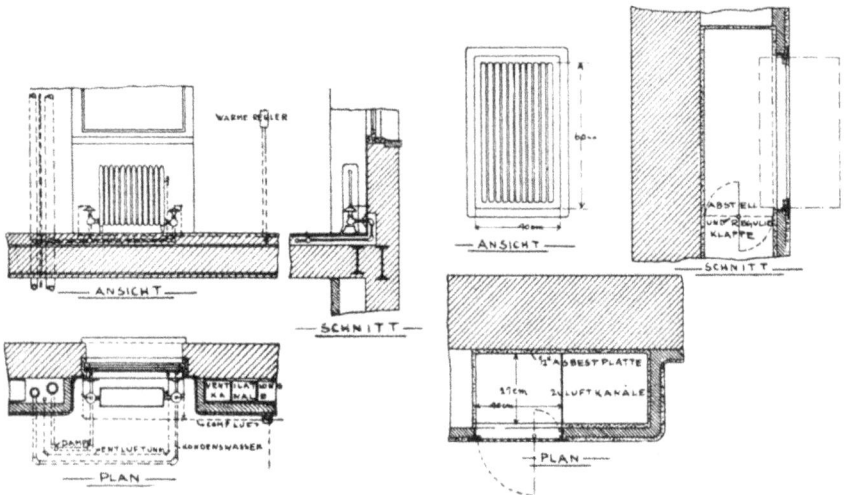

Fig. 112 bis 114.
Heizkörperanordnung.

Fig. 115 bis 117.
Ventilationsklappenanordnung.

Das Gebäude des Pathologischen Institutes enthält auch noch
eine Leichenhalle und das Institut für die gerichtliche Medizin der
Stadt New York. Die im Erdgeschosse befindliche Leichenhalle hat
450 Zellen, die durch Salzwasserschlangen gekühlt werden. Im Keller-
geschoß sind die Ventilations- und Sanitätsanlagen und Vorratsräume.
Im ersten Obergeschoß sind verschiedene Räume für die gerichtliche
Medizin, u. a. eine Kapelle, ein Leichenbeschauungsraum, Hörsäle,
Zeugensäle usw. Im zweiten Obergeschoß sind drei kleinere Privat-
Sezierzimmer und ein großer Sezier- und Hörsaal mit fünf Sezier-
tischen, namentlich für Studenten der naheliegenden medizinischen
Institute verschiedener Universitäten. Einer der Seziertische ist mit
hohen Sitzen für Demonstrationszwecke umgeben. Das 2. bis 6. Stock-

werk enthalten Zimmer verschiedenster Anordnung, namentlich chemische und biologische Laboratorien usw.

Alle Räume werden mit Niederdruckdampf beheizt und alle Heizkörper automatisch reguliert. Für alle Räume sind vollkommene Zuluft- und Abluftventilationssysteme vorgesehen und in der landesüblichen Weise ausgeführt.

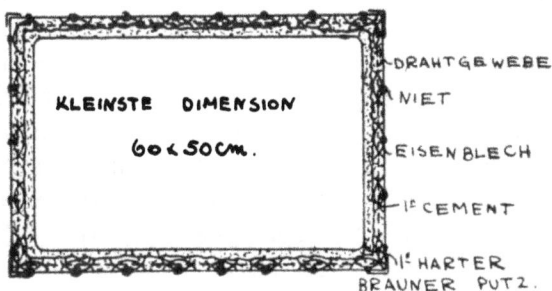

Fig. 118. Säurefester Kanal.

In den Laboratorien sind eine große Anzahl von kleinen Schränken (Hoodclosets), unter denen die verschiedenen Experimente mit den

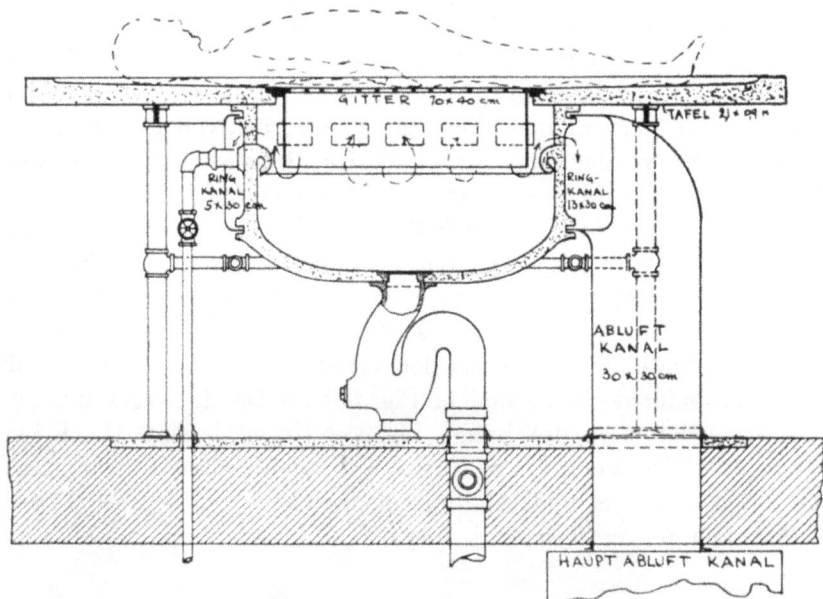

Fig. 119. Neues Bellevue-Hospital. Entnahme der Abluft aus den Seziertischen.

giftigsten Säuren usw. gemacht werden. Jeder Schrank, mit einem Grundriß von ca. 60 · 90 cm, ist durch ein glasiertes Tonrohr von 52 mm lichtem Durchmesser abgelüftet. Galvanisierte oder verbleite

Eisenblechkanäle wären unter diesen Verhältnissen nicht dauerhaft genug. Von den verschiedenen Stockwerken aus reichen diese Röhren direkt bis zu dem Hohlraum über dem sechsten Stockwerke und werden dort in einem großen Kanale, von der in Fig. 118 veranschaulichten Konstruktion gesammelt. Der Hauptkanal ist innen glatt verputzt, und nach vielen Versuchen und Erfahrungen hat sich diese Konstruktion als die dauerhafteste erwiesen. Im Hauptkanal kann durch einen Zentrifugalventilator mit einem Flügelrade von 1,14 m Durchmesser und 0,71 m Weite ein Unterdruck von 45 mm Wassersäule gehalten werden. Dieser Ventilator ist mit sog. säurefesten Farben angestrichen und wird durch einen 11 PS-Elektromotor mit 370 Umdrehungen pro Minute betrieben.

Eine besondere, vielleicht neue Ventilationseinrichtung für die Seziertische sei hier noch erwähnt. Es müssen in diesem Gebäude häufig Leichen seziert werden, die schon stark in Verwesung übergegangen sind, und bei denen deshalb die Abführung des Geruches von der Leiche, soweit wie irgend möglich, dringend erwünscht ist. Diesem Zwecke dient ein Zentrifugalventilator mit einem Flügelrade von 1,83 m Durchmesser und 0,92 m Breite, welcher mit 275 Umdrehungen pro Minute durch einen 20 PS-Elektromotor betrieben wird. Damit kann im Hauptkanal ein Unterdruck von 45 mm Wassersäule erzeugt werden. Im ganzen sind acht Seziertische vorhanden. Die Sammelkanäle liegen an der Decke des ersten Stockwerkes, und der Exhaustor ist im Dachgeschoß (7. Stockwerk). Sämtliche Kanäle sind, da die Abluft wegen der reichlichen Anwendung von Wasser für Spül- und Reinigungszwecke meistens mit Wasser gesättigt ist, aus Kupfer hergestellt. Alle Nähte sind zwecks Luftdichtigkeit gelötet. Die Seziertische, die Entnahme der Abluft aus den Seziertischen, die Kanalverbindungen usw. sind in Fig. 119 im Detail dargestellt.

Die Architekten des Neuen Bellevue-Hospitals sind Mc Kim, Mead & White in New York. Die ausführende Heizungsfirma für das Kesselhaus und den Pathologischen Pavillon war Blake & Williams in New York City.

HOTEL ST. RE

KRAFT ANLAGE IM D

ENGLISCH FUSS.
METER

MAASS

LUFT EINLASS
LUFT FILTER
No 4
SCHORNSTEIN
AUSPUFFROHR
LUFT EINLÄSSE
LUFT FILTER

No 2
No 2ᵃ
No 1
No 5
No 1ᵃ
No 5
No 5

RESERVIRTER PLATZ FÜR SPÄTERE MASCHINEN.

4 STOKIGES PRIVAT HAUS.
(BEHEIZT UND BELEUCHTET VOM HOTEL ST. REGIS)

No 6ᵃ
No 8
No 15
No 3ᵃ

ABWASSER EJECTOREN.

LUFT COMPRESSOR.

GEPÄCK RAUM.

AUFZUG

SPÄTERER KESSEL

AUFZUG

RAUCHVERBINDUNG

KESSEL.
KESSEL.
KESSEL.
KESSEL.

No 4
No 3

ASCHEN AUFZUG
No 34
WAGE.
ASCHEN BEHÄLTER

KOHLEN RAUM

KOHLEN FAHR BAHN AN DER DECKE.

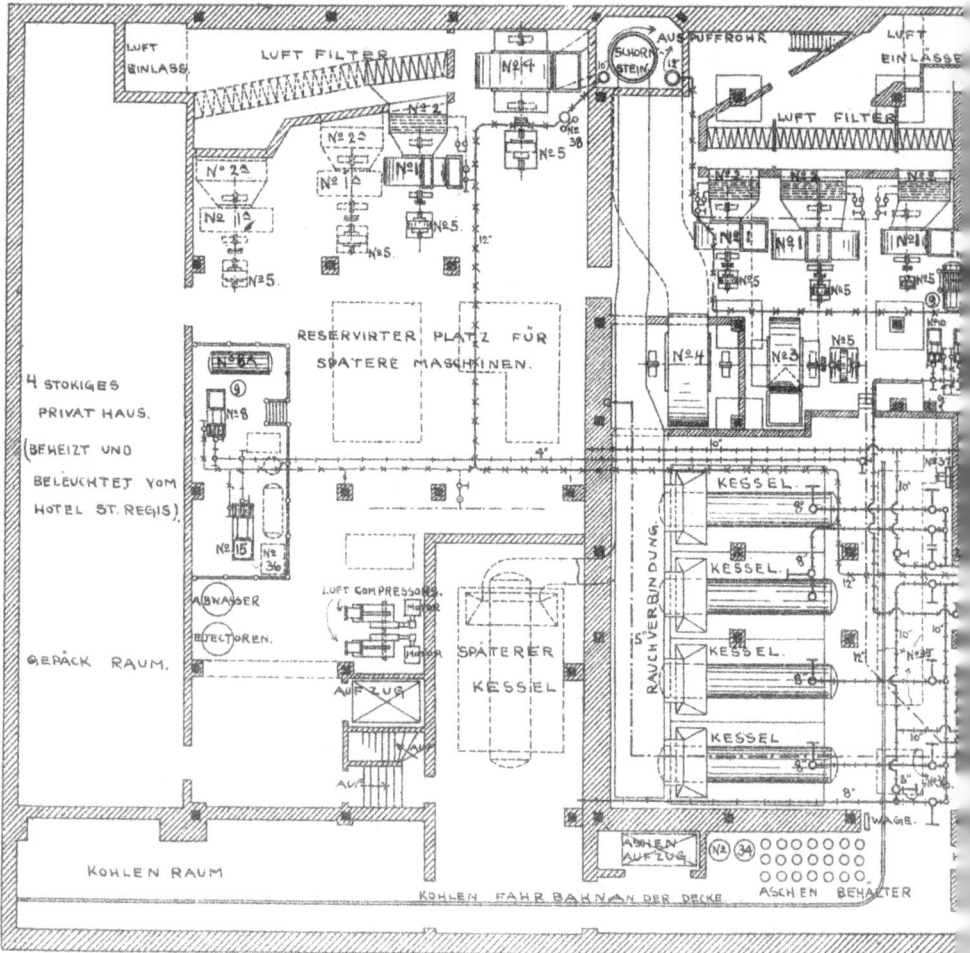

No 1. WARMLUFT GEBLÄSE.
No 1ᵃ. PLATZ FÜR DO.
No 2. LUFT VORWÄRME SCHLANGEN.
No 2ᵃ PLATZ FÜR DO.
No 3. KALT LUFT GEBLÄSE
No 4. EXHAUSTERS (ABLUFTGEBLÄSE).
No 5. ELECTRIC. MOTOR

No 6. ABDAMPF CONDENSWASSER SAMMELGEFÄSS.
No 7. „ „ PUMPE.
No 8. HOCHDRUCK DAMPF CONDENSWASSER PUMPE.
No 8. „ „ „ SAMMELGEFÄSS.
No 9. REGULATOR.
No 10. SPEISE PUMPE
No 11. HEIZUNGS CONDENS WASSER PUMPE.

No 12. HEIZUNGS CONDENSWASSER SAMMEL
No 13. KESSEL WASSER GEFÄSS
No 14. KESSEL WASSER PUMPE
No 15. DRAINIRUNGS PUMPE
No 16. SPEISE WASSER VORWÄRM
No 17. „ „ FILTER.
No 18. WARM WASSER KESSE

EWYORK CITY.

N UNTERGESCHOSS.

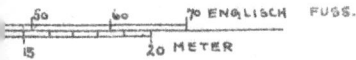

70 ENGLISCH FUSS.
50   60
15   20 METER

4 STÖCKIGES PRIVAT HAUS. (BEHEIZT UND BELEUCHTED VOM HOTEL ST. REGIS.)

→ HOCH DRUCK DAMPF LEITUNGEN
⊢×⊣ ABDAMPF   „
⎯⎯ HEIZUNGS DAMPF   „

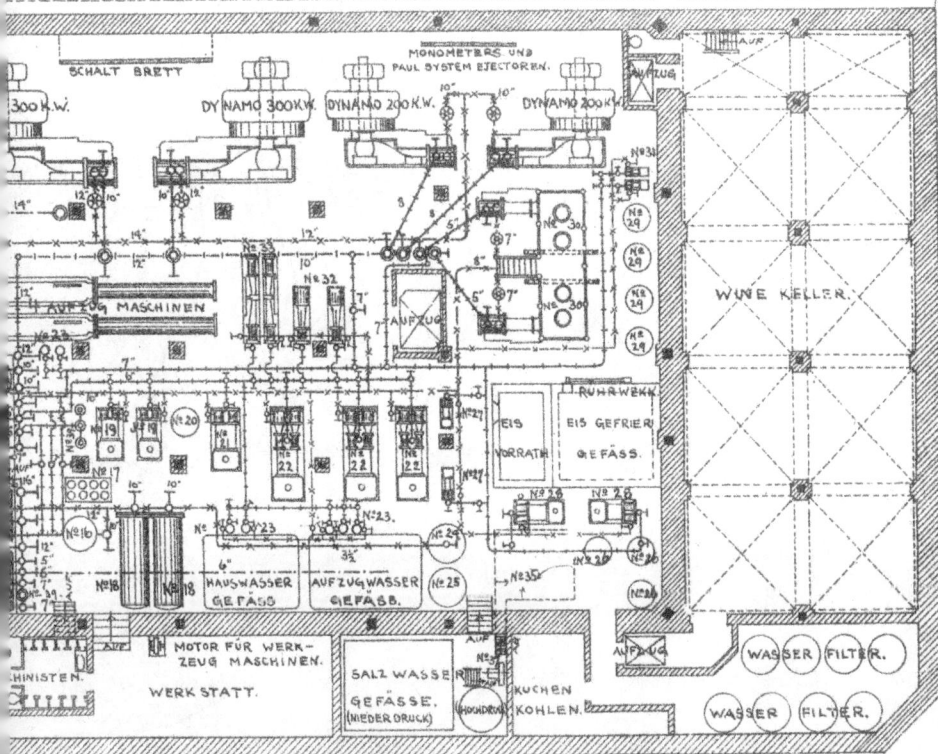

SCHALT BRETT

300 K.W.

DYNAMO 300 K.W.

MONOMETERS UND
PAUL SYSTEM EJECTOREN.

DYNAMO 200 K.W.

DYNAMO 200 K.W.

AUFZUG

AUFZUG MASCHINEN

Nº 32

AUFZUG

Nº 30
Nº 29
Nº 29
Nº 29
Nº 29

Nº 31

WINE KELLER.

Nº 20
Nº 19
Nº 17
Nº 16
Nº 18 Nº 18
Nº 22 Nº 22 Nº 22

RUHRWERK
EIS
VORRATH
EIS GEFRIER
GEFÄSS.

Nº 23

HAUSWASSER
GEFÄSS

AUFZUGWASSER
GEFÄSS.

Nº 24
Nº 25
Nº 35

Nº 28 Nº 28

Nº 26

MOTOR FÜR WERK-
ZEUG MASCHINEN.
WERK STATT.

SALZ WASSER
GEFÄSSE.
(NIEDERDRUCK)

HOCHDRUCK

KUCHEN
KOHLEN.

AUFZUG

WASSER FILTER.

WASSER FILTER.

MASCHINISTEN

USEWASSER PUMPE.
RUCK AUSGLEICHER.
FEUER PUMPE.
AUFZUG PUMPE.
LUFT COMPRESSOR.
DESTILLER.
REINIGER.

Nº 26. SALZ WASSER KÜHLER.
Nº 27. HOCHDRUCK SALZWASSER PUMPEN.
Nº 28. NIEDERDRUCK   „   „
Nº 29. AMMONIAK CONDENSERS.
Nº 30. AMMONIAK COMPRESSOR.
Nº 31. HEIZ-REGULATIONS LUFT-COMPRESSOR.
Nº 32. ROHR POST PUMPEN.

Nº 33. VAKUUM REINIGUNGS PUMPEN.
Nº 34. SCHMUTZ FÄNGER FÜR DO.
Nº 35. KELLER FÜR ABWASSER EJECTOREN.
Nº 36. CISTERNE (DRAINIRUNG).
Nº 37. ABWASSER CENTRIFUGAL PUMPEN.
Nº 38. GEGENDRUCK VENTIL.
Nº 39. REDUCIR VENTIL.

Verlag von R. Oldenbourg, München u. Berlin.

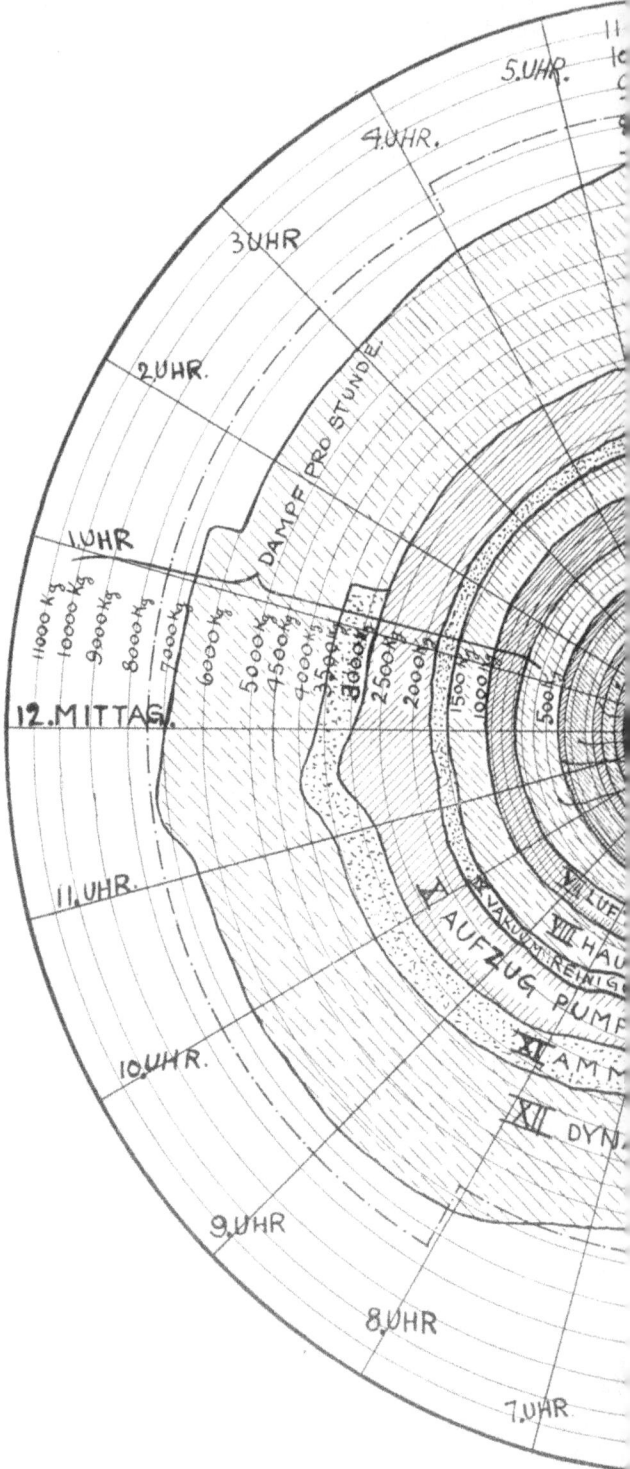

HOTEL ST.REGI

DURCHSCHNITTLICHER TÄGLICHER DAM

NEW YORK CITY

Tafel II.

DAMPF PRO STUNDE

DAMPF PRO STUNDE

7 UHR.
8 UHR.
9 UHR
10. UHR
11. UHR
12 UHR NACHTS.
1. UHR
2. UHR
3. UHR
4. UHR
5. UHR

500 kg
1000 kg
1500 kg
2000 kg
2500 kg
3000 kg
3500 kg
4000 kg
4500 kg
5000 kg
6000 kg
7000 kg
8000 kg
9000 kg
10000 kg
11000 kg

E (35 kg)
65 kg.
P. 60 kg.
E. 180 kg.
P. 40 kg.
P. 307 kg.

SSOREN 490 kg.
R PUMPE 373 kg.
PE. 262 kg.
K COMPRESSOR 115 kg.

3650 kg

DURCHSCHNITTLICHE VERDAMPFUNG IN JEDER ARBEITS SCHICHT.

RAUCH DER KRAFTANLAGE FÜR FEBRUAR 1906.

DRUCK VON R. OLDENBOURG IN MÜNCHEN.

HOTEL ST. REG

LUEFTUNGSKANAELE IM

MAASSST

ENGLISCH FUSS.   10   0   10   20   30

METER 1   0   5   10

LUFT EINLASS

LUFTFILTER

182×60

SCHORNSTEIN.

LUFT EINLÄSSE

LUFT FILTER

182×60

148×60

91×50

91×50

DIESE KANÄLE WERDEN IN DER ZUKUNFT DIE UNTERIRDISCHEN TEILE DES PRIVAT HOUSES VENTILIREN.

91×50

91×35

106 30

76×70

60×75

60×45

60×45

91×40

ABLUFT SAMMEL RAUM

91×40

115

SPÄTERER MASCHINEN RAUM

50

91×76

106 ×60

60×60

DIESE KANÄLE WERDEN IN DER ZUKUNFT DEN KESSEL RAUM VENTILIREN.

KESSEL RAUM.

60×40

228 ×60

60×60

GEPÄCK RAUM

60×40

AUFZUG

SPÄTERER KESSEL RAUM.

60×60

228 ×60

77 66 55

44 55

60×60

KOHLEN RAUM.

AUFZUG

40×30

ASCHEN RAUM.

ABORT

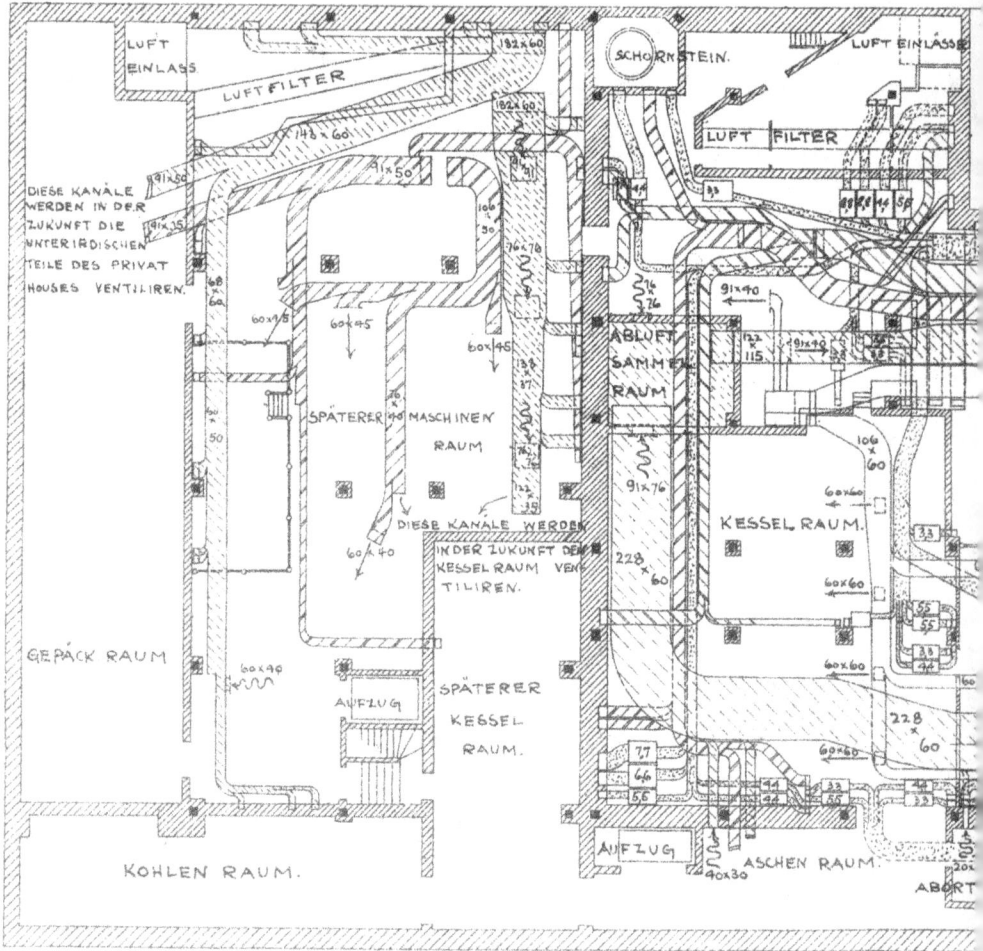

KALTE(UNGEWÄRMTE) ZULUFT FÜR DRITTES UNTERGESCHOSS.(MASCHINEN & KESSELRAUM)

ABLUFT

VORGEWÄRMTE ZULUFT FÜR DAS ERSTE OBERGESCHOSS.

WYORK CITY.

TEN UNTERGESCHOSS.

50   60   70 ENGLISCH FUSS.

5   10 METER.

HAUPT MASCHINEN UND PUMPEN
RAUM

ABORT

AUFZUG

WEIN KELLER

WERKSTATT.

SALZ WASSER
GEFÄSSE.

KOHLEN
FÜR
KÜCHE.

AUFZUG

WASSER
FILTER RAUM.

WÄRMTE ZULUFT FÜR UNTERIRDISCHE RÄUME IM ERSTEN, ZWEITEN UND DRITTEN UNTERGESCHOSS.

LUFT FÜR DAS ERSTE, ZWEITE UND DRITTE OBERGESCHOSS.

KAMMER. (EINGESCHRIEBENE NUMMER GIEBT EINGESCHLOSSENE HEIZFLÄCHE IN QM. OBERFLÄCHE.)

Verlag von R. Oldenbourg, München u. Berlin.

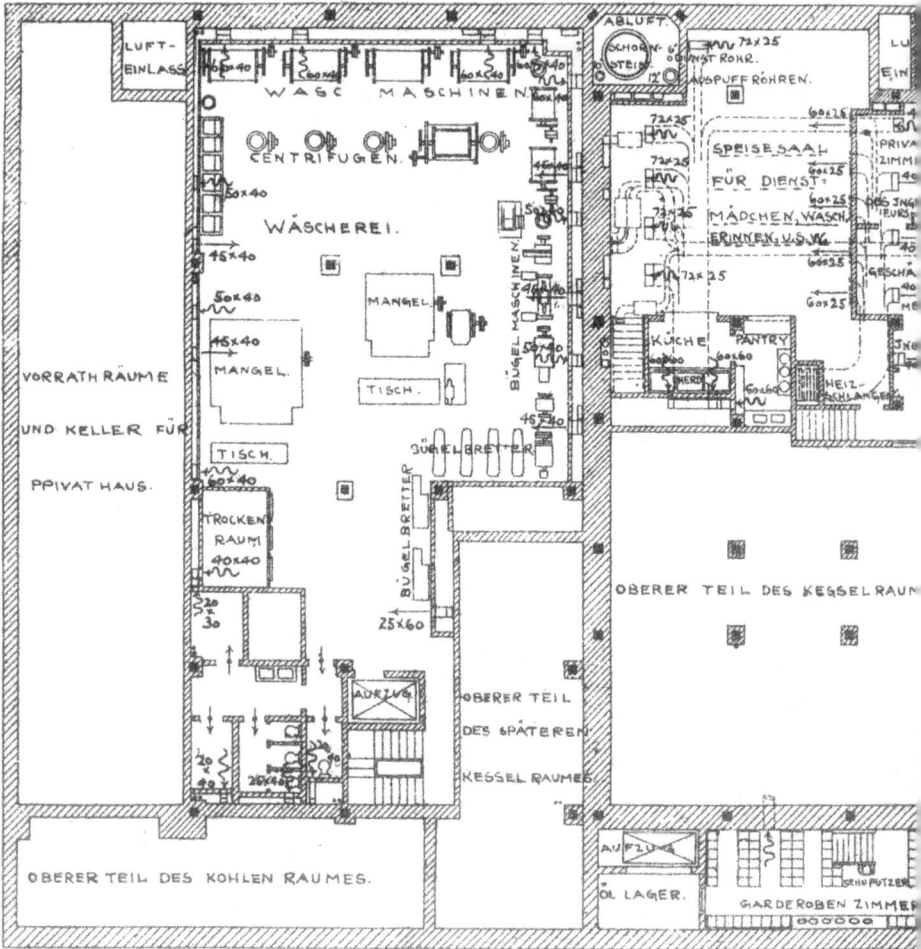

EWYORK CITY.

RGESCHOSS.

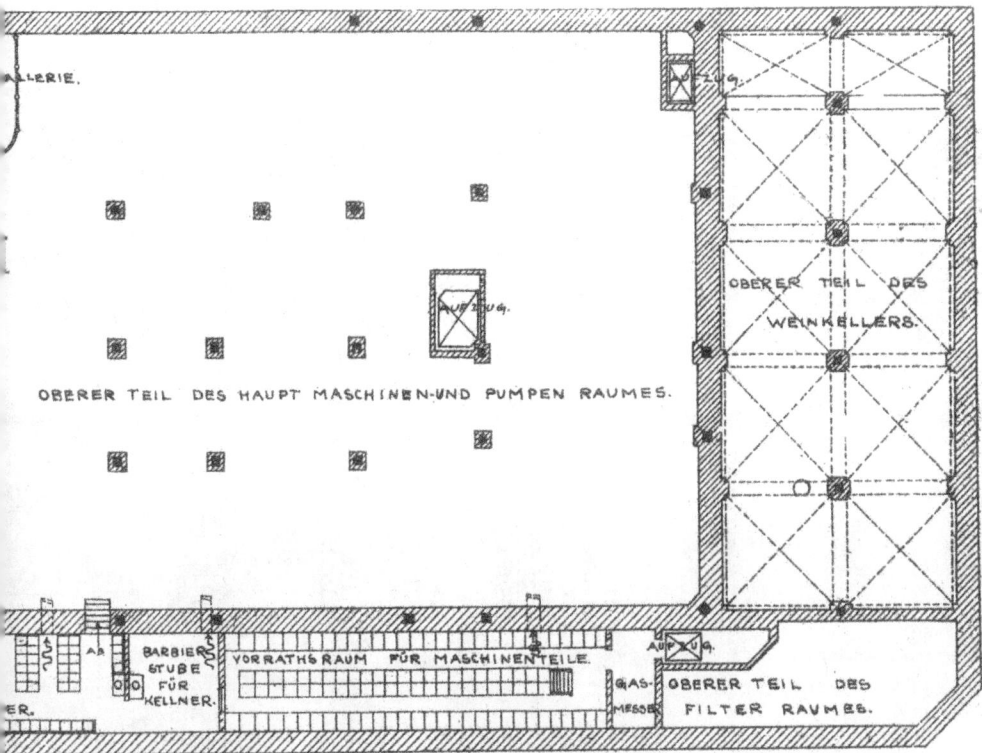

50   60   70 ENGLISCH FUSS

15   20 METER

LLERIE.

AUFZUG.

OBERER TEIL DES
WEINKELLERS.

AUFZUG.

OBERER TEIL DES HAUPT MASCHINEN-UND PUMPEN RAUMES.

BARBIER
STUBE
FÜR
KELLNER.

VORRATHSRAUM FÜR MASCHINENTEILE.

AUFZUG.

GAS-
MESSER

OBERER TEIL DES
FILTER RAUMES.

ER.

Verlag von R. Oldenbourg, München u. Berlin.

HOTEL ST. REG

ERSTES UN

ENGLISCH FUSS 10 0 10 20 MAAS

METER 0 5

LUFT EINLASS

SPEISE ZIMMER

SPEISE ZIMMER

SPEISE ZIMMER

SPEISE ZIMMER

VORRATHS RAUM

SPÄTER RÄUME FÜR DIENST LEUTE, U.S.W.

VORRATHS RAUM

KÜHL-SCHRANK.

KÜHL-SCHRANK

AUFZUG

KÜHLSCHRÄNKE

AUFZUG

ABLUFT

SCHORNSTEIN

PANTRY

SPEISE AUFZÜGE

AUF ZUG

SPEISE ZIMMER

BARBIER STUBE FÜR HOTEL GÄSTE

SPEISE ZIMMER

KÜHLSCHRANK

KÜHL-SCHRANK

WYORK CITY.

SCHOSS.

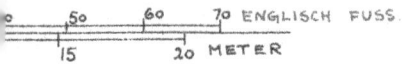

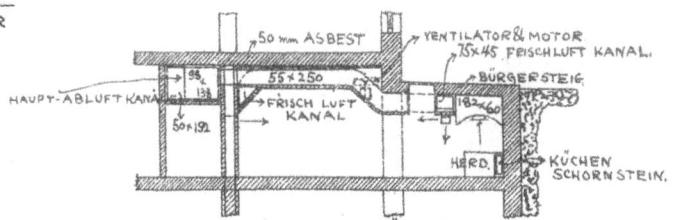

SCHNITT DURCH DIE KÜCHE. (A–A)

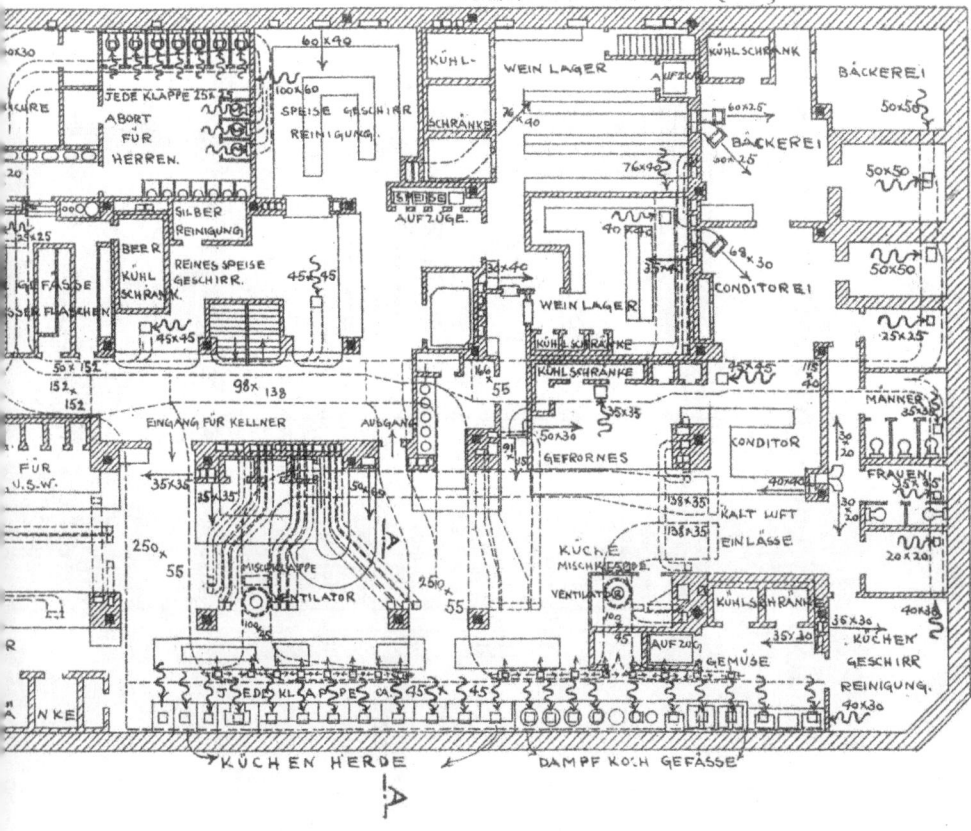

Verlag von R. Oldenbourg, München u. Berlin.

HOTEL

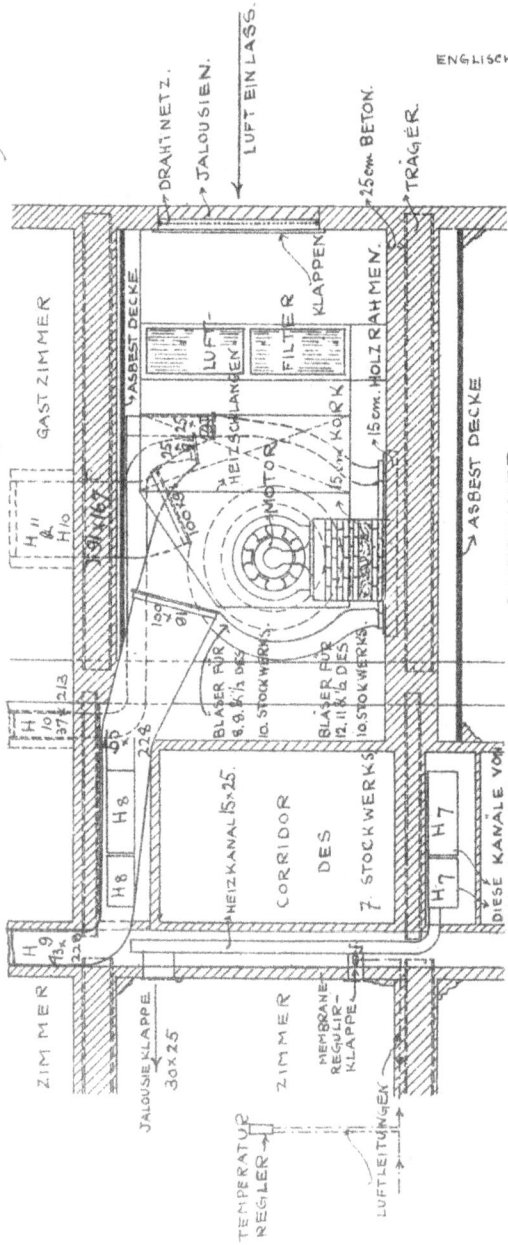

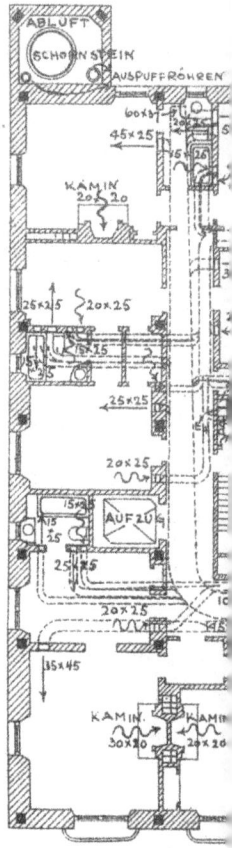

SCHNITT DURCH DIE HEIZKAMMER. (GRÖSSERER MAASSSTAB)

GIS NEWYORK CITY.

STOCKWERK.

SSTAB FÜR PLAN.

LUFT EINLASS.
182 × 203

LUFT EINLASS.
182 × 203

KÜCHEN SCHORNSTEIN.

DRAHTNETZ JALOUSIEN.

LUFT FILTER

HEIZSCHLANGEN

AUFZÜGE

KAMIN

KAMIN

KAMIN

KAMIN

KAMIN

KAMIN

BLÄSER

DIE EINGESCHRIEBENEN GRÖSSEN DER KAMIN KANÄLE
SIND AUSSEN DIMENSIONEN, INNEN DIMENSIONEN 5 CM. WENIGER.

DIE ZAHLEN AN DEN PFEILEN GEBEN DIE GRÖSSE DER
KLAPPEN. DIE GRÖSSE DER KANÄLE IST $\frac{1}{2}$ DER KLAPPEN.

Verlag von R. Oldenbourg, München u. Berlin.

HOTEL ST. RE[...]

18$\underline{\text{TES}}$ [...]

MAA[...]

ENGLISCH FUSS.

METER

GUSSEISERNE ABSCHLUSS
UND REINIGUNGS-
KLAPPE.

ABLUFT

SCHORNSTEIN

AUSPUFFRÖHREN.

19$\underline{\text{tes}}$ STOCKWERK.

MANN LOCH
ZUM REI[...]
[...]IGEN DES
KANALES.

BEGEHBAR
BARER
HAUPTKANAL.

HOHL RAUM.

18$\underline{\text{tes}}$ STOCKWERK.

MANN LOCH

AUFZUG.

MOTOR

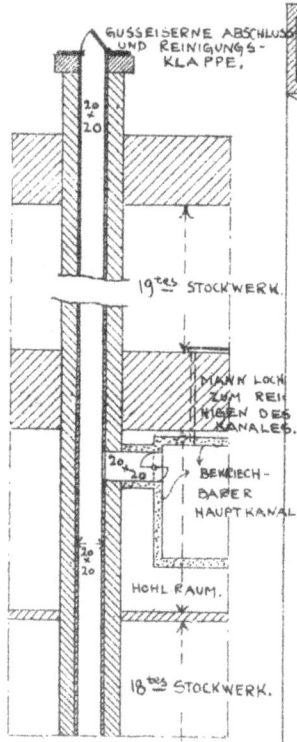

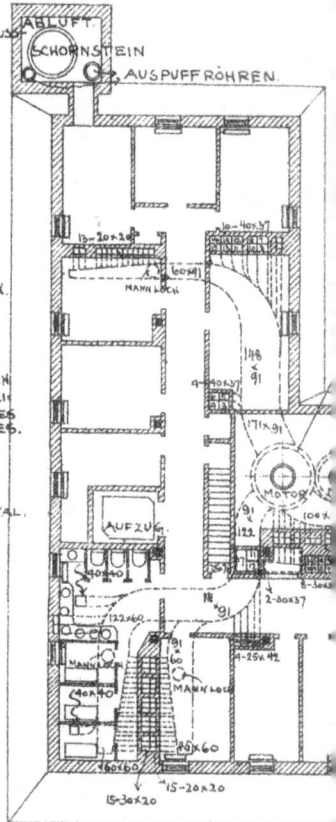

SCHEMA DER
ANSCHLIESSUNG DER KAMINE AN DIE
ABLUFT KANÄLE UND DER AUSMÜNDUNG
DER KAMINE ÜBER DACH.

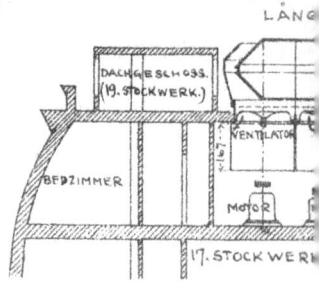

DACHGESCHOSS.
(19. STOCKWERK.)

VENTILATOR

BEDZIMMER

MOTOR

17. STOCKWERK

EWYORK CITY.

WERK.

TT DURCH DAS 18ᵗᵉ UND 19ᵗᵉ STOCKWERK.

Verlag von R. Oldenbourg, München u. Berlin.

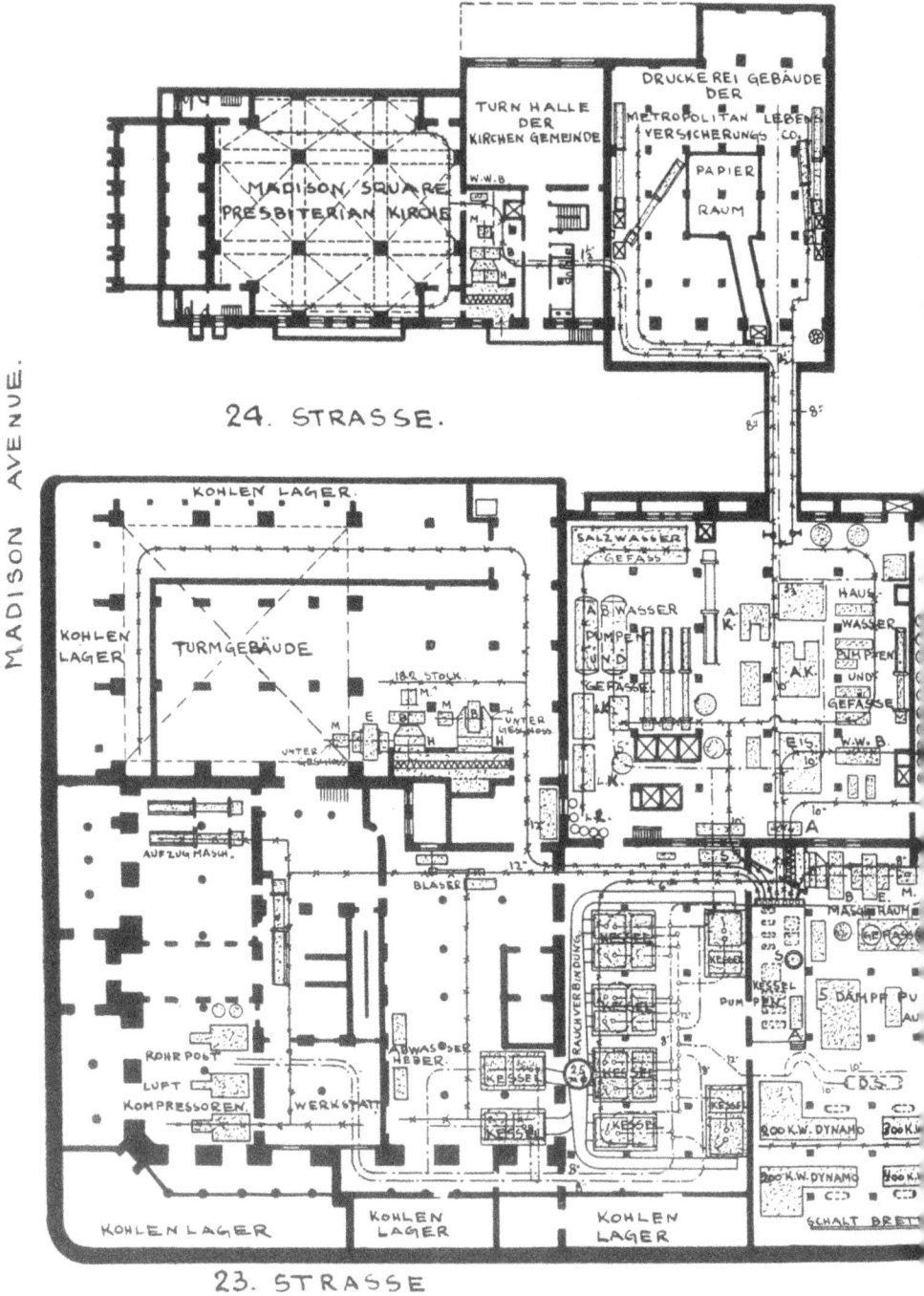

MADISON AVENUE.

24. STRASSE.

MADISON SQUARE PRESBITERIAN KIRCHE

TURN HALLE DER KIRCHEN GEMEINDE

W.W.B

DRUCKEREI GEBÄUDE DER METROPOLITAN LEBEN VERSICHERUNGS CO.

PAPIER RAUM

KOHLEN LAGER

TURMGEBÄUDE

KOHLEN LAGER

SALZWASSER GEFÄSS

ABWASSER PUMPEN UND GEFÄSSE

HAUS WASSER PUMPEN UND GEFÄSSE

W.W.B

AUFZUG MASCH.

BLASER

ABWASSER HEBER

ROHR POST

LUFT KOMPRESSOREN

WERKSTATT

KESSEL

RAUCH VERBINDUNG

MASCH. RAUM

KESSEL PUMPE

5 DAMPF PU

200 K.W. DYNAMO 700 K.W.

200 K.W. DYNAMO 700 K.W.

SCHALT BRET

KOHLENLAGER

KOHLEN LAGER

KOHLEN LAGER

23. STRASSE

Grundriß der Kessel- und Maschinenanlagen für die Zentralheizung, Lüftung und son...
...d Grundriß und Aufriß des Flu...

FLUG-ASCHEN FÄNGER UND ABDAMPF ABSORBER
FÜR DIE SCHORNSTEIN-AUSMÜNDUNG AM DACH DES
HAUPTGEBÄUDES. (11. STOCK.WERK).

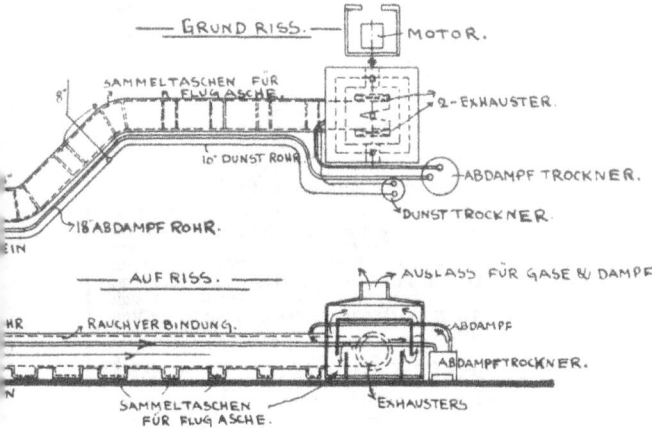

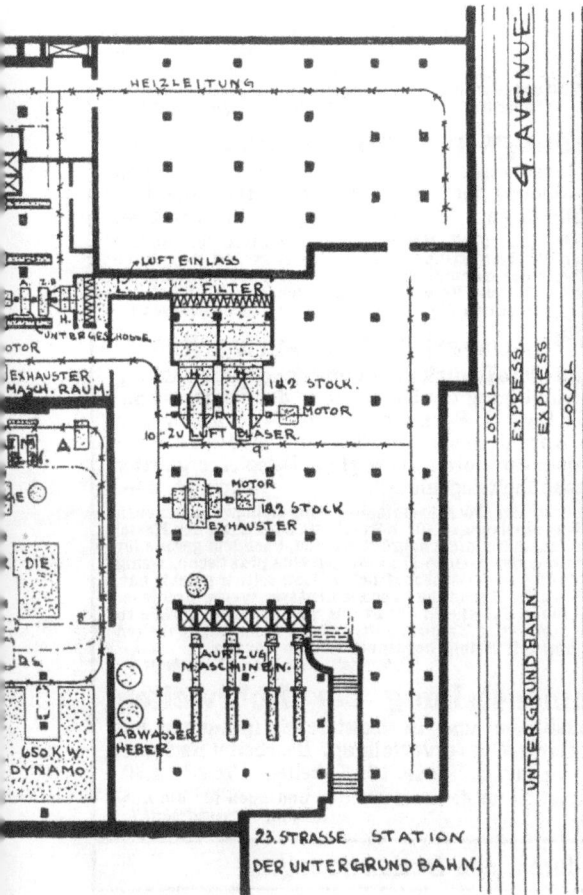

GRUND RISS.

MOTOR.

SAMMELTASCHEN FÜR
FLUGASCHE.

2-EXHAUSTER.

10" DUNST ROHR

ABDAMPF TROCKNER.

DUNSTTROCKNER.

18'ABDAMPF ROHR.

AUFRISS.

AUSLASS FÜR GASE & DAMPF

RAUCHVERBINDUNG.

ABDAMPF

ABDAMPFTROCKNER.

SAMMELTASCHEN
FÜR FLUG ASCHE.

EXHAUSTERS.

HEIZLEITUNG

4. AVENUE

MASSSTAB.
FUSS

0 10 20 30 40 50 60 70 80 90 100

0   5   20   30

METER.

LUFT EINLASS

FILTER

1&2 STOCK.

MOTOR

10 2U LUFT BLÄSER.

MOTOR

1&2 STOCK

EXHAUSTER

EXHAUSTER
MASCH. RAUM.

HOCHDRUCK DAMPFLEITUNG.

HEIZLEITUNG.

W.W.B. WARM WASSER BEREITER.

M.   ELEKTRISCHER MOTOR.

B.   BLÄSER.

E.   EXHAUSTER.

H.   VORWÄRME SCHLANGEN.

A.   ABDAMPF ENTÖLER.

S.   SPEISE WASSER WÄRMER.

L.K.   LUFT KOMPRESSOR.

D.S.   DAMPF SAMMLER.

A.K.   AMMONIA KOMPRESSOR.

DIE

AUFZUG
MASCHINEN.

ABWASSER
HEBER

650 K.W.
DYNAMO

LOCAL

EXPRESS.

EXPRESS

LOCAL

UNTERGRUND BAHN

23. STRASSE STATION
DER UNTERGRUND BAHN.

...schen Einrichtungen des Gebäudes der Metropolitan-Lebensversicherungsgesellschaft
...rs auf dem Dache des Gebäudes.

DRUCK VON R. OLDENBOURG IN MÜNCHEN.

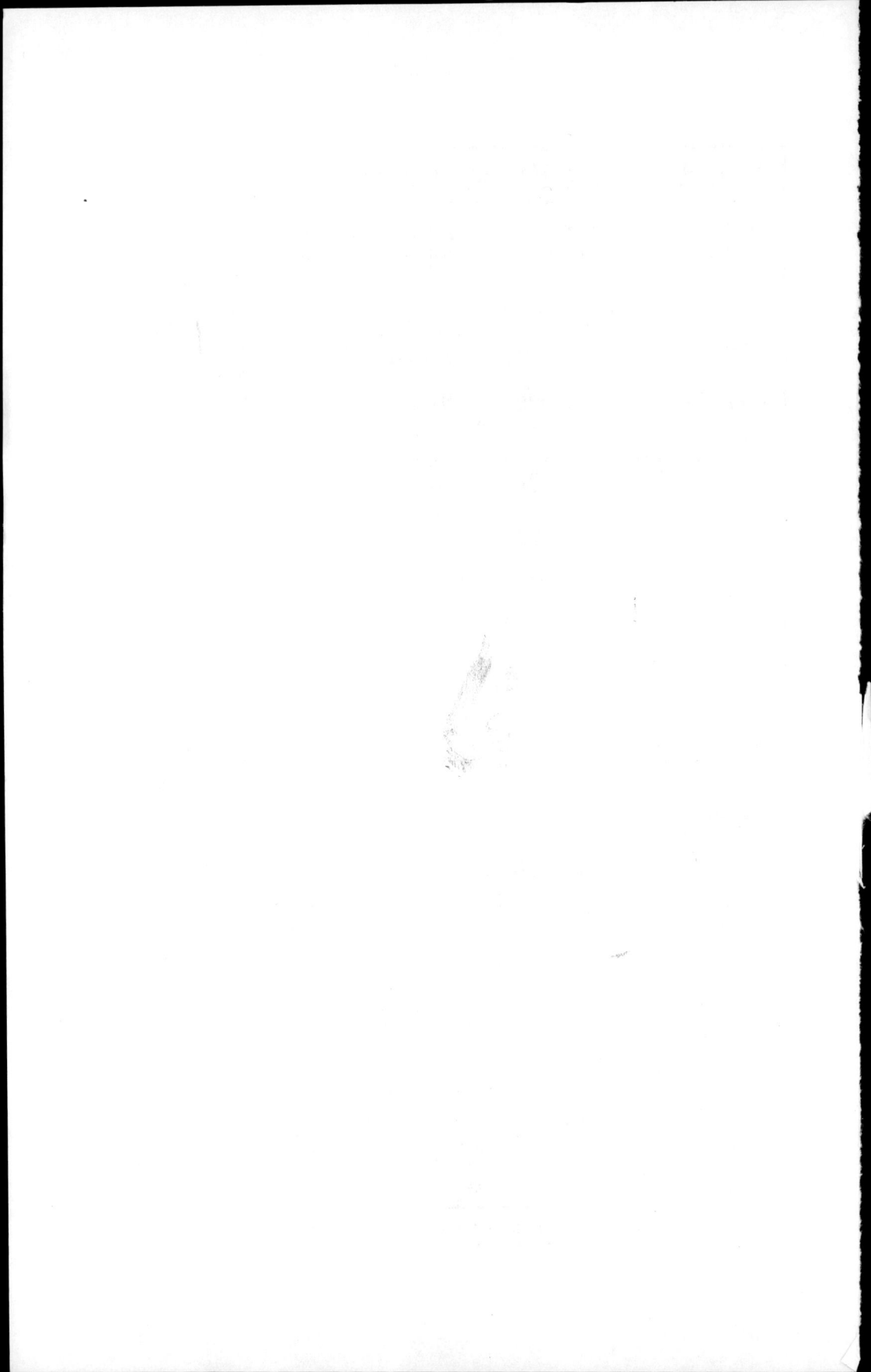